Botanisches Grundpraktikum

Ulrich Kück · Gabriele Wolff

Botanisches Grundpraktikum

3., überarbeitete und erweiterte Auflage

Ulrich Kück
Lehrstuhl für Allgemeine und Molekulare Botanik
Universität Bochum Fak. Biologie
Bochum, Deutschland

Gabriele Wolff
Städtisches Ruhrtal-Gymnasium
Schwerte, Deutschland

ISBN 978-3-642-45448-6 ISBN 978-3-642-53705-9 (eBook)
DOI 10.1007/978-3-642-53705-9

Die Deutsche Nationalbibliothek verzeichnet diese Publikation in der Deutschen Nationalbibliografie; detaillierte bibliografische Daten sind im Internet über http://dnb.d-nb.de abrufbar.

Springer Spektrum

Gedruckt auf säurefreiem und chlorfrei gebleichtem Papier.

Springer Spektrum ist eine Marke von Springer DE. Springer DE ist Teil der Fachverlagsgruppe Springer Science+Business Media
www.springer-spektrum.de

Vorwort zur dritten Auflage

Das „Botanische Grundpraktikum" liegt in seiner dritten Auflage vor. Wir haben einige wesentliche Veränderungen vorgenommen, die wir, auch dank vieler Hinweise von Kolleginnen und Kollegen, eingeführt haben. Wir sind für die vielen positiven Reaktionen auf unser Buch sehr dankbar und freuen uns, dass sie zur Optimierung des Buches beigetragen haben. Neben neuen farbigen Abbildungen, haben wir einige Objekte hinzugefügt, um das Spektrum des Praktikums zu erweitern. Dabei haben wir darauf Wert gelegt, dass das „Botanische Grundpraktikum" vom Umfang her weiterhin für Bachelorstudenten geeignet bleibt. Einige Präparate, die den sogenannten Niederen Pflanzen zuzurechnen sind, wurden aufgenommen, um durch einfach gebaute Organismen das Verständnis für die Funktionsweise vielzelliger Pflanzen zu entwickeln. Außerdem enthält dieses Buch eine deutliche Erweiterung des Kapitels „Methoden", welches die Bedienung des Lichtmikroskops und die Objektpräparation erläutert. Ebenfalls werden Färbelösungen zur weiteren Optimierung mikroskopischer Schnitte vorgestellt.

Grundsätzlich haben wir uns an das Prinzip gehalten, Präparationsmethoden einzusetzen, die auch den Studierenden im Bachelorstudium zugänglich sind. Deshalb liegt der Schwerpunkt dieses Buches unverändert auf der realitätsnahen Fotodokumentation als Basis für die interpretierende Zeichnung.

Diese Auflage des Buches wurde durch viele Personen ermöglicht, die uns hilfreich zur Seite standen. Wir möchten uns bei Frau Gabriele Frenßen-Schenkel und Herrn Kai Wolff bedanken, die bei der Illustration wesentlich mitgearbeitet haben. Für die vielfältigen Hilfen bei den mikroskopischen Präparaten bedanken wir uns bei Dr. Sandra Bloemendal, Dr. Jessica Jacobs, PD Dr. Minou Nowrousian, Dr. Ines Teichert, B. Sc. Kordula Becker, B. Sc. Anna Beier, M. Sc. Julia Böhm, M. Sc. Tim Dahlmann, M. Sc. Daniela Dirschnabel, M. Sc. Janina Kluge, M. Sc. Christina Marx, M. Sc. Steffen Nordzieke, M. Sc. Olga Reifschneider, M. Sc. Eva Steffens und M. Sc. Stefanie Traeger. Unser besonderer Dank gilt Frau Privatdozentin Dr. Nowrousian für die professionelle Hilfe und Koordination bei der Anfertigung der mikroskopischen Bilder.

Dem Springer Verlag danken wir für die langjährige und gedeihliche Zusammenarbeit und insbesondere Frau Stefanie Wolf für Ihre unermüdliche Unterstützung.

Bochum, im Oktober 2013 Die Autoren

Vorwort zur zweiten Auflage

Der Text dieser zweiten Auflage wurde so überarbeitet, dass wir allen inhaltlichen Hinweisen zur Verbesserung nachgegangen sind. An dieser Stelle danken wir allen Kollegen und Kolleginnen, die uns ihr Interesse für das Botanische Grundpraktikum entgegen gebracht haben. Die zweite Auflage bildet vor allen Dingen für Bachelorstudenten neben einem theoretischen Hintergrund eine praktische Anleitung, um die Histologie von Pflanzen kennen zu lernen und aufzunehmen. Diese Grundlagen sind entscheidend für das Verständnis von komplexen pflanzlichen Entwicklungsprozessen, die durch unterschiedliche Zelltypen und Gewebe mit verschiedenen Aufgaben gekennzeichnet sind. Völlig neu sind in dieser Auflage die Farbigkeit der Abbildungen sowie Aufnahmen von mikroskopischen Präparaten. Während die farbigen Schemata den theoretischen Hintergrund didaktisch verstärken, werden weitgehend alle Zeichnungen der Objekte durch die entsprechenden farbigen mikroskopischen Bilder ergänzt. Wir haben dabei bewusst einfache Schnitttechniken gewählt, um praxisnahe Abbildungen zu erhalten. Die Gegenüberstellung der zeichnerischen Abbildung mit den mikroskopischen Präparaten ermöglicht es den Studierenden, die mikroskopischen Bilder abstrahierend in Zeichnungen umzusetzen.

Auch diese Auflage des Buches wurde nur möglich, weil viele Menschen zum Gelingen beigetragen haben: Herr Hans-Jürgen Rathke, der die Grundlage für die Zeichnungen gelegt hat sowie Frau Gabriele Frenßen-Schenkel und Herr Kai Wolff, die wesentlich zur Illustration dieser zweiten Auflage beigetragen haben. Wir danken außerdem Frau Melanie Mees für die Bearbeitung des Textes und Dr. Ines Engh, Dr. Stephanie Glanz, Dr. Birgit Hoff, Dr. Danielle Janus und PD Dr. Minou Nowrousian für die Anfertigung der mikroskopischen Bilder.

Dem Springer-Verlag danken wir für die Möglichkeit zur Herstellung einer zweiten Auflage und hier insbesondere Frau Stefanie Wolf und Herrn Dr. Dieter Czeschlik für die ständige Unterstützung.

Bochum, im Oktober 2008 Die Autoren

Vorwort zur ersten Auflage

Das Biologiestudium wird heute weitgehend modular angeboten, damit Studierende schrittweise zu einer umfassenden Ausbildung gelangen können, die der Fülle des vorhandenen Wissens gerecht wird. Besonders Studienanfänger haben oft Schwierigkeiten, anhand sehr umfangreicher Lehrbücher den Überblick zu wahren.

Das „Botanische Grundpraktikum" ermöglicht Studierenden des ersten oder zweiten Semesters, die morphologischen und histologischen Grundlagen der Botanik durch eine Kombination von Lehrbuchtext und Praktikumsanleitung kennen zu lernen. Der Lehrtext enthält komprimierte Informationen, die für das Grundstudium der Botanik relevant sind. Die Anleitungen zu praktischen Übungen veranschaulichen und vertiefen den Lehrstoff.

Das Buch wendet sich auch an Studierende, welche keinen Biologieunterricht in den Abschlussklassen der weiterführenden Schulen hatten. Weitere Zielgruppen sind Nebenfachstudenten (z. B. der Agrar- und Geowissenschaften), die aufgrund des Gesamtumfanges ihres Studiums das Fach Botanik nur zeitlich limitiert studieren können.

Der Einsatz von durchdachten Lehrabbildungen und einfachen Strichzeichnungen unterstützt die Verknüpfung von Vorlesung und Praktikum. Die Beschriftungen der Abbildungen wurden so gewählt, dass sie ein Erlernen der Begriffe in Verbindung mit den praktischen Befunden erleichtern. Zur Vertiefung des Erlernten werden zusammenfassende Tabellen und Diagramme angeboten und in jedem Kapitel einfache Aufgaben gestellt; die entsprechenden Lösungen finden sich im Anschluss an den Text. Wichtige botanische Begriffe werden in einem Glossar definiert. Das Pflanzen- und das Sachverzeichnis ermöglichen einen schnellen Zugriff auf relevante Informationen.

Das Buch erhebt nicht den Anspruch, Lehrbücher der Botanik zu ersetzen. Vielmehr soll es eine gute Grundlage zum Studium der pflanzlichen Entwicklungsbiologie, Genetik, Molekularbiologie und Physiologie legen.

Wir danken allen, die zum Gelingen dieses Buches beigetragen haben: Hans-Jürgen Rathke, dessen hervorragende Zeichnungen wesentlich für die Gestaltung des Buches sind; Karl Esser, der Kontakte zum Springer-Verlag geknüpft hat; Kai Wolff, der entscheidend an der elektronischen Umsetzung von Text und Abbildungen beteiligt war; allen Studierenden, die bei der Erstellung des Pflanzen- und Sachverzeichnisses geholfen haben; Florian, Katinka und Felix Wolff für ihre Geduld sowie den Mitarbeitern des Springer-Verlages für Ihr großes Interesse und Ihre Unterstützung, insbesondere Frau Iris Lasch-Petersmann, Frau Stefanie Wolf und Herrn Karl-Heinz Winter.

Bochum, im Januar 2002 Die Autoren

Inhaltsverzeichnis

1 Die Pflanzenzelle

Die Zelle ist die kleinste lebensfähige Einheit, die selbstständig die Steuerung und Koordination ihrer physiologischen Prozesse wahrnimmt. Bei der einzelligen Organisationsform, die als ursprünglich angesehen werden kann, laufen alle zu Wachstum und Vermehrung notwendigen biochemischen Reaktionen aufeinander abgestimmt ab. Die Entwicklung höherer Formen führte zu einer Arbeitsteilung innerhalb des Organismus: Zelltypen mit unterschiedlichen Funktionen und entsprechenden morphologischen Besonderheiten ermöglichen den komplexen Aufbau von Tieren und Pflanzen. In Geweben sind Zellen gleicher Funktion und Morphologie zu organisierten Einheiten zusammengeschlossen.

In den folgenden Abschnitten werden zunächst die Besonderheiten der pflanzlichen Zelle im Vergleich zur tierischen Zelle betrachtet, wobei den spezifisch pflanzlichen Organellen und Strukturen vermehrte Aufmerksamkeit zukommt (Abb. 1.1). Die Untersuchung des Aufbaus pflanzlicher Gewebe ermöglicht Einblicke in die funktionelle Morphologie und Anatomie der Sprosspflanzen, welche in den folgenden Kapiteln weiter vertieft werden.

1.1 Grundlagen zum Aufbau der pflanzlichen Zelle

Die Gestalt der pflanzlichen Zelle ist zumeist durch die Zellwand, eine pflanzentypische Struktur, festgelegt. Aufbau und Entstehung der Zellwand werden später gesondert betrachtet. Der Protoplast ist gegen die Zellwand durch eine Biomembran, das Plasmalemma, abgegrenzt. Zum Protoplasten gehören das hyaline Cytosol sowie verschiedene Organellen und Systeme, welche die Zelle kompartimentieren (Abb. 1.1). Der Zellkern, dessen Kernhülle mit dem endoplasmatischen Reticulum in Verbindung steht, besitzt den größten Anteil genetischer Information in der Zelle. Die Mitochondrien und die typisch pflanzlichen Plastiden sind Organellen, die durch eine Doppelmembran und durch den Besitz eigener Genome gekennzeichnet sind. Das endoplasmatische Reticulum, der Golgi-Apparat, die Lysosomen und Peroxisomen sowie verschiedene andere Vesikel stehen als Organellen mit Einfachmembran über den Membranfluss untereinander und mit Membranen, die gegen den

U. Kück, G. Wolff, *Botanisches Grundpraktikum*, DOI 10.1007/978-3-642-53705-9_1,

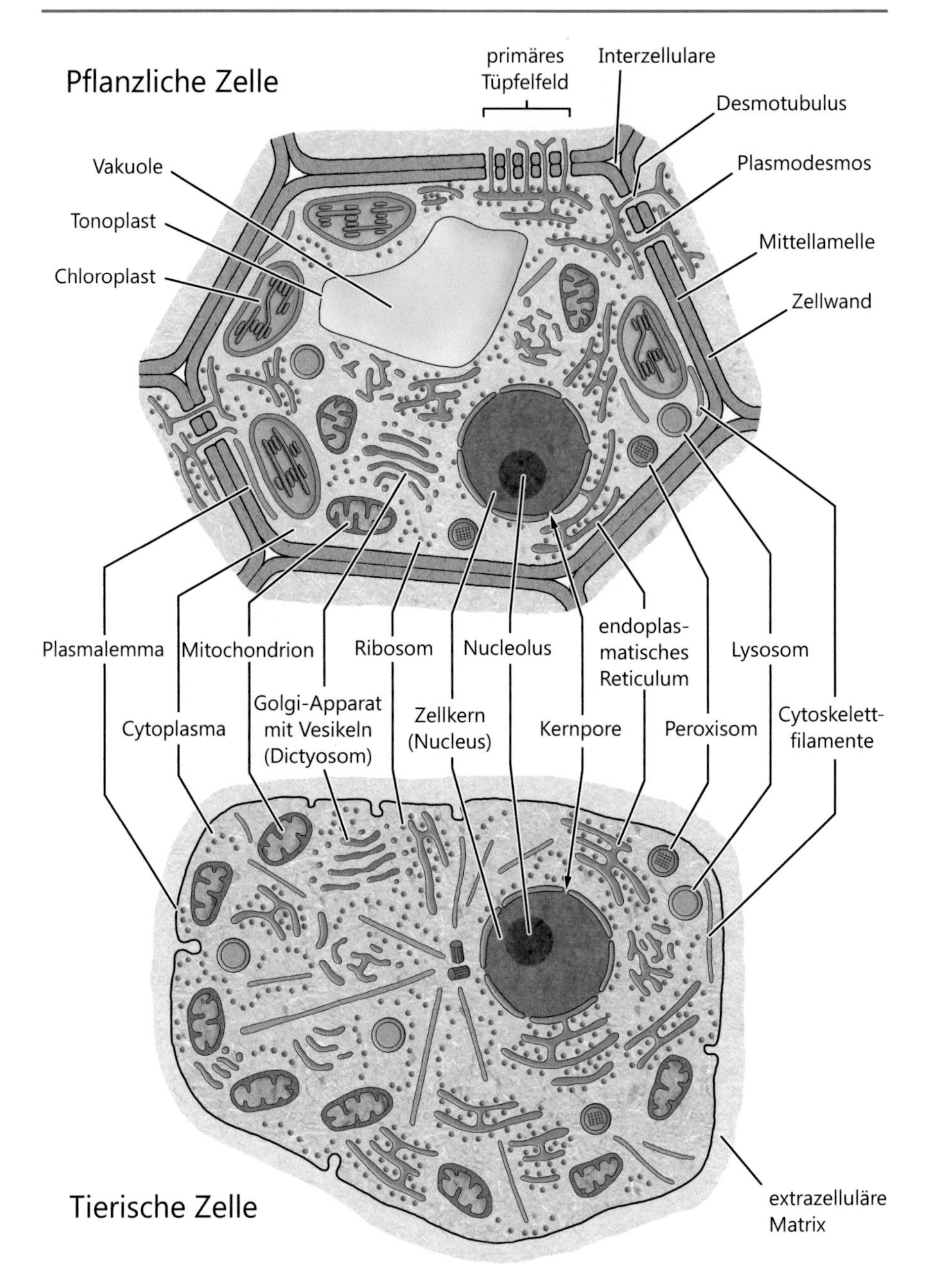

Abb. 1.1 Vergleichende Darstellung der elektronenmikroskopisch erkennbaren Strukturen der pflanzlichen und tierischen Zelle. Gemeinsame Strukturen sind in der Mitte bezeichnet. Der Besitz von Chloroplasten, einer Vakuole und die Ausbildung einer Zellwand mit Plasmodesmen sind charakteristisch für Pflanzenzellen. Tierische Zellen weisen ein ausgeprägtes Cytoskelett und eine extrazelluläre Matrix auf, die stabilisierende Zellwand fehlt. (Nach Alberts et al. 1995, verändert)

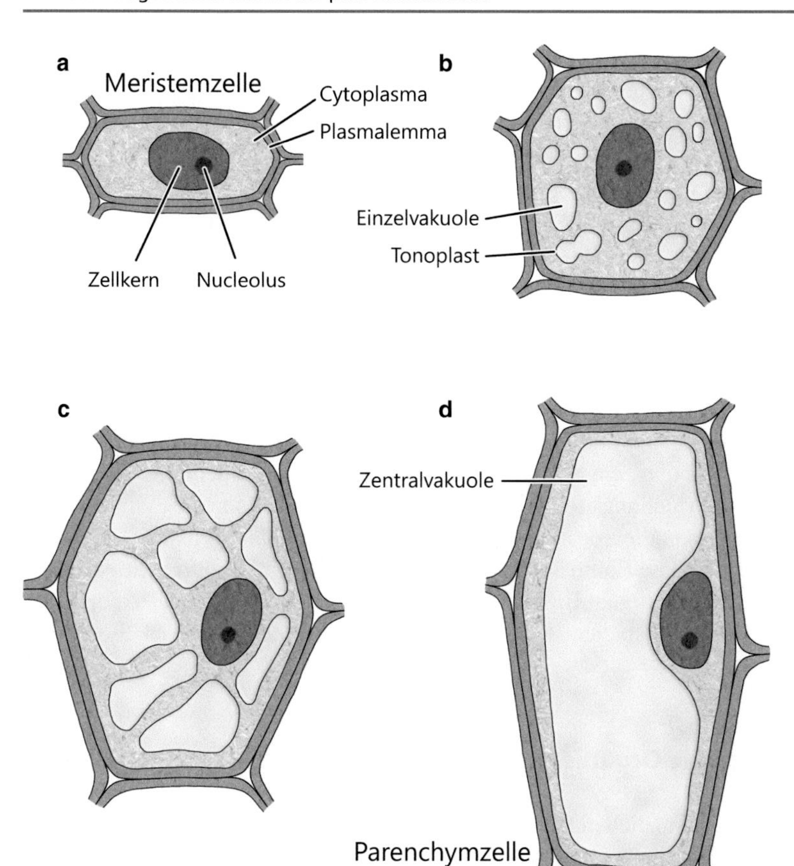

Abb. 1.2 Vakuolisierung pflanzlicher Zellen. Die Differenzierung der Meristemzelle (**a**) zur Parenchymzelle (**d**) ist schematisch abgebildet. Ausgehend von sehr kleinen Vakuolen (**b**), die zu größeren Einzelvakuolen (**c**) zusammenfließen, resultiert die Ausbildung der Zentralvakuole (**d**)

nichtplasmatischen Raum abgrenzen, in ständiger Verbindung. Als *selfassembly*-Systeme gehören auch noch die Bestandteile des Cytoskeletts sowie die Ribosomen zum Protoplasten. Ergastische (nichtprotoplasmatische) Bestandteile der pflanzlichen Zelle sind die Zellwand, verschiedene Reservestoffe (wie z. B. Stärke, Öle, Aleuron) und die Vakuole (Abb. 1.1).

Der Zellsaftraum (Vakuole) ist als typisch pflanzliche Struktur für den Wasserhaushalt und als Speicherraum von Bedeutung. Die Heterogenität der gespeicherten Stoffe, die meist dem Sekundärstoffwechsel der Pflanze entstammen, ist sehr groß. Da der Inhalt der Vakuole ein wässriges Milieu ist, sind die abgelagerten Stoffe wasserlöslich oder in wasserlösliche Formen überführt worden. Im Verlauf der Zelldifferenzierung kommt es zur Bildung kleiner Vakuolen, die sich später zu einer großen Zentralvakuole vereinigen (Abb. 1.2). Die Gesamtheit der Vakuolen einer Zelle wird als Vakuom bezeichnet. Der Protoplast bleibt als dünner, an der Zellwand haftender Belag erhalten. Plasmafäden durchziehen den Raum der Zentralvakuole. Der Zellkern ist in eine wandständige oder zentrale, an Plasmafäden aufgehängte Plasmatasche eingebettet. Der Tonoplast grenzt als selektivpermeable Membran die Vakuole gegen den Protoplasten ab. Plasmalemma und Tonoplast sind typische Biomembranen, die sich aber z. B. in ihrer Permeabilität deutlich unterscheiden. Viele Stoffe passieren ungehindert das Plasmalemma, während der Tonoplast für sie impermeabel ist.

Bei der Entwicklung des pflanzlichen Gewebes bleiben plasmatische Verbindungen, die Plasmodesmen, zwischen den Protoplasten erhalten. Die Plasmodesmen durchziehen die Zellwand als röhrenförmige Struktur und dienen u. a. dem Transport von Proteinen und Nukleinsäuren. In der Mitte der Plasmodesmen verläuft der Desmotubulus, ein Strang des endoplasmatischen Reticulums. Die derart miteinander in Verbindung stehenden Protoplasten bilden in ihrer Gesamtheit den Symplast. Die Gesamtheit des Zellwandraumes wird Apoplast genannt. Der Stoff- und Wassertransport im Raum des Symplasten wird größtenteils durch die selektive Permeabilität der beteiligten Biomembranen bestimmt. Im Bereich des Apoplasten beeinflussen die physikochemischen Eigenschaften der Zellwand den Stoff- und Wassertransport.

1.1.1 Pflanzliche Organisationstypen

Die einfachsten pflanzlichen Organisationstypen werden von einzelligen Formen und Zellverbänden eingenommen. Diese Formen kommen sowohl bei den prokaryotischen Bakterien und Cyanobakterien („Blaualgen") sowie Archaeen als auch bei den eukaryotischen Hefen und Algen vor. Dem stark kompartimentierten Aufbau der eukaryotischen Zelle steht die einfachere prokaryotische Struktur gegenüber: Der von einer Biomembran umschlossene Protoplast enthält bei den Cyanobakterien (Blaualgen) das bakterielle Genom, Ribosomen und Membranstapel, die der bakteriellen Photosynthese dienen, sowie zahlreiche Enzymkomplexe. Die prokaryotischen Ribosomen sind im Vergleich zu Ribosomen der Eukaryoten anders gestaltet und können experimentell durch Ausnutzung der unterschiedlichen Sedimentationskoeffizienten getrennt werden. Organellen wie Peroxisomen, Mitochondrien, Plastiden und Zellkern fehlen (Tab. 1.1). Die Zellwand besteht aus anderen Grundsubstanzen als die Wände der eukaryotischen Zellen. Ein wichtiger Bestandteil prokaryotischer Zellwände ist das Makromolekül Murein, das aus *N*-Acetylglucosamin und *N*-Acetylmuraminsäure zusammengesetzt ist.

Mitochondrien und Plastiden, typische Organellen der eukaryotischen Zelle, ähneln in vielen Eigenschaften den Prokaryoten (Tab. 1.1). In der Endosymbiontentheorie geht man davon aus, dass sich die DNA-haltigen Organellen aus phagozytierten Prokaryoten entwickelt haben, die in der Wirtszelle als Endosymbionten überleben konnten (Abb. 1.3).

Tab. 1.1 Vergleich von Prokaryoten, Mitochondrien und Plastiden sowie Eukaryoten

	Prokaryoten	Mitochondrien, Plastiden	Eukaryoten
Organisation des Genoms	Meistens zirkuläre Moleküle	Meistens zirkuläre Moleküle	mehrere lineare Moleküle (Chromosomen)
Zellkern mit Kernhülle	Nein	Nein	Ja
Membranen und Kompartimentierung	Selten	Vorhanden	Zahlreich
Exo- und Endocytose, Membranfluss	Nein	Nein	Ja
Größe der Ribosomen (Untereinheiten)	70 S (30 S, 50 S)	70 S (30 S, 50 S)	80 S (40 S, 60 S)

S Svedberg-Einheit (Sedimentationskoeffizient).

Möglicherweise hat ein anaerober Vertreter der Archaea (Archaebakterien) durch Phagocytose ein aerobes Bakterium aufgenommen, das sich zum Endosymbionten entwickelte. Es wird angenommen, dass die Mitochondrien von den α-Proteobakterien und die Plastiden von den Cyanobakterien (Blaualgen) abstammen. Durch Reduktion des bakteriellen Genoms und Abgabe wesentlicher Steuerungsfunktionen an die Wirtszelle ist eine Evolution vom Endosymbionten zum DNA-haltigen eukaryotischen Organell denkbar. Sowohl Mitochondrien als auch Plastiden besitzen im Vergleich zu den freilebenden Bakterien ein deutlich reduziertes Genom, das meist eine zirkuläre Struktur aufweist.

Pro- und eukaryotische Zellen haben ähnliche Organisationsformen entwickelt, die sowohl Einzelzellen als auch fädige bzw. flächige Zellverbände umfassen. Die Ausbildung echter Mehrzelligkeit mit der Entwicklung von Geweben und deutlicher Arbeitsteilung der ausdifferenzierten Zellen ist in der Evolution mehrfach entstanden und nicht auf Eukaryoten beschränkt.

Bei Cyanobakterien sind neben Einzelzellen auch einfache Zellverbände zu beobachten. Diese Coenobien sind Verbände unspezifischer Gestalt, bei denen die Tochterzellen nach den Zellteilungen meist durch eine gemeinsam ausgeschiedene Gallerte miteinander verbunden bleiben. Werden die Zellteilungen in einer bestimmten Richtung fortgesetzt, so kommt es zur Ausbildung von unverzweigten Zellfäden. Dieser Organisationstypus ist bei Cyanobakterien und vielen Algen verbreitet. Wenn sich im Zellfaden aber durch Änderung der Teilungsrichtung um 90° zwei nebeneinander liegende Tochterzellen bilden, die beide durch Spitzenwachstum zu Fäden auswachsen können, so hat sich ein verzweigter Zellfaden entwickelt. Auch ein flächiges, blattartiges Wachstum des Vegetationskörpers von Algen ist recht weit verbreitet. Es werden oft Scheingewebe (z. B. bei Rotalgen) aber auch echte Gewebe (z. B. bei Braunalgen) ausgebildet, die äußerlich Ähnlichkeiten zu den analogen Strukturen der höheren Pflanzen zeigen.

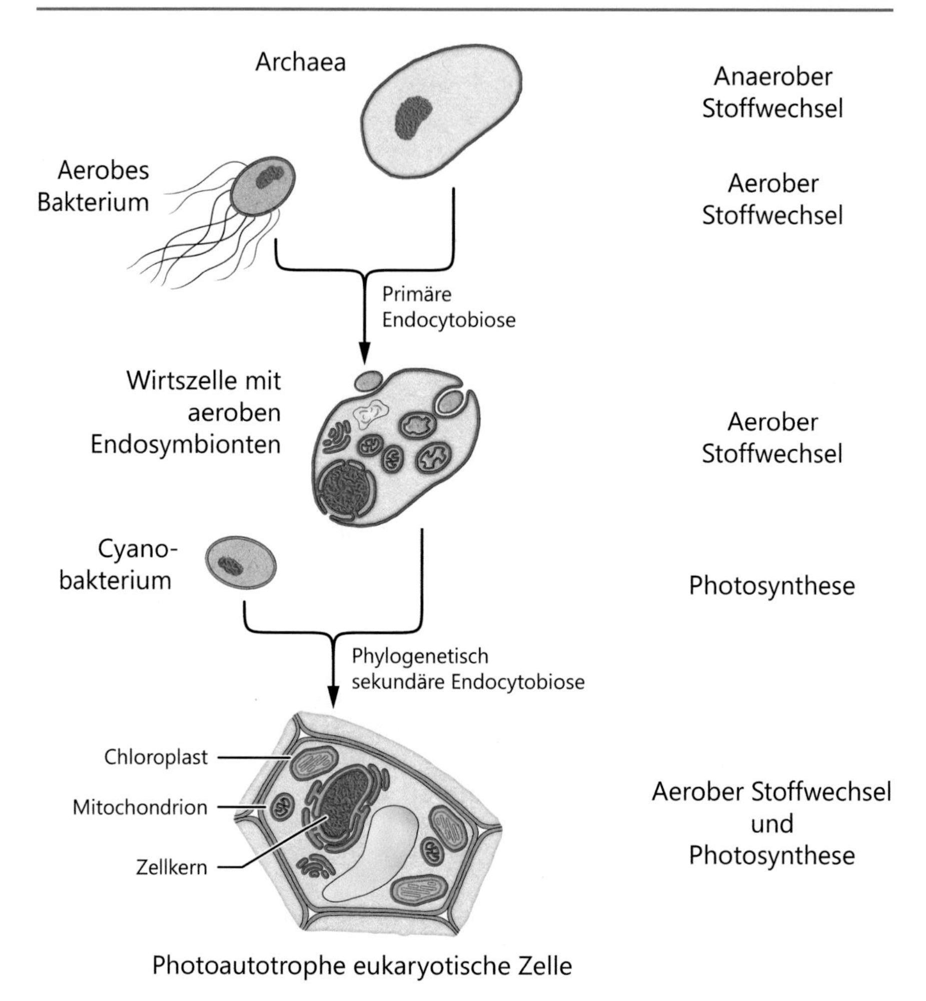

Abb. 1.3 Schematische Darstellung der möglichen Entstehung der modernen eukaryotischen Zelle nach der Endosymbiontentheorie. Die Wirtszelle nimmt Prokaryoten durch Phagocytose auf. Neben der Zellverdauung kommt es aber auch zur Endocytobiose mit Etablierung der Prokaryoten als Endosymbionten in der Wirtszelle (Erläuterungen im Text)

Praktikum

OBJEKT: *Chroococcus* spec., Chroococcales, Cyanobacteriae
ZEICHNUNG: Einzelzelle und Coenobium im Detail

Bei dem Cyanobakterium *Chroococcus* spec. erkennt man runde Einzelzellen mit anliegender, durchscheinender Gallerthülle (Abb. 1.4a, b). Teilungsstadien führen zur Bildung von Zweier-Coenobien, bei denen die Kontaktfläche der Tochterzellen abgeplattet erscheint. Jede einzelne Zelle besitzt ihre eigene Gallerthülle, zudem sind beide Zellen von einer gemeinsamen Hülle umschlossen. Nach einer weiteren

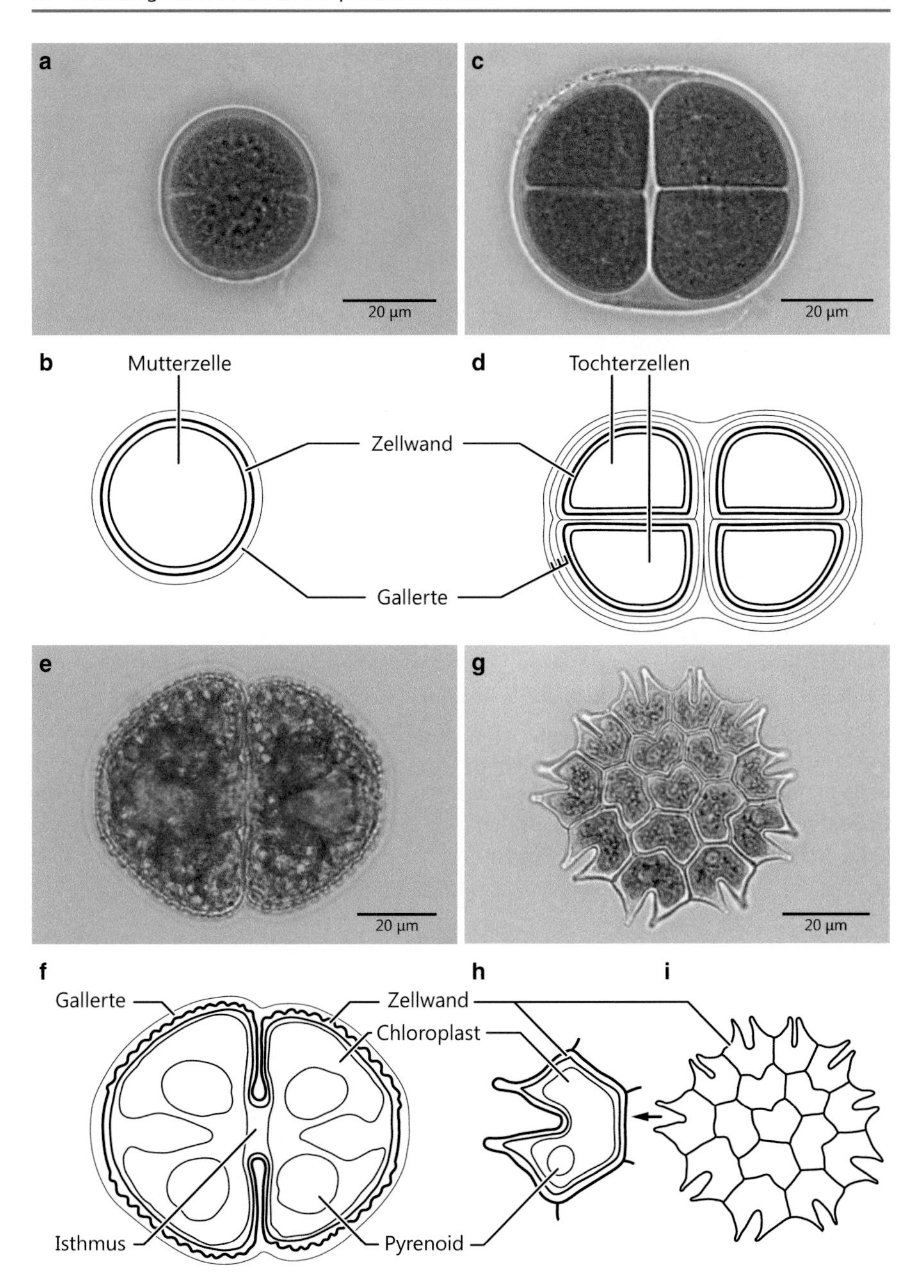

Abb. 1.4 Einzelzelle (**a**, **b**) und Coenobium (**c**, **d**) des Cyanobakteriums *Chroococcus* spec.; die Tochterzellen bleiben von einer gemeinsamen Gallerthülle umgeben. Aus zwei Zellhälften bestehende Einzelzelle der eukaryotischen Alge *Cosmarium botrytis* (**e**, **f**), die Hälften besitzen je einen gelappten Chloroplasten und sind über den Isthmus verbunden. Sternförmige Zellkolonie (**g**, **i**) der eukaryotischen Alge *Pediastrum boryanum* in der Übersicht und Randzelle mit Zellfortsätzen im Detail (**h**)

Teilung bilden sich Coenobien mit vier Zellen, deren einzelne Zellen von je einer eigenen Gallerthülle und nach außen folgend von allen bisher angelegten Gallerthüllen umgeben sind (Abb. 1.4c, d). Einzelzelle und Coenobium sollen im Detail gezeichnet werden, wobei die Zuordnung und Dicke der Gallerthüllen zu beachten ist.

OBJEKT: *Cosmarium botrytis*, Desmidiaceae, Desmidiales
ZEICHNUNG: Einzelzelle im Detail

Bei diesem unbegeißelten Einzeller *Cosmarium botrytis*, der zur Klasse der Schmuckalgen (Zygnemophyceae) gehört, sind zwei symmetrische Zellhälften über eine Engstelle, den Isthmus, miteinander verbunden. Der Zellkern ist im Bereich des Isthmus lokalisiert. Jede der beiden Zellhälften besitzt einen tiefgelappten Chloroplasten mit zwei deutlichen Pyrenoiden (Abb. 1.4e, f). Die vegetative Vermehrung erfolgt bei *Cosmarium* über eine Durchschnürung am Isthmus und die nachfolgende Ergänzung der fehlenden Zellhälfte. Außen ist die Zelle von einer Gallerte umgeben.

OBJEKT: *Pediastrum boryanum*, Hydrodictyaceae, Chlorococcales
ZEICHNUNG: Zellkolonie in der Übersicht, Randzelle im Detail

Zweidimensionale, sternförmige Zellkolonien treten bei der zur Klasse der Grünalgen gehörenden *Pediastrum boryanum* auf. Die Zellen bilden einen Aggregationsverband, dessen Randzellen eine andere Zellgestalt zeigen als die in der Mitte angeordneten Zellen (Abb. 1.4g–i). Die Fortsätze der Randzellen (Abb. 1.4h) verringern die Sinkgeschwindigkeit dieser im Süßwasserplankton vorkommenden Grünalge. Bei der vegetativen Fortpflanzung entstehen in den Mutterzellen begeißelte Sporen, die kurz nach Verlassen der Mutterzelle die Geißeln abwerfen und sich zu den typischen Zellkolonien zusammen lagern.

OBJEKT: *Mougeotia* spec., Zygnemataceae, Zygnematales
ZEICHNUNG: Zellfaden im Detail

Unverzweigte Zellfäden lassen sich beispielhaft bei *Mougeotia* spec., einer im Süßwasser lebenden Jochalge, gut beobachten (Abb. 1.5a, b). Die zylindrischen Zellen sind länger als breit, sie enthalten je einen plattenförmigen Chloroplast. Eine dünne Gallertschicht umgibt die Zellen, die in fadenförmigen Coenobien angeordnet sind. Zur Zellteilung ist jede Zelle des Fadens fähig, es treten keine Verzweigungen auf. In der Detailzeichnung soll ein Ausschnitt des Zellfadens zellulär dargestellt werden, wobei besonderer Wert auf die korrekte Darstellung der Proportionen gelegt werden soll.

OBJEKT: *Cladophora* spec., Cladophoraceae, Cladophorales
ZEICHNUNG: Zellfaden im Detail mit Verzweigung

Verzweigte Zellfäden können gut bei der Süßwasseralge *Cladophora* spec. untersucht werden (Abb. 1.5c, d). Lang gestreckte Zellglieder sind überall zu Zellteilungen fähig. Der Chloroplast der einzelnen Zellen erscheint netzförmig durchbrochen. Die Endglieder der Zellfäden sind kegelartig zugespitzt. Bei der Bildung der

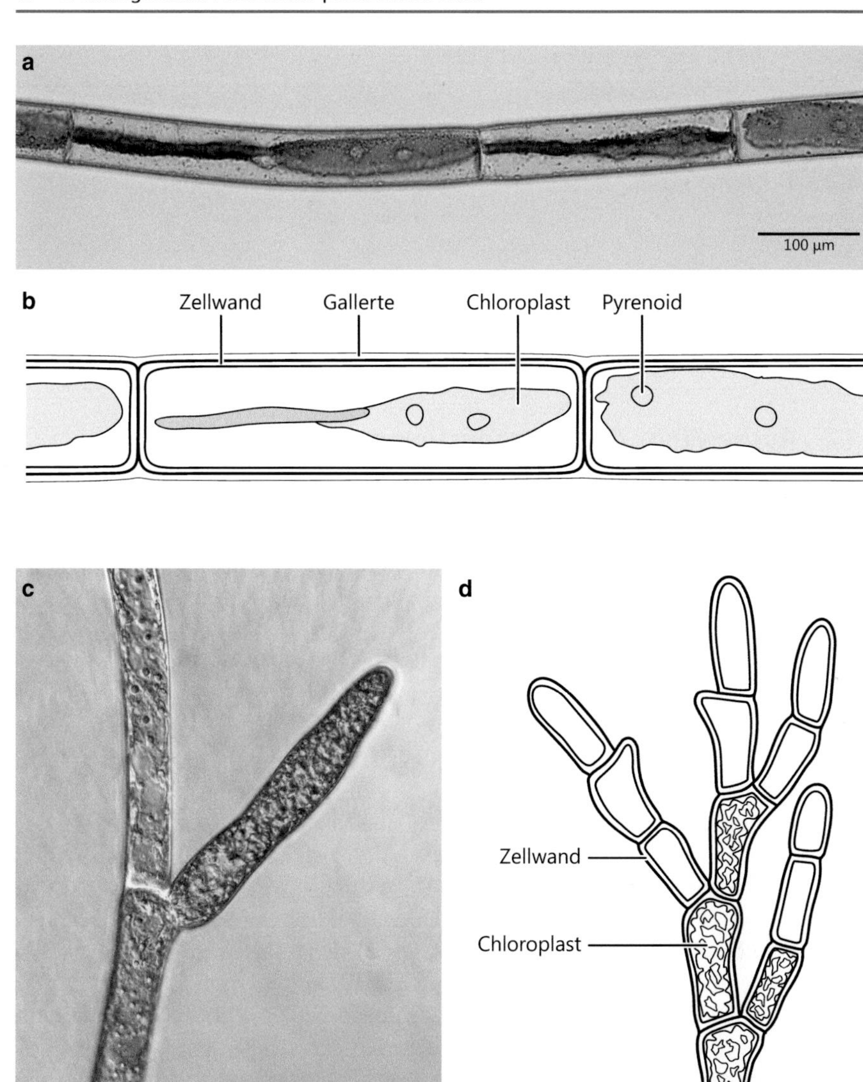

Abb. 1.5 Unverzweigter Zellfaden (Coenobium) der Schmuckalge *Mougeotia* spec. mit plattenförmigen Chloroplasten (**a**, **b**). Bei starker Beleuchtung erfolgt eine Drehung des plattenförmigen Chloroplasten, sodass die Schmalseite dem Licht zugewandt wird. Verzweigter Zellfaden der Grünalge *Cladophora* spec. mit netzartig durchbrochenen Chloroplasten (**c**, **d**)

Verzweigungen entwickeln sich zunächst seitlich knospenartige Vorwölbungen am oberen Ende der Ausgangszelle. Durch die Ausformung einer Querwand trennt sich dann die seitlich auswachsende Zelle ab und kann ihrerseits zu einem Zellfaden, der sich ebenfalls verzweigen kann, weiterwachsen. Die zelluläre Detailzeichnung sollte mindestens eine ausgebildete Verzweigung in typischer Ausprägung enthalten.

Tab. 1.2 Vergleich von Tieren, Pilzen und Pflanzen

	Tiere	Pilze	Pflanzen
Zellwände	Nein	Ja[a], Meistens Chitin, Selten Cellulose	Ja, Cellulose
Plastiden	Nein	Nein	Ja
Reservestoff	Glykogen	Glykogen	Stärke
Lebensweise	Heterotroph	Heterotroph	i. d. R. autotroph
Vorkommen echter Gewebe	Ja	Nein	Ja
Vakuole	Nein	Ja	Ja

[a] Ausnahme z. B. Myxomyceten (Schleimpilze).

1.1.2 Ausgewählte Organisationsformen bei Pilzen

Pilze sind Eukaryoten, die Zellwände ausbilden und keine Plastiden besitzen, daher heterotroph leben. Als Parasiten oder Saprophyten haben Pilze eine große ökologische und ökonomische Bedeutung. Im Vergleich zu den plastidenführenden Pflanzen sind Pilze durch einige Besonderheiten gekennzeichnet: Die Zellwände bestehen in der Regel aus Chitin, einem Polymer des *N*-Acetylglucosamins, und nicht aus Cellulose-Fibrillen. Weiterhin ist das typische Reservepolysaccharid nicht Stärke, sondern Glykogen (Tab. 1.2).

Die große und sehr heterogene Gruppe der Pilze zeigt alle Organisationsformen von Einzellern bis zu vielzelligen Wuchsformen mit z. T. sehr komplexer Struktur. Grundsätzlich unterscheidet man die einzelligen Hefen von den filamentös wachsenden Hyphenpilzen. Bei Hefen können zwei verschiedene Formen der Zellteilung beobachtet werden, die zu charakteristischen, einfach strukturierten Vegetationskörpern führen. Ihrem Teilungsmodus entsprechend differenziert man zwischen Sprosshefen und Spalthefen. Während bei den Sprosshefen die Tochterzellen aus blasenförmigen Ausstülpungen der Mutterzelle entstehen, entwickeln sich die Tochterzellen der Spalthefen durch Zweiteilung der Mutterzelle. Viele Hefen haben eine biotechnologisch bedeutende Rolle, andere wiederum sind humanpathogen und verantwortlich für diverse Krankheitsbilder.

Hyphenpilze (Synonym: Filamentöse Pilze) bilden fädige, oft verzweigte und polar wachsende Zellen, die sogenannten Hyphen, aus. Die Gesamtheit der Hyphen eines Pilzvegetationskörpers nennt man das Myzel. Hyphenpilze bilden keine echten Gewebe aus, bei denen die Zellen congenital, d. h. seit der Entstehung verbunden sind. Sie entwickeln vielmehr Flecht- oder Scheingewebe (Plektenchyme), bei denen sich die Zellfäden gewebeähnlich aneinander lagern. Da dieser Prozess erst nach der Zellteilung stattfindet, handelt es sich um eine postgenitale Verwachsung der beteiligten Hyphen. Bei diesen Pilzen kommen sowohl asexuelle (vegetative) als auch sexuelle Formen der Vermehrung vor, sodass die Ausbildung der Fruchtkörper bzw. Sporenträger oft als taxonomisches Kriterium herangezogen werden kann. In den Fruchtkörpern werden die sexuellen Sporen gebildet, an den Sporenträgern die asexuellen Sporen. Auch bei den Hyphenpilzen finden sich viele Vertreter, die eine große Bedeutung in der Anwendung (Biotechnologie,

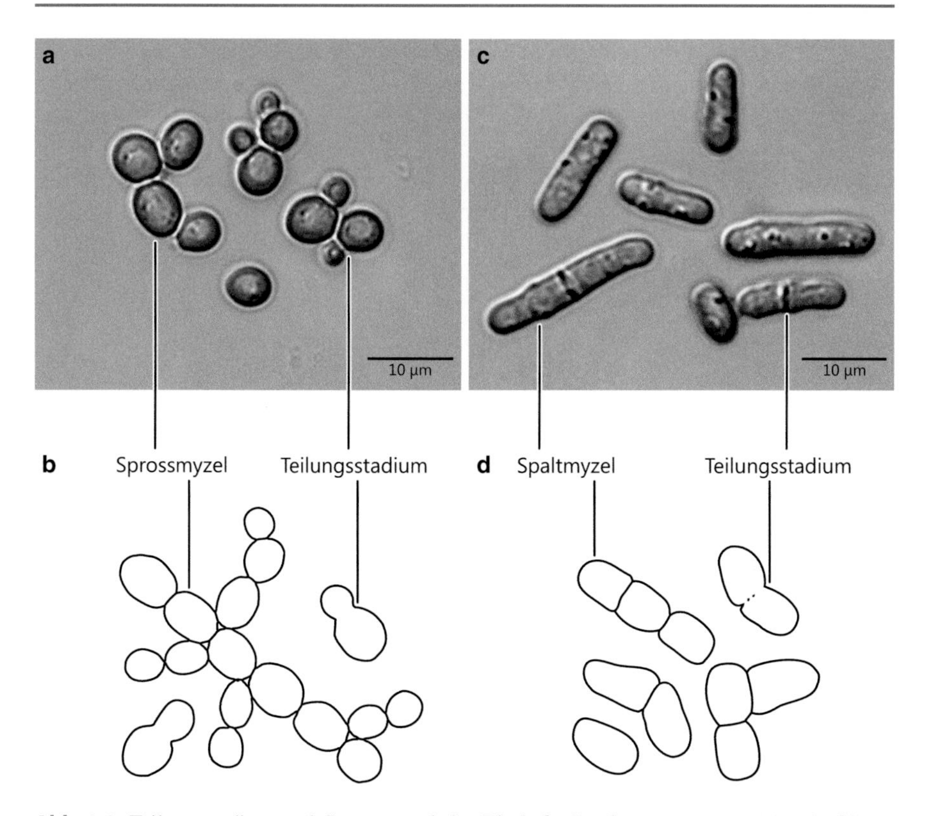

Abb. 1.6 Teilungsstadium und Sprossmyzel der Bierhefe *Saccharomyces cerevisiae* (**a**, **b**) sowie Teilungsstadium und Myzel der Spalthefe *Schizosaccharomyces pombe* (**c**, **d**) in zellulärer Darstellung. Die charakteristischen Unterschiede bei Zellteilung und Myzelform sind deutlich zu erkennen. Spross- und Spaltmyzel können als Coenobien bezeichnet werden

Medizin, Agronomie) besitzen. Umgangssprachlich werden viele Hyphenpilze als „Schimmelpilze" bezeichnet. Sie zeichnen sich durch die massenhafte Bildung der Konidiosporen (asexueller Sporen) aus, sodass eine charakteristische Färbung der Pilze entsteht.

Praktikum

OBJEKT: *Saccharomyces cerevisiae*, Saccharomycetaceae, Endomycetales
ZEICHNUNG: Teilungsstadium und Sprossmyzel

Bei der Bierhefe *Saccharomyces cerevisiae*, die in der Brauerei und Bäckerei Verwendung findet, bildet sich ein Sprossmyzel aus. Durch eine blasenartige Ausstülpung der Zellwand wird eine kleinere Tochterzelle gebildet (Sprossung), die nach vollständiger Teilung und Trennung der Zellwände nur locker an der Mutterzelle haftet (Abb. 1.6a, b). Bei der Betrachtung des Teilungsstadiums soll Wert auf die äußere Gestalt von Mutter- und Tochterzelle gelegt werden.

OBJEKT: *Schizosaccharomyces pombe*, Endomycetaceae, Endomycetales
ZEICHNUNG: Teilungsstadium und Spaltmyzel

Die Spalthefe *Schizosaccharomyces pombe*, die z. B. zur Fermentation des afrikanischen Hirse-Bieres benutzt wird, vermehrt ihre Einzelzellen durch Zweiteilung (Spaltung). Diese bleiben nach der Teilung in unregelmäßig geformten Zellverbänden zusammen, wobei schon während der Präparation die einzelnen Zellen voneinander gelöst werden können (Abb. 1.6c, d). Die Teilungsstadien zeigen Mutter- und Tochterzellen in annähernd gleicher Größe und Gestalt.

OBJEKT: *Sordaria macrospora*, Sordariaceae, Sordariales
ZEICHNUNG: verschiedene Bereiche des Myzels mit Verzweigungen und Hyphenspitzen

Das Wachstum filamentöser Pilze kann zum Beispiel bei der Gattung *Sordaria* gut beobachtet werden. Die fädigen Hyphen zeigen ein Spitzenwachstum, wobei zwischen den Zellen Septen eingezogen werden, die im mittleren Bereich einen Porus offen lassen. Durch diese Öffnung können Organellen wie Zellkerne, Mitochondrien und Vakuolen mit dem Plasmastrom wandern. Junge Bereiche des Myzels enthalten plasmareiche, sich häufig verzweigende Hyphen, während in den älteren Regionen die Hyphen zunehmend vakuolisiert werden (Abb. 1.7a, b). Zwischen einzelnen Hyphen können auch nachträglich noch Verbindungen entstehen, die als Anastomosen bezeichnet werden (Abb. 1.7c, d, *schwarze Pfeile*). Diese postgenitalen Verwachsungen führen zur Ausbildung von Plektenchymen, die als Scheingewebe zum Beispiel für die Struktur von Fruchtkörpern bedeutend sind. Ein Zusammenwachsen von Hyphen zu einem Knäuel bzw. kugeligen Gebilde kann eine beginnende Fruchtkörperbildung anzeigen.

OBJEKT: *Sordaria macrospora*, Sordariaceae, Sordariales
ZEICHNUNG: Fruchtkörper und Meiosporangien (Asci) mit sexuellen Sporen

Bei dem Ascomyceten (Schlauchpilz) *Sordaria macrospora* kann die Bildung von Fruchtkörpern, in denen die Meiosporangien (Asci) gebildet werden, sehr gut beobachtet werden. Die reifen Fruchtkörper (Perithecien) haben eine Größe von ca. 1 mm und sind mit bloßem Auge auf der Petrischale erkennbar. Mit einer feinen Nadel können die Fruchtkörper präpariert werden, um sie zwischen Objektträger und Deckglas zu quetschen. Dadurch wird der Inhalt der Fruchtkörper sichtbar (Abb. 1.8a). Jedes Perithecium enthält ca. 100–300 Asci, in jedem Ascus sind linear angeordnet acht Ascosporen zu finden, die von der Hülle des Meiosporangiums zusammengehalten werden. Die acht Sporen sind das Produkt der Meiose, bei der in der Regel zunächst vier haploide Sporen gebildet werden. Durch eine nachgeschaltete Mitose werden die vier Sporen noch einmal verdoppelt, sodass achtsporige Asci entstehen (Abb. 1.8a–d). Für die Präparate werden Wildtyp-Stämme, welche schwarze Ascosporen bilden, mit verschiedenen Farbspor-Mutanten gekreuzt. Die Mutante lu2 bildet gelbe Sporen, die Mutante fus bräunliche Sporen und die Mutante r2 rote Sporen. In den Kreuzungsperithecien erlaubt die Verteilung der unterschiedlich gefärbten Sporen innerhalb der Asci Rückschlüsse auf die Rekombination der Farbsporgene während der Meiose (Abb. 1.8a–d).

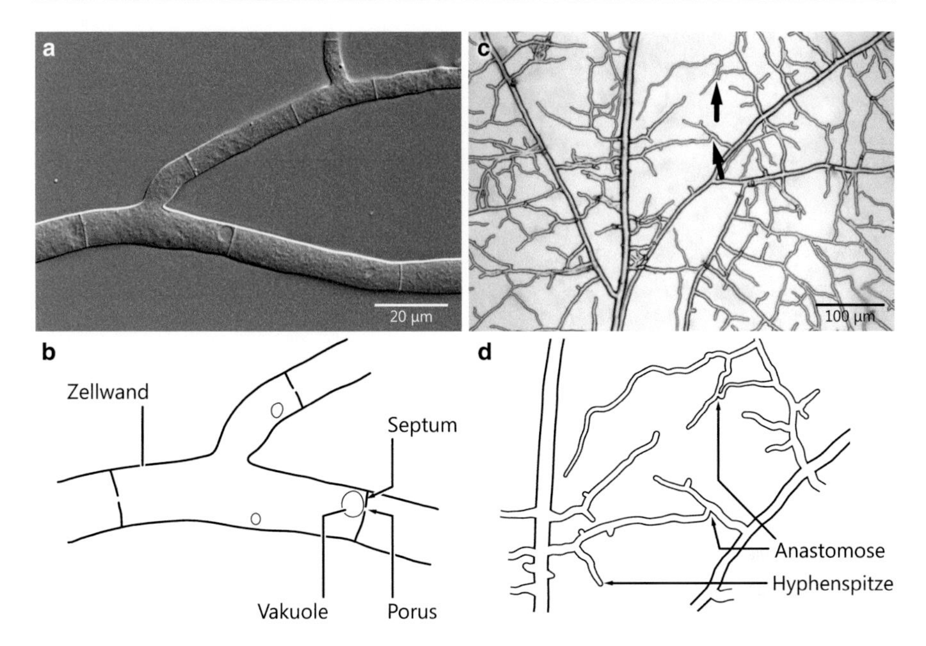

Abb. 1.7 Myzel von *Sordaria macrospora* mit Verzweigungen im Detail (**a**, **b**) und Übersicht mit Hyphenspitzen und Anastomosen (*schwarze Pfeile*) (**c**, **d**)

OBJEKT: *Penicillium* spec., Aspergillaceae, Eurotiales
ZEICHNUNG: Sporenträger mit asexuellen Konidiosporen

Bei den filamentös wachsenden Pilzen der Gattung *Penicillium* (*Penicillium* spec.), die zu den sogenannten „Schimmelpilzen" zählen, findet man viele biotechnologisch relevante Gruppen. Beispiele sind *Penicillium chrysogenum* (Antibiotikum Penicillin) oder *P. roquefortii* und *P. camembertii* (Käseproduktion). Die Organe der vegetativen (asexuellen) Vermehrung sind bei diesen Pilzen charakteristisch ausgestaltet: Die fädig wachsende Traghyphe verzweigt sich mehrfach in Folge, sodass besenartige Sporenträger gebildet werden, an deren Enden Ketten von Sporen entstehen, die Konidiosporen genannt werden (Abb. 1.9). Die Präparation der Sporenträger muss sehr vorsichtig erfolgen, da die locker haftenden Sporen sonst abgelöst werden. Die Konidiosporen dienen der vegetativen Vermehrung des Pilzes und wachsen auf geeigneten Substraten schnell zu einem Myzel aus. Die Gesamtheit dieser verzweigten Fortpflanzungsorgane ergibt das bekannte Bild der weißen, schwarzen oder blau-grünen, samtig erscheinenden Überzüge auf organischen oder anorganischen Substraten, die vom übrigen Pilzmyzel ausgiebig durchwachsen sind.

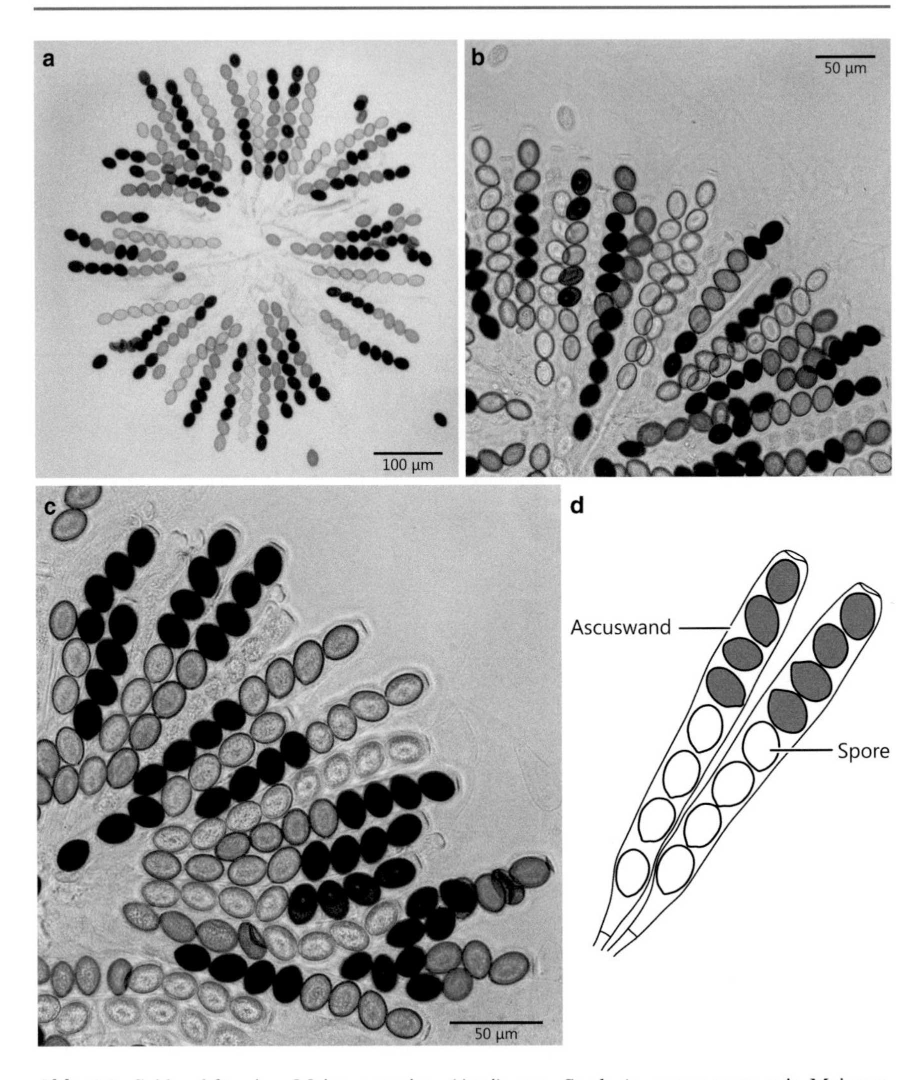

Abb. 1.8 Schlauchförmige Meiosporangien (Asci) von *Sordaria macrospora* mit Meiosporen(Ascosporen) aus Kreuzungen verschiedener Farbspor-Mutanten mit dem Wildtyp (wt): Mutante lu2 × wt (**a**), Mutante fus × wt (**b**) und Mutante r2 × wt (**c**, **d**)

1.1.3 Epidermiszellen

Bei Pflanzen bleiben die einzelnen Zellen meist congenital miteinander verbunden, es differenzieren sich echte Gewebe mit Zellen gleicher Funktion und Gestalt. Der Verbund von pflanzlichen Zellen in einfach strukturierten Geweben kann bei den Epidermiszellen gut untersucht werden. Die Epidermis ist eine einschichtige Lage von Zellen, die lückenlos aneinander grenzen und oft miteinander verzahnt sind. Sie schützt die Pflanze nach außen vor mechanischen Beschädigungen und verringert

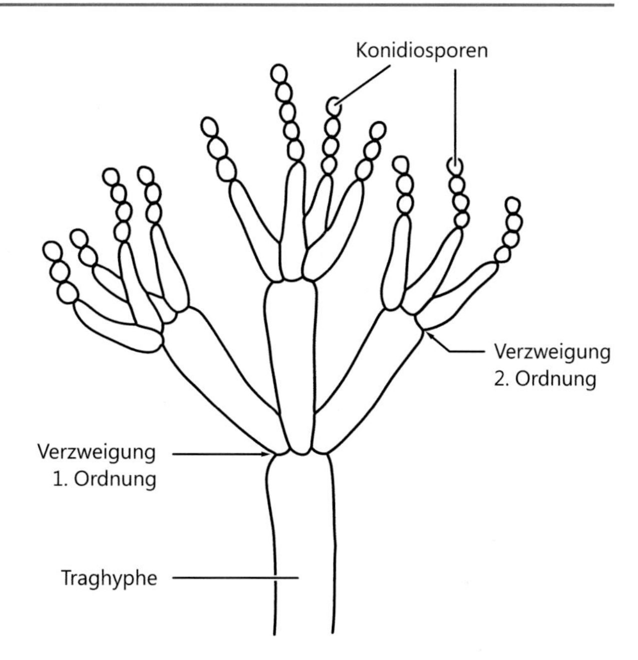

Abb. 1.9 Sporenträger des filamentösen Pilzes *Penicillium* spec. Die mehrfache Verzweigung der Traghyphe zu besenartigen Strukturen ist zu beachten. An den Enden des Sporenträgers befinden sich perlenartige Reihen von Konidiosporen, die der vegetativen Vermehrung dienen

durch die Ausbildung einer Cuticula (ein wachsartiger Überzug auf der Epidermisaußenseite) die Verdunstung des zellulären Wassers.

Praktikum

OBJEKT: *Allium cepa*, Alliaceae, Asparagales
ZEICHNUNG: Übersicht des epidermalen Gewebeverbandes, Detail einer Einzelzelle

Bei der Küchenzwiebel *Allium cepa* kann eine einfach gestaltete Epidermis gut präpariert und beobachtet werden. Durch Abziehen der äußeren Haut an der Unterseite einer Zwiebelschale wird die Epidermis vom Blattgewebe getrennt. Die Epidermiszellen sind lang gestreckt, stoßen entweder mit geraden Stirnwänden aneinander oder sind zugespitzt ineinander verkeilt (Abb. 1.10a, b). Bei genauer Betrachtung der Einzelzelle lässt sich die große ungefärbte Zentralvakuole gegen den Protoplasten abgrenzen, der als dünner plasmatischer Wandbelag zu erkennen ist. Wenige zarte Protoplasmastränge durchziehen das Lumen, sie laufen in der Kerntasche des wandständigen, deutlich sichtbaren Zellkernes zusammen. Durch die Plasmaströmung werden dunkler erscheinende Strukturen passiv mitgeschleppt. Dabei handelt es sich vorwiegend um Lipidtröpfchen, Mitochondrien und Leukoplasten. Das Plasmalemma liegt der Zellwand direkt an und ist somit nicht erkenn-

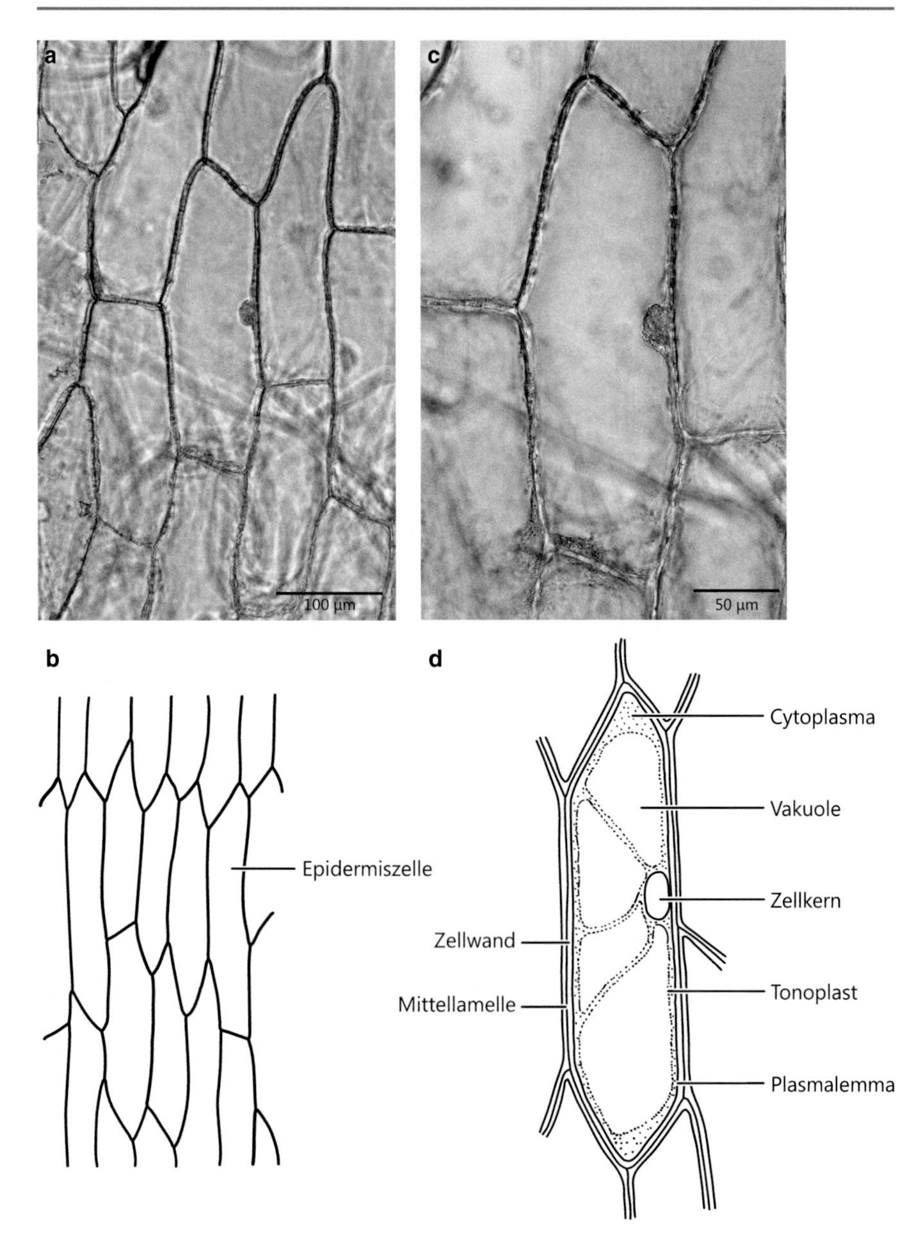

Abb. 1.10 Die Epidermiszellen der Küchenzwiebel *Allium cepa*. In der Übersicht ist der Zellverband mit den typisch zugespitzten Einzelzellen sichtbar (**a**, **b**). Die detaillierte Darstellung der Einzelzelle umfasst die lichtmikroskopisch erkennbaren Strukturen sowie eine Andeutung des weiteren Zellverbandes (**c**, **d**)

bar. Der Tonoplast ist als Abgrenzung zwischen Vakuole und Protoplast zu sehen (Abb. 1.10c, d). Die Zeichnung der Übersicht des epidermalen Gewebeverbandes lässt die lang gestreckt wabenähnliche Form der dicht aneinander grenzenden Einzelzellen erkennen. In der Detailzeichnung sollte dieser Verband durch Berücksichtigung der benachbarten Zellwände angedeutet werden.

1.2 Intrazelluläre Bewegungen

Die Plasmaströmung in pflanzlichen Zellen ist zum Teil autonom, sie kann aber auch durch Außenreize induziert werden. Dabei sind als Reize bei bestimmten Pflanzen Licht (Photodinese), Chemikalien (Chemodinese), Wärme (Thermodinese) oder Verletzungen (Traumatodinese) wirksam. Die durchschnittliche Strömungsgeschwindigkeit liegt bei 0,2–0,6 mm/min. Das periphere Ektoplasma mit den kortikalen Mikrotubuli nimmt an der Bewegung nicht teil. Im flüssigeren Endoplasma vermittelt ein Actin-Myosin-System die ATP-abhängige Plasmabewegung. Man kann zwischen Plasmarotation und Plasmazirkulation unterscheiden. Umrundet das Endoplasma die Zentralvakuole in einfachen Umläufen, wie z. B. bei *Elodea canadensis*, handelt es sich um eine Plasmarotation. In Zellen mit Spitzenwachstum wie Wurzelhaaren, Pollenschläuchen und einigen Haarzellen, wie z. B. den Staubfadenhaaren von *Tradescantia* spec., erfolgt die Plasmaströmung in zahlreichen, auch gegenläufigen Bewegungen bevorzugt in den Plasmasträngen, welche die Zentralvakuole durchziehen. Hierbei handelt es sich um Plasmazirkulation. Die Strömungsrichtung und auch die Strömungsgeschwindigkeit sind hier variabel (Abb. 1.12).

Zellkerne und Zellorganellen können aber auch unabhängig von der Plasmaströmung eigene Bewegungen durchführen. Der Zellkern bewegt sich meist zu den Orten stärksten Wachstums, beispielsweise nahe der Zellspitze bei Zellen mit ausgeprägtem Spitzenwachstum. Chloroplasten richten sich bei einigen Pflanzen, wie z. B. Algen, Farnprothallien, Moosen (*Funaria hygrometrica*) und bestimmten Samenpflanzen nach dem Licht aus. Bei Schwachlicht exponieren die Chloroplasten eine große Oberfläche an den Zellwänden, die dem Licht zugewandt sind. Die Anordnung bei Schwachlicht unterscheidet sich oft von der Stellung bei völliger Dunkelheit, da die Plastiden eine deutliche Reaktion auf die Anwesenheit schwacher Strahlung zeigen. Bei Starklicht wandern sie an die seitlichen Zellwände, um eine möglichst geringe Oberfläche dem Licht auszusetzen und so Strahlungsschäden zu vermeiden (Abb. 1.5, Abb. 1.11). Die Lichtperzeption bei der Chloroplastenbewegung scheint über Phytochromsysteme oder Flavoproteine zu erfolgen, die Bewegung wird auch durch Mikrofilamente vermittelt.

Praktikum

OBJEKT: *Elodea canadensis*, Hydrocharitaceae, Alismatales
ZEICHNUNG: Plasmarotation in Blattzelle (Detail zellulär)

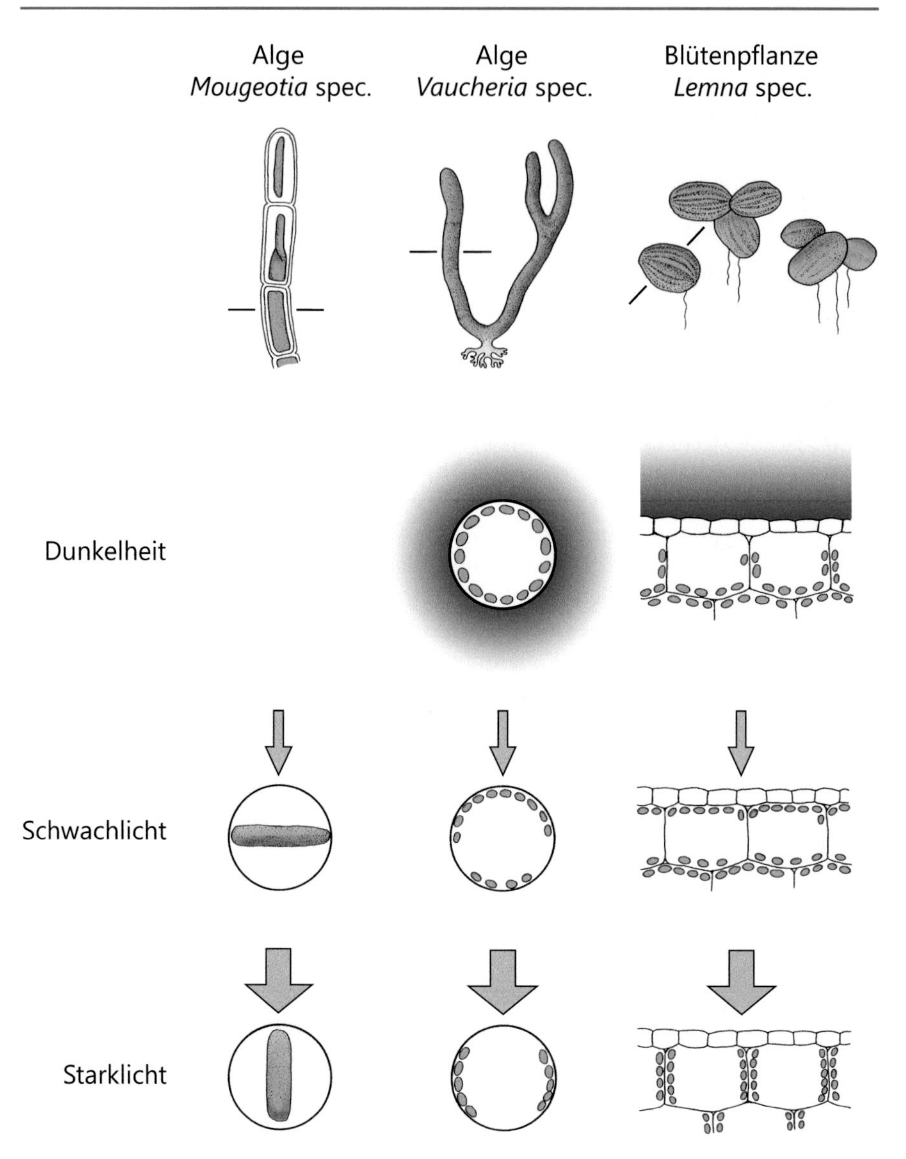

Abb. 1.11 Anordnung und Ausrichtung der Chloroplasten bei verschiedenen Pflanzen als Reaktion auf die Stärke und Richtung des Lichteinfalls (durch *Pfeile* symbolisiert). Jede Spalte der Darstellung bezieht sich auf die jeweils oben angegebene Spezies. Bei Schwachlicht exponieren die Chloroplasten eine möglichst große Fläche zur Strahlungsquelle, um eine optimale Ausnutzung des Lichtes zu erreichen. Hingegen orientiert sich bei Starklicht die Schmalseite der Plastiden zur Lichtquelle, um Strahlungsschäden der Pigmente zu vermeiden. (Nach Haupt u. Scheuerlein 1990, verändert)

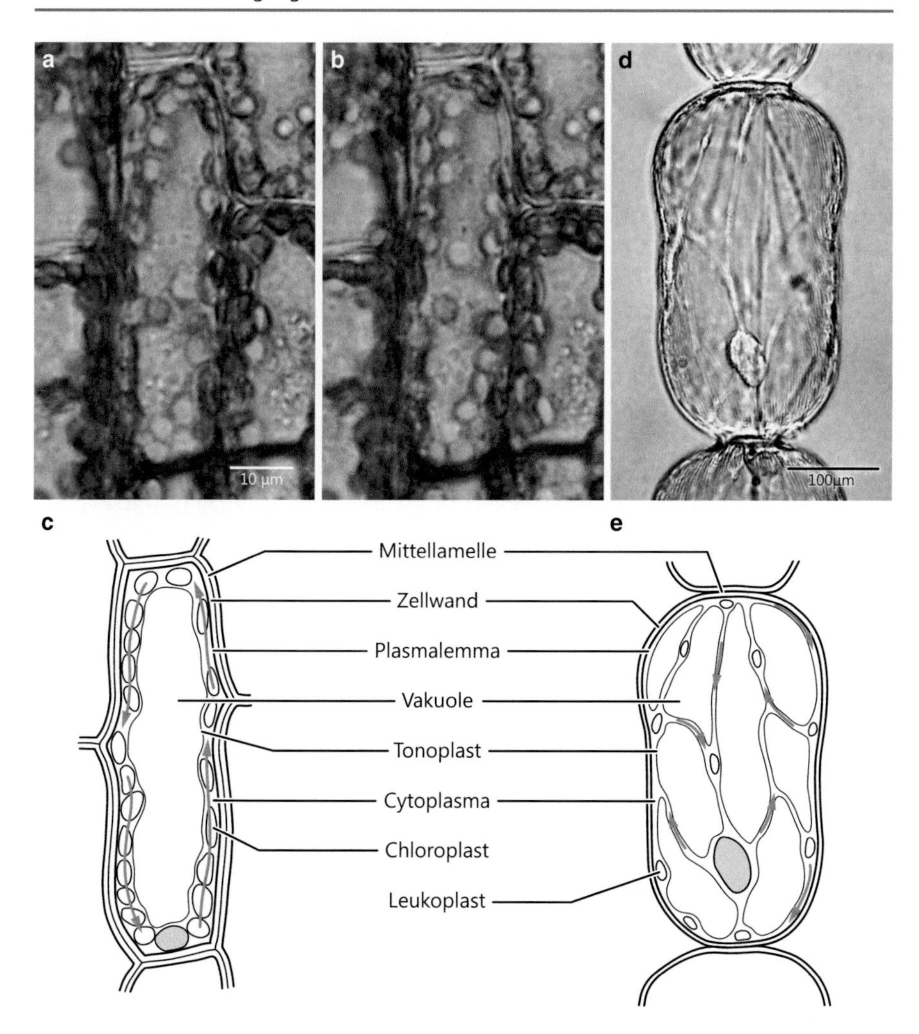

Abb. 1.12 Plasmaströmung in pflanzlichen Zellen. Die Plasmarotation um die Zentralvakuole ist dargestellt bei einer Zelle der Wasserpest *Elodea canadensis* (**a–c**). In den Plasmafäden der Staubfadenhaarzelle von *Tradescantia* spec. wird die Plasmazirkulation betrachtet (**d**, **e**). Die momentane Richtung der Strömung wird durch *Pfeile* dargestellt

Bei den Blattzellen der Wasserpest *Elodea canadensis* kann die Plasmaströmung durch die Bewegung der Chloroplasten leicht verfolgt werden. Ausgelöst durch die Verletzung bei der Präparation sowie die Erwärmung während des Mikroskopierens setzt eine verstärkte Rotation des Cytoplasmas um die Zentralvakuole ein (Abb. 1.12a–c), deren Richtung und Geschwindigkeit etwa gleichbleibend ist. Auf den Zellflächen, die bezogen auf die Rotationsrichtung seitlich liegen, fließen zwei

Plasmaströme in entgegengesetzter Richtung. Der dazwischen liegende diagonal verlaufende Bereich (Indifferenzstreifen) bleibt nahezu in Ruhe.

OBJEKT: *Tradescantia* spec., Commelinaceae, Commelinales
ZEICHNUNG: Plasmazirkulation im Staubfadenhaar (Detail zellulär)

In den mehrzelligen Staubfadenhaaren von *Tradescantia* spec. durchziehen Plasmafäden den vakuolären Raum. An diesen Plasmafäden ist eine etwa zentral gelegene Plasmatasche aufgehängt, die den Zellkern enthält. Die langsam verlaufende Plasmaströmung wird durch mitgeschleppte Zellorganellen deutlich, die als dunklere Strukturen in den Plasmafäden zu erkennen sind. Lage und Gestalt der Plasmafäden wechseln ebenso wie Richtung und Intensität der beobachteten Plasmaströmung. Dies ist typisch für die Plasmazirkulation (Abb. 1.12d, e).

OBJEKT: *Funaria hygrometrica*, Funariaceae, Funariales
ZEICHNUNG: Übersicht des Blättchens, Chloroplastenbewegung in Einzelzelle des Moosblättchens nahe der Blattmitte, Schwach- und Starklichtstellung (Detail zellulär)

In den Zellen nahe der Mittelrippe des Moosblättchens von *Funaria hygrometrica* ist die Beobachtung der Schwach- und Starklichtstellung der Chloroplasten leicht möglich. Bei abgeblendetem mikroskopischen Licht nehmen die linsenförmigen Chloroplasten die Schwachlichtstellung ein: Die großflächige Breitseite wird zum Licht exponiert, um eine optimale Ausnutzung der Strahlung zu gewährleisten. Bei aufgeblendetem Mikroskop orientieren sich die Chloroplasten mit der Schmalseite zum Licht, sodass sie im Cytoplasma an die Wände ausweichen, die senkrecht zur Beobachtungsebene liegen (Abb. 1.11).

1.3 Plastiden

Die Plastiden sind charakteristische Organellen der Pflanzen. Grundsätzlich können pigmenthaltige Chromatophoren, zu denen Chloroplasten und Chromoplasten gehören, von den pigmentfreien Leukoplasten unterschieden werden. Neben den typisch linsenförmigen Chloroplasten der höheren Pflanzen gibt es noch weitere verbreitete Plastidenformen und -typen in pflanzlichen Organen wie Blüten oder Früchten der Kormophyten oder bei Niederen Pflanzen (sog. Rhodoplasten oder Phaeoplasten in Algen). In den meisten Fällen beinhaltet eine Zelle nur einen bestimmten Plastidentyp. Die Zellen panaschierter Blätter enthalten im grünen Blattbereich sowohl Chloro- als auch Leukoplasten, im weißen Blattbereich nur Leukoplasten.

Bei Algen sind die Chromatophoren sehr unterschiedlich geformt: Die Chloroplasten bei Schmuckalgen (Zygnemophyceae) z. B. können schraubig gewunden (*Spirogyra* spec.), sternförmig (*Zygnema* spec.), gelappt (*Cosmarium botrytis*) oder aber plattenförmig aussehen (*Mougeotia* spec.) (Abb. 1.4e, Abb. 1.5a, Abb. 1.15a). Die Plastiden der grünen Pflanzen und der Hauptgruppen der Algen sind außerdem durch den Besitz spezifischer Pigmente charakterisiert, die für ihre photosyntheti-

Tab. 1.3 Vergleich ausgewählter Photosynthesepigmente bei höheren Pflanzen und Algen

	Chlorophyll a	Chlorophyll b	Fucoxanthin	Phycobiline
Sprosspflanzen, Moose, Farne	Ja	Ja	Nein	Nein
Grünalgen (Chlorophyceae)	Ja	Ja	Nein	Nein
Braunalgen (Phaeophyceae)	Ja	Nein	Ja	Nein
Rotalgen (Rhodophyceae)	Ja	Nein	Nein	Ja

sche Aktivität und ihre Färbung bedeutsam sind (Tab. 1.3). Die grüne Färbung der Chloroplasten wird durch die Absorptionsspektren ihrer Photosynthesepigmente hervorgerufen: Die Chlorophylle zeigen ein Absorptionsmaximum im Bereich des roten Lichtes. Werden diese Pigmente von anderen Plastidenfarbstoffen überdeckt, kommt es zu additiven Farbeffekten. Bei Braunalgen erscheinen die Chromatophoren braun (Phaeoplasten) und bei den Rotalgen rötlich-braun (Rhodoplasten), da weitere für diese Algengruppen typische akzessorische Pigmente wie Carotinoide und Xanthophylle auftreten (Tab. 1.3).

Die verschiedenen Plastidentypen höherer Pflanzen entstehen aus den Proplastiden, sozusagen einer plastidären Embryonalform, sie können sich aber auch zum großen Teil ineinander umwandeln (Abb. 1.13). Die Proplastiden sind klein und ihr Membransystem ist noch wenig differenziert. Abhängig von der Zellentwicklung

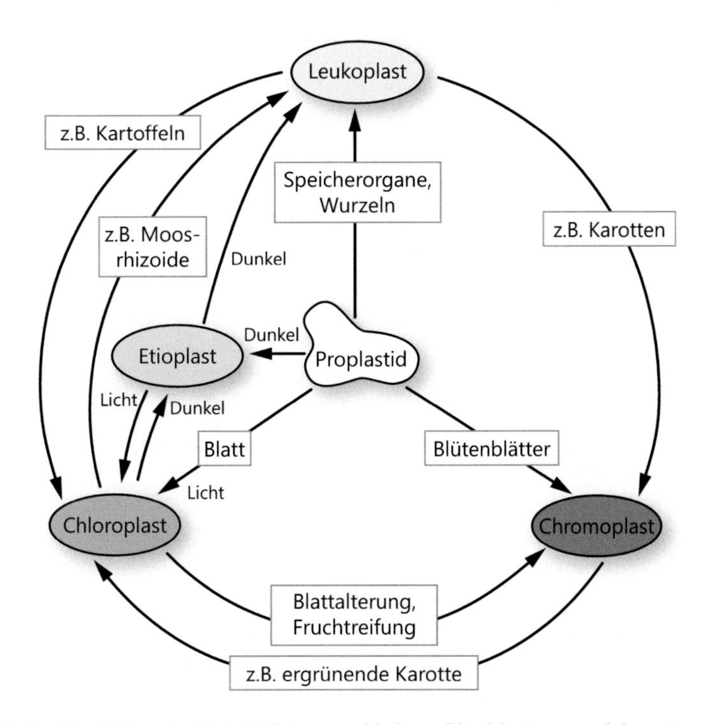

Abb. 1.13 Schematische Darstellung der Entwicklung verschiedener Plastidentypen und der möglichen Umwandlungen ineinander. (Nach Kull 1993, verändert)

und dem Lichteinfluss können sie sich zu Chloroplasten, Chromoplasten, Leukoplasten oder Etioplasten entwickeln. Die Chloroplasten der höheren Pflanzen haben eine linsenförmige Gestalt mit einem Durchmesser von 4–8 μm. In einer Blattzelle können zwischen 25 und über 200 Chloroplasten enthalten sein. Ausdifferenzierte Chloroplasten weisen ein ausgeprägtes inneres Membransystem auf: Von der inneren Membran haben sich Ausstülpungen (Thylakoide) in die innere Grundsubstanz (Stroma) des Chloroplasten abgeschnürt, die zu Stapeln zusammengefasst sein können (Granathylakoide) oder ungestapelt als länglich gestreckte Membrankörper (Stromathylakoide) das Stroma durchziehen und die Grana miteinander verbinden. In den Thylakoidmembranen sind die Photosynthesekomplexe mit den akzessorischen Pigmenten lokalisiert. Bei vielen Plastiden der Algen gibt es eine im Lichtmikroskop dunkler erscheinende Zone, das Pyrenoid. Diese Proteinanreicherung ist bei Grünalgen ein Zentrum der Stärkebildung und bei anderen Algen Ort der Lipidbildung.

Etioplasten bilden sich aus Proplastiden oder Chloroplasten bei Lichtmangel. Die Granathylakoide verschwinden, nur wenige Stromathylakoide bleiben erhalten. Röhrenförmige Membrantubuli, die das Membranmaterial aufnehmen, sind oft sehr regelmäßig zu einem Prolamellarkörper angeordnet.

Durch Carotinoide leuchtend gelb oder orange gefärbt dient der typische Chromoplast der Farbgebung und ist frei von Chlorophyllen. Er kann z. B. in Blütenblättern aus Proplastiden entstehen, bei der Fruchtreifung erfolgt häufig eine Umwandlung von Chloro- in Chromoplasten. Chromoplasten können in ihrem Feinbau sehr unterschiedlich gestaltet sein (Abb. 1.14). Die lipophilen Carotinoide sind häufig in dem unpolaren Inneren von Plastoglobuli konzentriert (globulöse Chromoplasten). In den tubulösen Formen bilden die Carotinoide röhrenförmige Bündel von Filamenten. Stark lipiddominierte Biomembranen treten bei den konzentrischen Membranzisternen von membranösen Chromoplasten auf, dort sind die Pigmente direkt in die Membran integriert (Abb. 1.14). Werden z. B. sehr große Mengen von β-Carotin in kristallartigen Protein-Pigmentaggregaten abgelagert, so durchstoßen diese Partikel schließlich die Membran des Chromoplasten, sodass die Carotin-„Kristalle" wie in den Wurzeln der Wilden Möhre (*Daucus carota*) frei vorliegen (kristallöse Chromoplasten) (Abb. 1.14, 1.16 c, d).

In alternden Chloroplasten des Herbstlaubes erfolgen ein Abbau der grünen Pigmente und eine Anhäufung der Carotinoide in Plastoglobuli. Der Farbübergang verläuft von grün zu der rötlichen oder gelben Tönung der Blätter, es sind Gerontoplasten entstanden.

In Wurzeln und Speicherorganen kommen die pigmentfreien Leukoplasten vor, die dort oft direkt aus Proplastiden hervorgehen. Während die Leukoplasten in den Wurzeln für bestimmte plastidenspezifische Stoffwechselprozesse von Bedeutung sind, werden sie in Speicherorganen zumeist für die Ansammlung von Reservestärke genutzt und dann als Amyloplasten bezeichnet. In der kriechenden Sprossachse der Pellionie (*Pellionia repens*) sind Übergangsformen zwischen den Chloroplasten im äußeren Bereich und den Amyloplasten im inneren Bereich zu beobachten, wobei der Anteil der abgelagerten Reservestärke kontinuierlich nach innen zunimmt (Abb. 1.17a–d). Kohlenhydrate sind die wichtigsten Speicherstoffe bei Pflanzen.

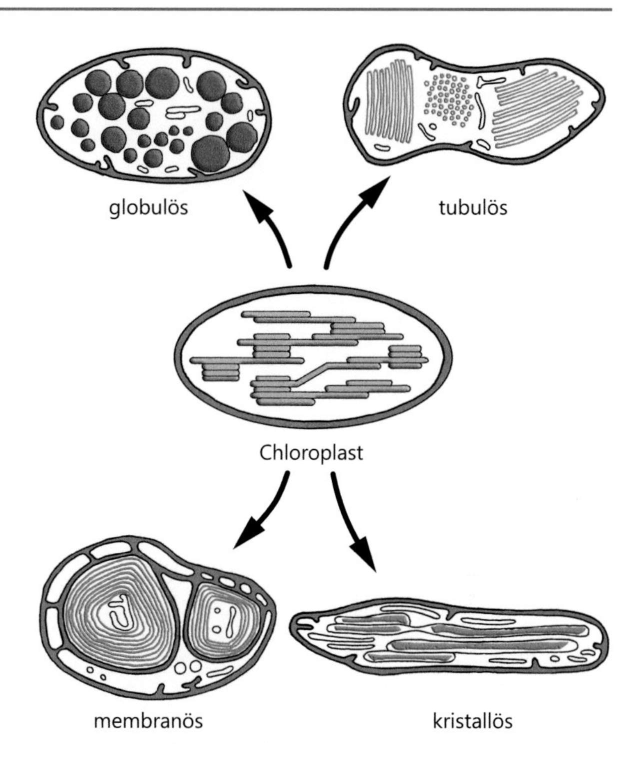

Abb. 1.14 Feinbau von Chromoplasten. Bei der Umwandlung von Chloroplasten in Chromoplasten können sehr unterschiedliche Formen der Speicherung der lipophilen Komponenten zu ganz verschieden strukturierten Bautypen von Chromoplasten führen. (Nach Mohr u. Schopfer 1990, verändert)

Monosaccharide wie Glucose und Fructose oder Disaccharide wie Maltose und Saccharose werden im Zellsaft gelöst. Das häufigste Reservepolysaccharid ist Stärke, ein osmotisch faktisch unwirksames Polymer aus einer langen Schraube von α-D-Glucosemolekülen. Deshalb ist es den pflanzlichen Zellen möglich, große Mengen an Stärke einzulagern, ohne osmotische Probleme zu verursachen. Natürlich vorkommende Stärke setzt sich aus Amylose und Amylopectin zusammen. Während die Amylose einige hundert Glucoseeinheiten umfasst und unverzweigt (1-4-α-glycosidische Bindung) ist, treten bei dem mehrere tausend Einheiten enthaltenden Amylopectin häufiger Verzweigungen der Ketten am C_6-Atom der Glucose auf. Aufgrund der schraubigen Molekülstruktur der Stärke ist diese als Gerüstsubstanz ungeeignet, ist aber das typische pflanzliche Reservepolysaccharid. Sie bietet ein Reservoir des physiologisch bedeutenden Energielieferanten α-D-Glucose, die durch Einwirkung der α-Amylase schnell aus der Stärke freigesetzt werden kann.

Der klassische Stärkenachweis im Präparat erfolgt durch die Iod-Stärke-Reaktion: Bei der Einlagerung von Iod-Molekülen in die schraubenförmige Struktur der Stärke tritt eine Änderung des Absorptionsverhaltens auf. Amylose-Iod-Komplexe

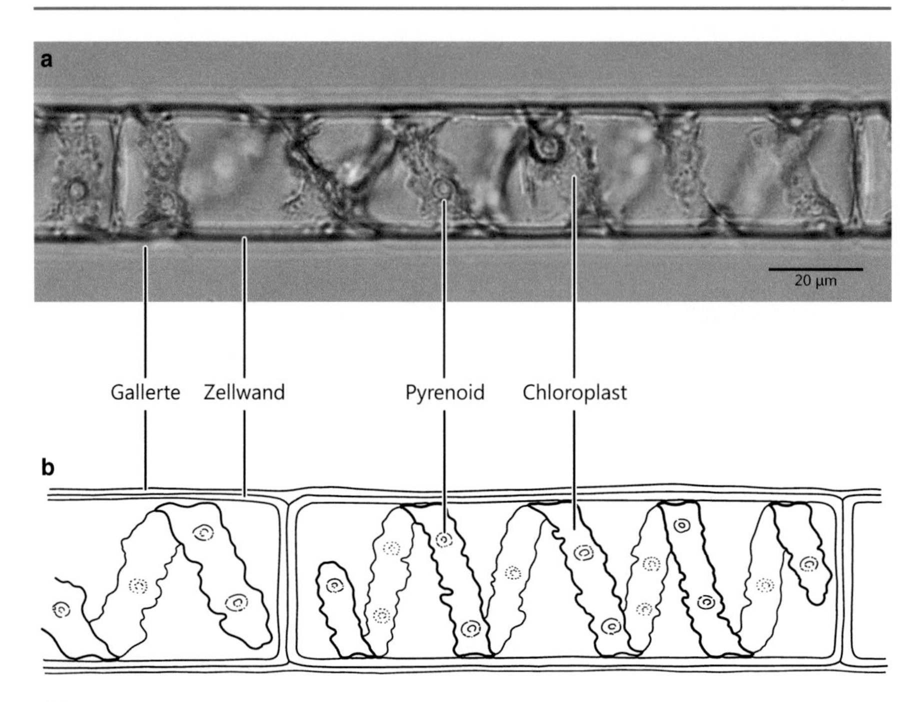

Abb. 1.15 Detail des Coenobiums der Schmuckalge *Spirogyra* spec. (**a**). Der bandförmige Chloroplast ist schraubig aufgewunden und besitzt mehrere Pyrenoide. Die Verwendung verschiedener Strichdicken ermöglicht eine Andeutung der räumlichen Darstellung (**b**)

erscheinen blau, Amylopectin-Iod-Komplexe nehmen hingegen eine violette Färbung an.

Praktikum

OBJEKT: *Spirogyra* spec., Zygnemataceae, Zygnematales
ZEICHNUNG: Detail des Coenobiums mit schraubenförmigem Chloroplasten

Bei der Schmuckalge *Spirogyra* spec. wachsen die Einzelzellen in fadenförmigen Zellverbänden, den Coenobien. Die Zellen des Coenobiums bleiben durch eine gemeinsame Gallerte umgeben, es treten keine Verzweigungen auf. Der bandförmige Chloroplast liegt im plasmatischen Wandbelag und ist schraubig aufgewunden. Seine Ränder sind deutlich gelappt, und mehrere Pyrenoide treten als dunklere Strukturen hervor. In einer Einzelzelle können abhängig von der Spezies einer bis mehrere schraubige Plastiden vorhanden sein. Bei der Auswahl des Objektes aus Frischwasser empfiehlt es sich, *Spirogyra*-Arten mit ein oder maximal zwei Chloroplasten pro Einzelzelle zur Betrachtung zu verwenden. Um die räumliche Wiedergabe zu erleichtern, sollte mit unterschiedlich starker Strichdicke oder Punktierungen gezeichnet werden (Abb. 1.15a, b).

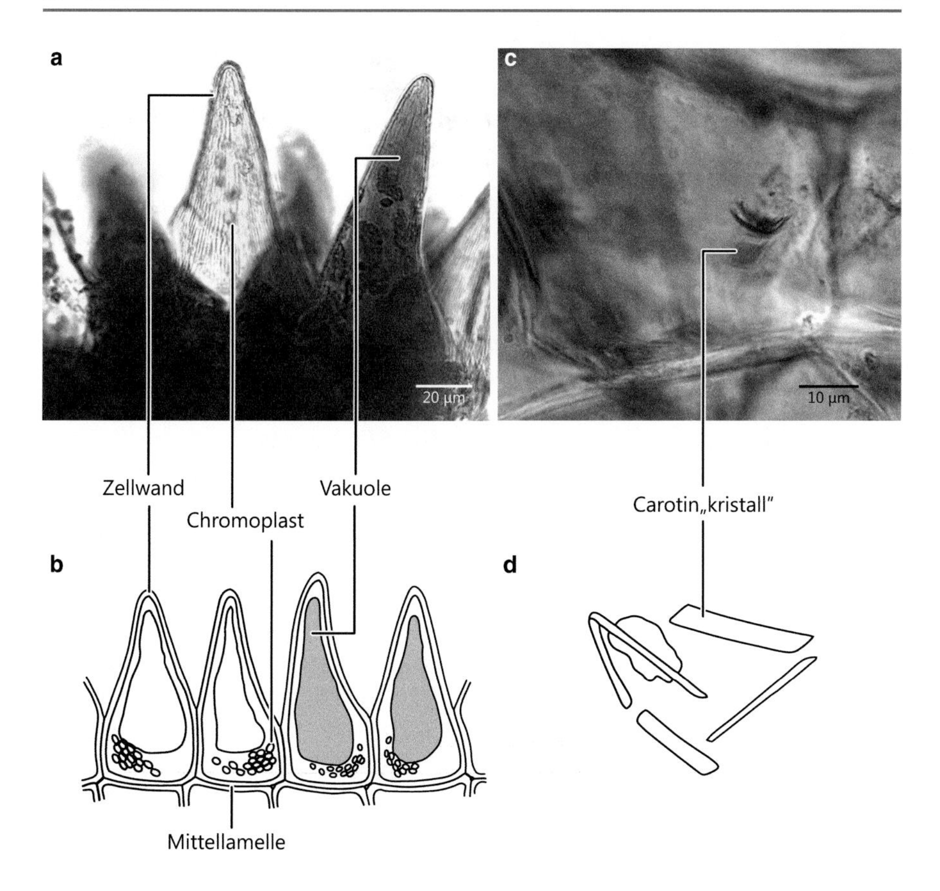

Abb. 1.16 Epidermispapillen beim Stiefmütterchen *Viola* × *wittrockiana* im Übergangsbereich zum Saftmal (**a**). Die anthocyanhaltigen Vakuolen sind grau dargestellt (**b**). Einzelne Carotin„kristalle" in den Wurzeln der Wilden Möhre *Daucus carota* (**c**, **d**). Der Rest eines Chromoplasten ist angedeutet

OBJEKT: *Viola* × *wittrockiana*, Violaceae, Malpighiales
ZEICHNUNG: Detail der Epidermispapillen an der Grenze des Saftmals

Die gelb und im Bereich des Saftmales braun gefärbten Blütenblätter des Stiefmütterchens (*Viola* × *wittrockiana*) scheinen eine samtartig weiche Oberfläche zu besitzen. Da die Epidermiszellen papillenartig nach außen vorgewölbt sind, wird das reflektierte Licht stark gestreut, sodass ein samtartiger Eindruck entsteht. Bei genauerer Betrachtung der Epidermiszellen im Bereich des Übergangs zum Saftmal werden Einzelzellen sichtbar, die durch intensiv gelb-orange gefärbte Chromoplasten ihre leuchtende Farbe erhalten. Die zahlreichen Chromoplasten befinden sich hauptsächlich im basalen Anteil der Papille, da dort der cytoplasmatische Saum recht breit ausgeprägt ist. Im Bereich des Saftmals erscheint der Zellsaft dunkelrotlila gefärbt. Dies wird durch die wasserlöslichen Anthocyane in der Vakuole bewirkt. Im Bereich der Papille ist das Cytoplasma auf einen schmalen Saum begrenzt, da die Vakuole hier deutlich dominiert (Abb. 1.16a, b). Die lipophilen Carotinoide absorbieren vorwiegend im blauen Spektralbereich, die Anthocyane dagegen die gelb-rote Strahlung, sodass ein additiver Farbeffekt auftritt und das Saftmal dunkel gefärbt erscheint (Abb. 1.16a, b).

OBJEKT: *Daucus carota*, Apiaceae, Apiales
ZEICHNUNG: Carotin„kristalle"

In den Chromoplasten der verdickten Hauptwurzel der Wilden Möhre (*Daucus carota*) werden große Mengen von β-Carotin gespeichert. Die stark wachsenden Carotin-Protein-Aggregate bestimmen zunächst die Form der Chromoplasten, bis sie schließlich die Hüllmembran durchstoßen und dann frei vorliegen (Abb. 1.14, 1.16c, d). In den Aggregaten sind lediglich 20–56 % β-Carotin enthalten, es handelt sich demnach nicht um echte Kristallbildungen.

OBJEKT: *Pellionia repens*, Urticaceae, Rosales
ZEICHNUNG: Chloroplasten und Übergangsformen zu Amyloplasten mit verschieden großen Stärkeeinschlüssen

Im Querschnitt durch die Sprossachse von *Pellionia repens* erkennt man unter der Epidermis in den äußeren Gewebeschichten kleine linsenförmige oder rundliche Chloroplasten. Weiter innen liegende Gewebeschichten enthalten Übergangsformen von Plastiden, die durch Einlagerung von Reservestärke an Größe zugenommen haben (Abb. 1.17a, b). Funktionell handelt es sich bei diesen Übergangsformen um Amyloplasten, da tatsächlich Reservestärke angesammelt wird und nicht nur die Assimilationsstärke des photosynthetisch aktiven Plastidenanteils. In weiter innen folgenden Gewebeschichten nimmt die Größe des Stärkeeinschlusses deutlich zu, während der grüne Anteil des Plastids nur noch wie eine Kappe aufsitzt (Abb. 1.17c, d). Die plastidäre Membran kann aufreißen und das Stärkekorn letztlich ins Zellplasma freigeben. Da sich das Bildungszentrum der Reservestärke nicht im Zentrum des Plastids befindet, entsteht ein exzentrisch geschichtetes Stärkekorn.

OBJEKT: *Solanum tuberosum*, Solanaceae, Solanales
ZEICHNUNG: exzentrische Stärkekörner

In den Knollen der Kartoffel *Solanum tuberosum* sind die Zellen des Speichergewebes dicht mit Stärkekörnen angefüllt. Die Amyloplasten, in welchen die Reservestärke gebildet wurde, sind zum großen Teil aufgelöst. Bei genauerer Betrachtung der Stärkekörner fällt eine zunehmend exzentrische Schichtung um das Bildungszentrum auf (Abb. 1.18a, b). Wird das Präparat mit Iodiodkalium-Lösung behandelt, so erscheinen die Stärkekörner tiefblau gefärbt, denn die Stärke der Kartoffel setzt sich zu einem großen Teil aus Amylose zusammen.

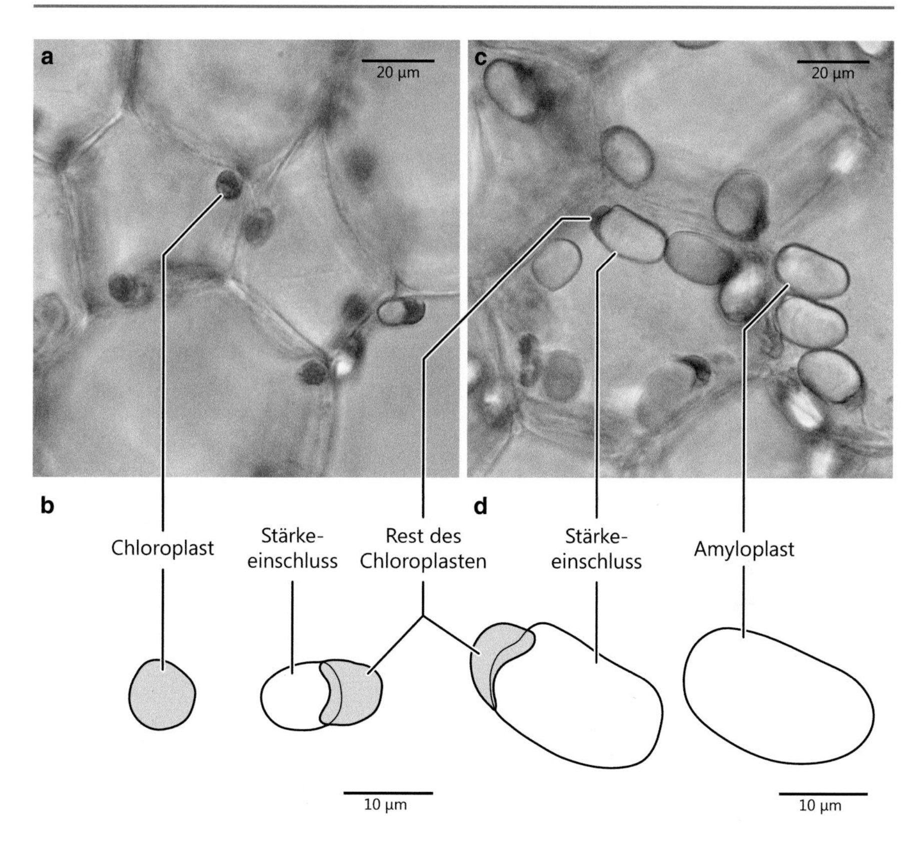

Abb. 1.17 Übergang von Chloroplasten (**a**, **b**) zu Amyloplasten (**c**, **d**) bei Rindenzellen der Sprossachse von *Pellionia repens*. Die Größe des Stärkeeinschlusses nimmt bei weiter innen liegenden Gewebeschichten deutlich zu

OBJEKT: *Triticum aestivum*, Poaceae, Poales
ZEICHNUNG: konzentrische Stärkekörner, korrodierte Stärke

Im Mehlkörper des Weizens, *Triticum aestivum*, liegen große und kleine, konzentrisch geschichtete Stärkekörner vor (Abb. 1.18c, d). Bei beginnender Keimung korrodiert die Stärke. Bei der Korrosion setzt ein enzymatischer Stärkeabbau ein, um Glucoseeinheiten als Energielieferanten bereitzustellen. Färbt man die Stärkekörner mit Iodiodkalium-Lösung, so erscheint eine violette Färbung großer und kleiner Körner. Da die Weizenstärke einen deutlichen Anteil von Amylopectin besitzt, tritt die violette Färbung der Amylopectin-Iod-Komplexe auf. Bei braun gefärbten kleinen Körnchen handelt es sich um den Kleber. Dies sind Proteinansammlungen, die für die gute Backfähigkeit des Weizenmehls verantwortlich sind.

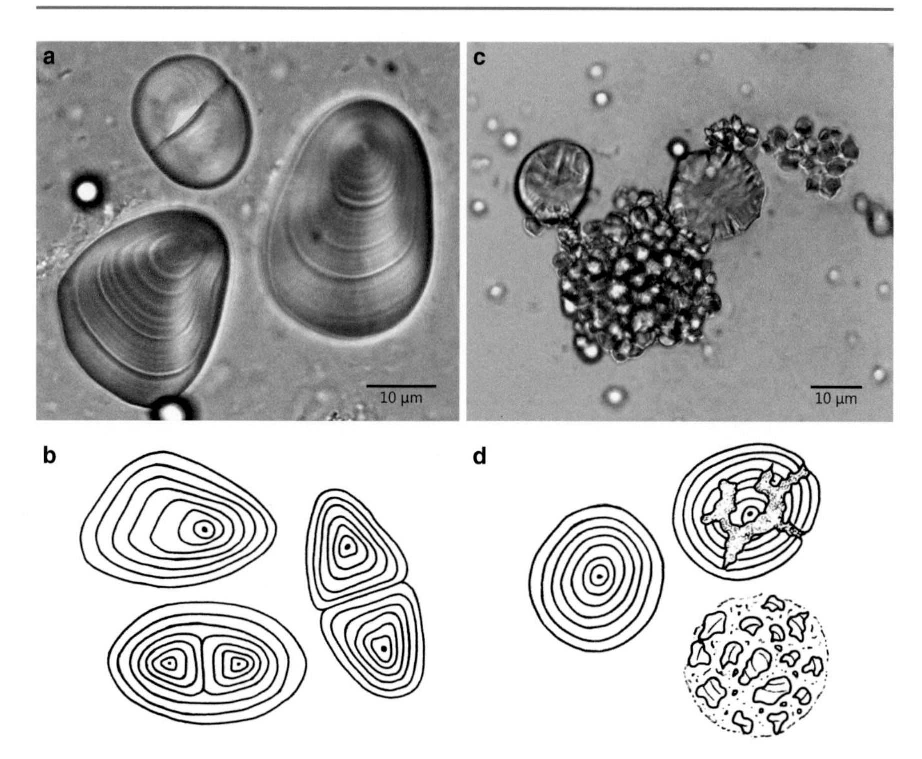

Abb. 1.18 Darstellung exzentrisch geschichteter Stärkekörner (**a**, **b**) der Kartoffel *Solanum tuberosum* und konzentrisch geschichteter Stärkekörner (**c**, **d**) des Weizens *Triticum aestivum*. Die beginnende Korrosion der Stärkekörner durch Einwirkung stärkeabbauender Enzyme ist ebenfalls dargestellt (**c**, **d**)

1.4 Zellwand

Typisch für Pflanzenzellen sind Zellwände, die als Abscheidungsprodukt den Protoplasten außen umgeben. Bei der pflanzlichen Zellteilung wird aus zusammenfließenden Golgi-Vesikeln in der Zellteilungsebene der Phragmoplast gebildet. Die entstehende Zellplatte besteht aus Zellwand-Grundsubstanz (Matrix), d. h. aus gequollenen Pectinen und Proteinen. Fertig ausgebildet wird sie als Mittellamelle bezeichnet. In den Randbereichen des Phragmoplasten findet eine Fusion zu den Mittellamellen benachbarter Zellen statt.

Die Primärwand wird dann beiderseits auf die Mittellamelle aufgelagert. Sie ist sehr gut plastisch und elastisch verformbar und ermöglicht zudem durch ständiges Wachstum die schnelle postembryonale Größenzunahme der jungen Zelle. In die Matrix sind im ausgereiften Stadium etwa 25 % Gerüstfibrillen aus Cellulose, sowie Pectine, Hemicellulosen und Proteine eingelagert. Damit ist ein stabiler Endzustand erreicht, in dem Plastizität und Elastizität nachlassen. Die ausgewachsene Primärwand wird als Sakkoderm bezeichnet (Abb. 1.19).

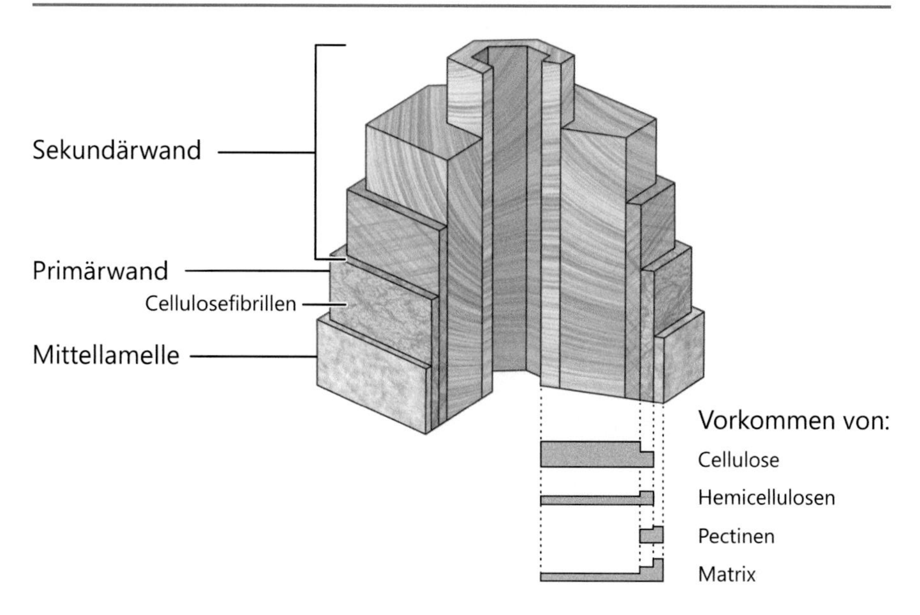

Abb. 1.19 Schematisierte Darstellung der Zellwandschichten einer Pflanzenzelle mit ausgebildeter Mittellamelle, Primärwand und mehrschichtiger Sekundärwand. Das Histogramm stellt das qualitative Vorkommen wichtiger Wandbausteine dar. Die Primärwand enthält Cellulosefibrillen mit überwiegender Streutextur. Die Schichten der Sekundärwand zeigen hier unterschiedliche Dicke und einen hohen Anteil an Cellulosefibrillen mit verschiedenen Texturen. (Nach Raven et al. 1987, verändert)

Cellulose ist ein kettenförmiges Makromolekül aus β-1,4-verknüpften Glucose-Einheiten. Die parallele Ausrichtung und kristallartige Zusammenlagerung (Bildung von Micellen) von 40–50 Celluloseketten führt zur Bildung von Elementarfibrillen, die sich in Gruppen von 5–20 zu Mikrofibrillen mit 10–30 nm Durchmesser anordnen. Die Gerüstfibrillen sind schließlich aus etwa 10–20 Mikrofibrillen aufgebaut.

Durch Auflagerung einer Sekundärwand oder nachträgliche Veränderung der Primärwand kann die Wand festigende oder abdichtende Funktionen übernehmen. Die große Zug- und Reißfestigkeit pflanzlicher Faserzellen beruht auf der Bildung von Sekundärwandschichten (Lamellen) mit höherem Celluloseanteil, bei denen die Mikrofibrillen in einer Schraubentextur angeordnet sind. Es können Rechtsschrauben (Hanf, Jute), Linksschrauben (Nessel, Flachs) oder auch wechselnde Richtungen (Baumwolle) auftreten. Der Protoplast wird durch die zunehmende Zellwandverdickung zurückgedrängt, oft ist er in der ausgewachsenen Zelle abgestorben.

Sollen die Zellen Druck aushalten und starre Wände aufweisen, so werden zusätzlich zwischen Matrix und Fibrillen Inkrusten (Einlagerungen) eingebaut. Bei Schachtelhalmen, vielen Gräsern und Sauergräsern handelt es sich um Silicate, bei manchen Algen oder den Haaren von Kürbis- und Raublattgewächsen um Calciumcarbonate. Bei den Xylem-Leitelementen und den Steinzellen höherer Pflanzen tritt eine Verholzung auf, die auch als Lignifizierung bezeichnet wird. Das Lignin

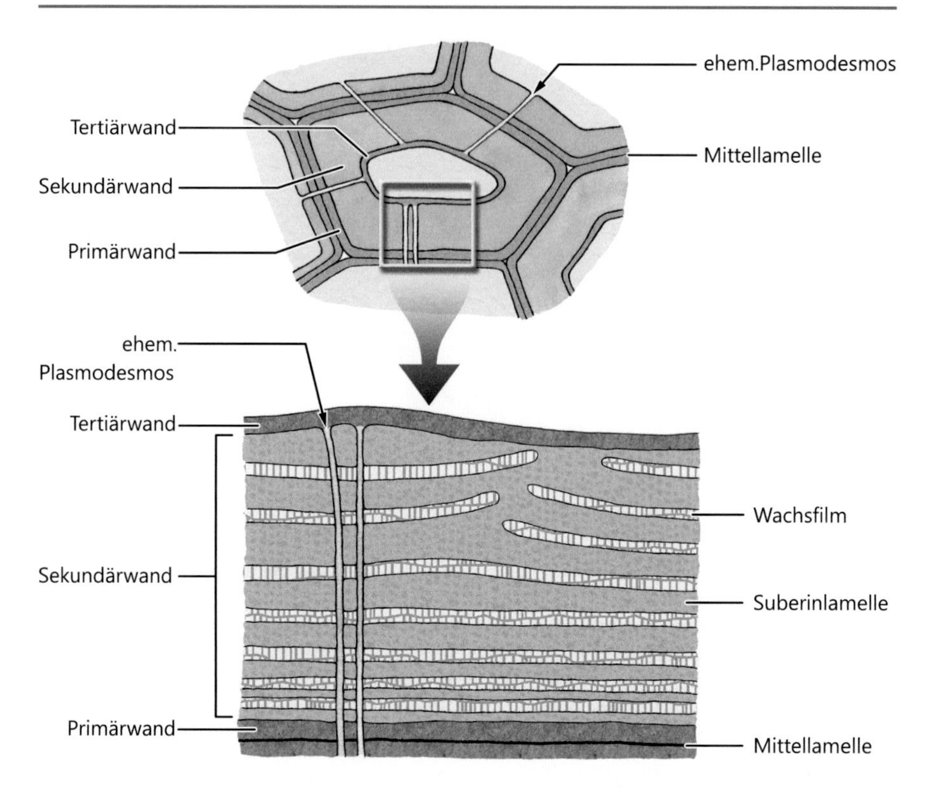

Abb. 1.20 Feinbaumodell der verkorkten Zellwand. Die cellulosefreie Sekundärwand besteht aus Schichten von Suberinlamellen und Wachsfilmen, die von Plasmodesmen durchzogen sind. Die nach innen folgende Tertiärwand enthält wieder Cellulose. (Nach Sitte et al. 1998, verändert)

entsteht durch Polymerisation von Phenolkörpern, die von Golgi-Vesikeln exocytiert werden. Die Riesenmoleküle durchziehen das Mikrofibrillengerüst, dehnen sich über Mittellamellen aus und ersetzen oder verdrängen Zellwandmatrix, sodass im Endzustand etwa 2/3 Cellulosen und Hemicellulosen sowie 1/3 Lignin in den verholzten Zellwänden zu finden sind.

Bei abdichtenden Zellwänden, die bei Epidermiszellen und Korkzellen auftreten, soll durch eine Akkrustation (Auflagerung) von Cutin bzw. Suberin ein Transpirationsschutz erreicht werden. Die Cuticula der Epidermiszellen wird nach außen auf die Zellwand aufgelagert. In eine Polymermatrix aus lipophilen Stoffen werden hydrophobe Wachse eingebaut. Bei Korkzellen treten in der cellulosefreien Sekundärwand Schichten von Suberinlamellen und Wachsfilmen auf, die für Wasser impermeabel sind (Abb. 1.20). Die nach innen folgende Tertiärwand enthält wieder Cellulose, sie unterscheidet sich strukturell und stofflich deutlich von der Sekundärwand. Plasmodesmen durchziehen diese Zellwandstrukturen, sodass der Stoffaustausch mit benachbarten Zellen gewährleistet ist. Bei der Bildung der Tertiärwand werden die Plasmodesmen in der Regel verschlossen, die Zelle stirbt ab.

Die Cuticula der Epidermiszellen liegt auf der Außenseite der Primärwand. Es handelt sich um eine akkrustierte Schicht aus Cutin und sehr hydrophoben, langkettigen Cuticularwachsen. Die Cuticularbestandteile werden durch die Primärwand nach außen sezerniert.

Bei der Zellteilung bleiben plasmatische Verbindungen, die Plasmodesmen, zwischen den Einzelzellen erhalten. Sie durchziehen Mittellamelle und Primärwand und sind von einem Kallosemantel umgeben, der im Bereich der Plasmodesmen in die Zellwand eingelagert ist. Die Plasmodesmen liegen oft gruppenweise zu primären Tüpfelfeldern zusammen. Bei der Bildung der Sekundärwand werden diese Bereiche von der Apposition, der Auflagerung, von Wandmaterial ausgespart, sodass das primäre Tüpfelfeld zur Schließhaut eines Sekundärwand-Tüpfels wird. Der Durchmesser von Plasmodesmen kann sekundär durch enzymatischen Zellwandabbau vergrößert werden. So entstehen die großen Siebporen, die in den Siebplatten der Phloem-Leitelemente zu Gruppen zusammen liegen. Besonders ausgestattete Tüpfel findet man im Holz der Gymnospermen, sie verbinden dort die Xylem-Leitelemente miteinander.

Als Interzellularen werden Zellzwischenräume bezeichnet, die bei der Entwicklung von der meristematischen zur ausgewachsenen Zelle in pflanzlichen Geweben entstehen (Abb. 1.21). Weichen durch lokale Auflösung der Mittellamelle die Zellen an Ecken und Kanten auseinander, so wird der Bildungsmodus schizogen genannt. Aufgrund der Abrundungstendenz der Zellen entsteht ein Interzellularensystem, das die ganze Pflanze durchzieht und für den Gasaustausch wichtig ist. Große Interzellularräume können auch durch Zerreißen (rhexigen) oder Auflösen (lysigen) von Zellen erhalten werden. Auch durch ein starkes lokales Wachstum der Zellwand können große Interzellularen erreicht werden. Werden benachbarte Zellen so voneinander getrennt, dass sich regelrechte Luftkanäle bilden, bezeichnet man die entstandenen Gewebe als Aerenchyme oder Durchlüftungsgewebe. Besonders bei Sumpf- oder Wasserpflanzen, bei denen der Gasaustausch aufgrund ihrer Lebensweise erschwert ist, treten solche Aerenchyme auf.

Praktikum

OBJEKT: *Clematis vitalba*, Ranunculaceae, Ranunculales
ZEICHNUNG: Übersicht Sprossquerschnitt, Detail Markzellen mit Tüpfeln

Die lichtmikroskopisch erkennbare Schichtung der Zellwand lässt sich bei der Waldrebe *Clematis vitalba* gut beobachten. Die Waldrebe ist eine Schlingpflanze, deren Sprossachse mechanischer Zugbeanspruchung standhalten muss. Die Markzellen mit ihren sekundär verdickten und verholzten Zellwänden erfüllen als zentrale Festigungselemente diese Aufgabe. Bei Betrachtung des Sprossquerschnittes in der Übersicht fällt meist eine zentrale Markhöhle auf, die von rundlichen bis polyedrischen Markzellen umgeben ist. Der Durchmesser der Markzellen nimmt von innen nach außen ab, während ihre Zellwanddicke von innen nach außen zunimmt. Zum Detailstudium des Zellwandaufbaus sind die kleinlumigen, peripheren Markzellen gut geeignet. Die deutlich geschichtete Zellwand dieser Zellen ist von zahlreichen Tüpfelkanälen durchzogen, welche bei benachbarten Zellen aneinander

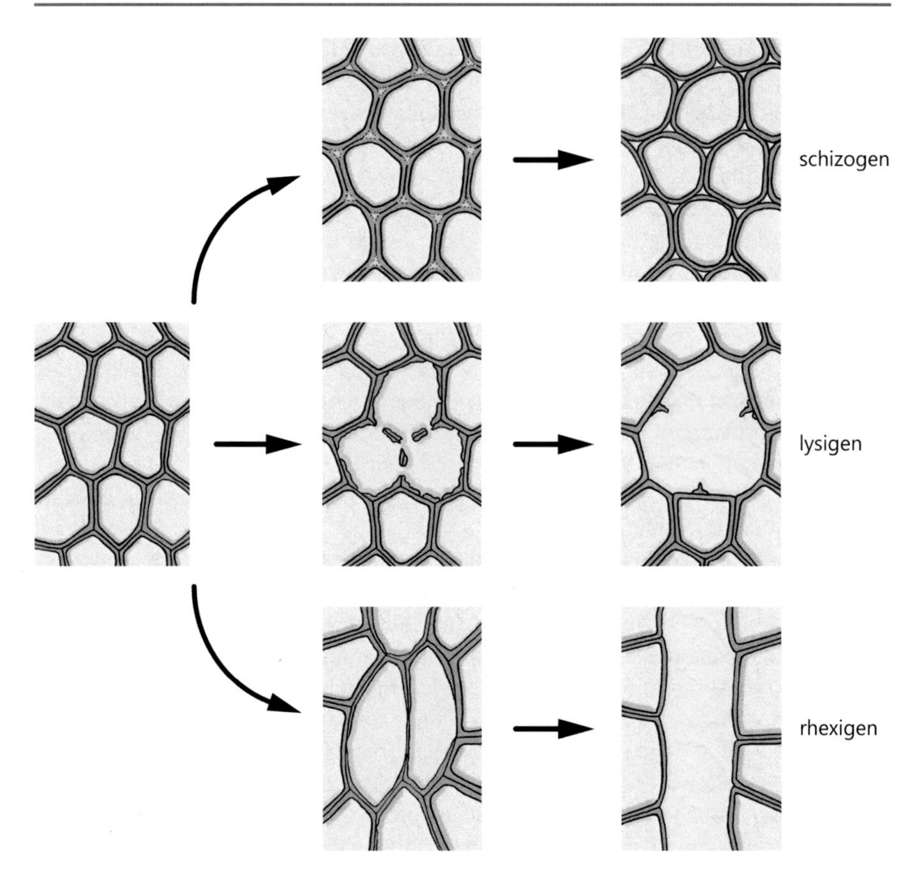

Abb. 1.21 Entstehung von Interzellularräumen in pflanzlichen Geweben. Schizogene Interzellularen entstehen durch Auseinanderweichen der Zellen, lysigene durch Auflösen von Zellen und rhexigene schließlich durch Zerreißen von Zellen. (Nach Braune et al. 1994, verändert)

stoßen und nur durch die Schließhaut voneinander getrennt sind. Die Schließhaut des Sekundärwandtüpfels besteht aus Mittellamelle und Primärwand. Im Bereich der Interzellularen ist die Mittellamelle lokal aufgelöst, meist aber ebenso wie die Primärwand gut zu erkennen. Mehrere Sekundärwandschichten sind der Primärwand aufgelagert, sodass die Zug- und Reißfestigkeit der Zellen gewährleistet wird (Abb. 1.22a, b).

1.5 Wasserhaushalt und Plasmolyse

Der Wasserhaushalt der pflanzlichen Zelle wird durch verschiedene zelleigene Strukturen und äußere Faktoren beeinflusst: Zwei selektivpermeable Membranen, das Plasmalemma und der Tonoplast, sowie die Vakuole, der Protoplast, die Zellwand und die Konzentration osmotisch wirksamer Stoffe innerhalb und außerhalb

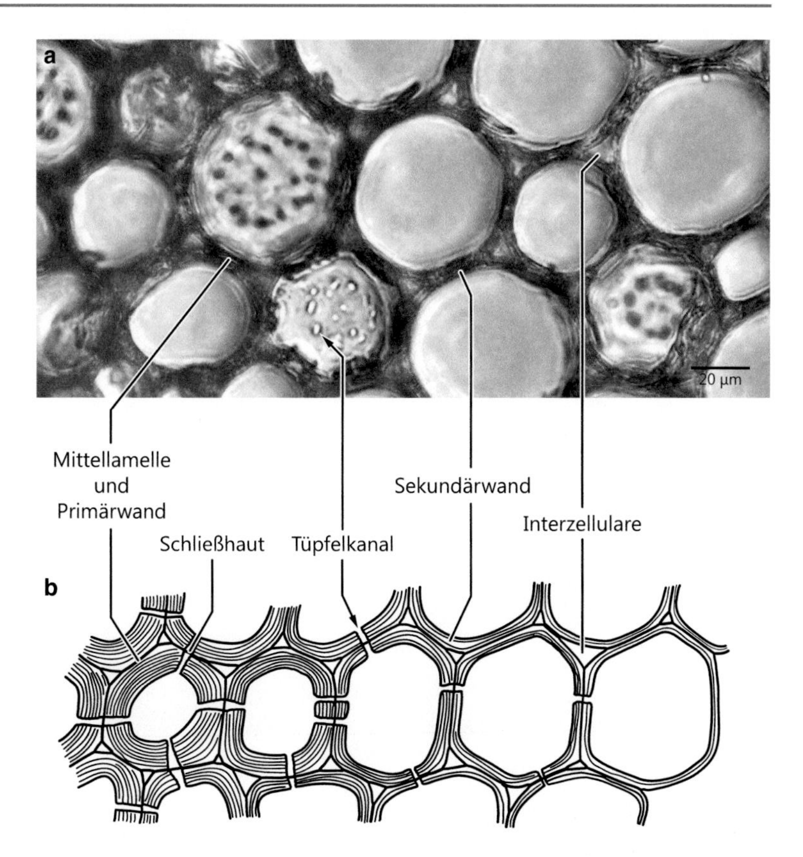

Abb. 1.22 Markzellen der Waldrebe *Clematis vitalba* in einer mikroskopischen Aufnahme (**a**) und als Detailzeichnung (**b**). Die Schichtung der Sekundärwand sollte besonders beachtet werden. Zwischen den Markzellen wird der Stoffaustausch über die ausgebildeten Tüpfel gewährleistet, die im Präparat gut zu erkennen sind. Die Schichtung der Sekundärwand ist bei den peripheren Markzellen ausgeprägter als bei den großlumigen, zentralen Markzellen

der Zelle besitzen eine eigene Bedeutung für das osmotische System der Zelle. Eine voll turgeszente Zelle befindet sich derart im osmotischen Gleichgewicht, dass der Turgordruck, mit dem der Protoplast bei Wasseraufnahme durch die Vakuole an die Zellwand gepresst wird, genauso hoch ist, wie der entgegenwirkende Wanddruck. Kommt die Zelle in ein hypertonisches Außenmedium, so diffundiert Wasser aus der Vakuole und dem Protoplasten, die in osmotischem Gleichgewicht stehen, in das Außenmedium. Als Folge schrumpft die Vakuole zusammen. Damit wird auch der Protoplast von der Zellwand abgezogen, wobei er an den Bereichen der Plasmodesmen bzw. Tüpfel noch haften bleibt. Diese Plasmastränge werden als Hechtsche Fäden bezeichnet. Der Vorgang der Plasmolyse dauert so lange an, bis die Konzentration der osmotisch wirksamen Stoffe in der Zelle mit denen des Außenmediums übereinstimmen. Es tritt das Bild einer Konkavplasmolyse ein. Verwendet man z. B. Calciumnitrat als Plasmolytikum, so bleibt die Konkavplas-

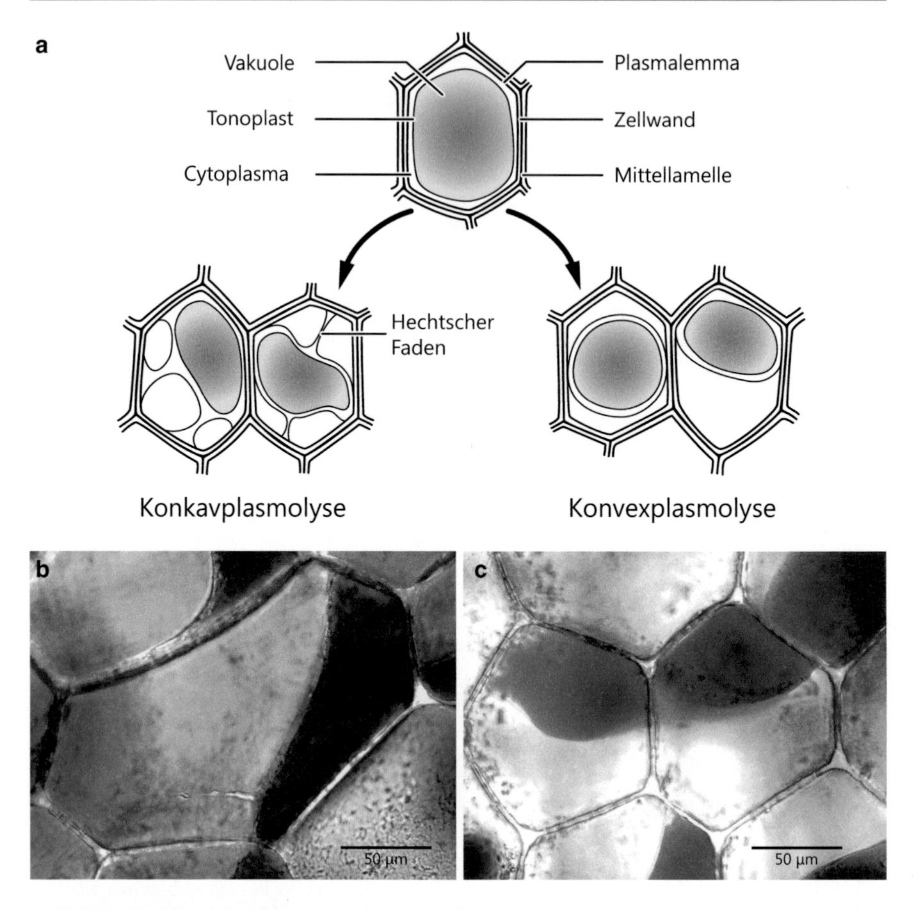

Abb. 1.23 Darstellung der Plasmolyse in den Epidermiszellen von *Tradescantia spathacea*. Bei der Behandlung mit Calciumnitrat entwickelt sich das Bild einer Konkavplasmolyse unter der Ausbildung der Hechtschen Fäden (**a**, **b**). Die Verwendung von Kaliumnitrat als Plasmolytikum führt zur Konvexplasmolyse mit vollständiger Ablösung des Protoplasten von der Zellwand (**a**, **c**). Die Vakuole wurde in der Zeichnung *grau* dargestellt

molyse über längere Zeit erhalten (Abb. 1.23a, b). Bei Eintritt in das Protoplasma wirken die zweiwertigen Calciumionen entquellend auf den Zustand des Protoplasmas und verfestigen es deshalb. Bei Einsatz von Kaliumnitrat hingegen geht die anfängliche Konkavplasmolyse in eine Konvexplasmolyse über, da der Protoplast durch die eindringenden Kaliumionen zunehmend verflüssigt wird und der Tendenz der Vakuole zur Abkugelung wenig Widerstand entgegen setzten kann (Abb. 1.23a, c). Unter physiologischen Bedingungen ist die Plasmolyse reversibel: Bei Zugabe einer hypotonischen Lösung kommt es zu einer Deplasmolyse, sodass wieder ein voll turgeszenter Zustand erreicht werden kann. Als Grenzplasmolyse wird der Zustand bezeichnet, bei dem der Protoplast gerade beginnt, sich in den Zellecken von der Wand zurückzuziehen.

Praktikum

OBJEKT: *Tradescantia spathacea*, Commelinaceae, Commelinales
ZEICHNUNG: Zellen der unteren Blattepidermis mit anthocyanhaltiger Vakuole, Konkav- und Konvexplasmolyse, Hechtsche Fäden
EXPERIMENT: Zugabe von 0,7 M $Ca(NO_3)_2 \times 4\,H_2O$, bzw. von 1 M KNO_3

Bei den Epidermiszellen der Blattunterseite von *Tradescantia spathacea* ist der Zellsaft durch Anthocyane rot gefärbt. Diese auffällige Färbung erleichtert die Beobachtung der Veränderungen von Vakuole und angrenzendem Cytoplasma während der Plasmolyse. Die Flächenschnitte werden entweder mit Calciumnitrat oder mit Kaliumnitrat behandelt. Zunächst erscheinen die Zellen gleichmäßig rot gefärbt und das dünne, helle Cytoplasma zwischen Vakuole und Zellwand ist nur schwer zu erkennen. Bei den Stadien der Konkavplasmolyse lässt sich verfolgen, wie das Schrumpfen der Vakuole zum Ablösen des nun gut erkennbaren Cytoplasmas von der Zellwand führt. Besonders im Bereich der Plasmodesmen haftet das Cytoplasma noch an der Wand und es kommt zur Ausbildung der Hechtschen Fäden (Abb. 1.23a, b). Dieser Zustand bleibt bei der Verwendung von Calciumnitrat als Plasmolytikum erhalten. Die Behandlung mit Kaliumnitrat führt zur Konvexplasmolyse, wobei sich Vakuole und Protoplast so abrunden, dass auch die Hechtschen Fäden abreißen (Abb. 1.23a, c). Die Konvexplasmolyse ist bei Einsatz dieser unphysiologisch hoch konzentrierten Plasmolytika nicht mehr reversibel und stellt hier den Endzustand dar.

1.6 Zellformen und Parenchyme

Die pflanzliche Zellgestalt ist im ausdifferenzierten Zustand durch die Zellwand festgelegt. Durch ungleichmäßiges oder sogar lokal extrem verstärktes Zellwandwachstum und Bildung von Interzellularen entstehen vielfältige Zellformen in verschiedenen Geweben oder auch bei Einzelzellen besonderer Funktion. Weiterhin kann die Ausbildung und Ausgestaltung der Zellwand zur drastischen Reduktion des Zelllumens führen.

Pflanzenzellen können aufgrund ihrer räumlichen Ausdehnung in verschiedene Typen unterteilt werden. Zellen, die nahezu die gleiche Ausdehnung in drei Dimensionen aufweisen, werden als isodiametrisch bezeichnet. Diese Zellform findet sich in der Regel in Parenchymen, den pflanzlichen Grundgeweben. Eine besondere Form isodiametrischer Zellen stellen die Epidermiszellen dar, die weitgehend zweidimensional flächig wachsen. Prosenchymatische Zellen besitzen hauptsächlich eine Wachstumsrichtung und erscheinen als lang gestreckte Zellenform mit spezifischen Funktionen. Sie sind oft in den Leitgeweben der Pflanze anzutreffen.

Zellen gleicher Gestalt und Funktion sind in Geweben zusammengeschlossen. Pflanzliche Grundgewebe, die Parenchyme, bilden lebende Dauergewebe aus, die unterschiedliche Formen und Funktionen einnehmen können. Die Parenchymzellen sind in der Regel dünnwandig und mit recht ausgeprägten Vakuolen versehen. Als Basisgewebe sind Parenchyme im ganzen Vegetationskörper vertreten und können

Tab. 1.4 Unterschiede zwischen Kollenchym und Sklerenchym

	Kollenchym	Sklerenchym
Zellwandverdickung	der Primärwand ungleichmäßig (Plattenkollenchym, Kantenkollenchym)	der Sekundärwand gleichmäßig (isodiametrische Steinzellen, Sklerenchymfasern)
Zustand der Zelle	Lebend	Meist abgestorben
Vorkommen	In jungen, wachsenden Pflanzenteilen	In ausdifferenzierten Pflanzenteilen

nach verschiedenen Kriterien geordnet werden. Gemäß ihrer Anordnung bezeichnet man beispielsweise Markparenchyme, Rindenparenchyme oder Blattparenchyme. Funktionell trennt man u. a. Speicherparenchyme, Aerenchyme (Durchlüftungsgewebe) sowie Assimilationsparenchyme. Aufgrund ihrer Zellgestalt können Palisadenparenchyme, Schwammparenchyme oder Sternparenchyme voneinander abgegrenzt werden. Auch in sekundären Geweben wie Holz und Bast (vgl. Kap. 2) kommen Parenchymzellen vor, die als stoffwechselaktive Zellen für die Versorgung des übrigen Gewebes wichtig sind.

Praktikum

OBJEKT: *Juncus effusus*, Juncaceae, Poales
ZEICHNUNG: Sternparenchymzellen im Verband

Bei der Sumpfpflanze *Juncus effusus* kann ein besonders gestaltetes Aerenchym im Mark von älteren Stängelabschnitten oder Rundblättern untersucht werden. Durch lokales Wachstum der Zellwand scheinen die Markzellen Zellauswüchse strahlenförmig in alle Richtungen des Raumes zu strecken, sodass sie ein sternförmiges Aussehen erhalten. Fokussiert man in einer bestimmten Ebene, so ist erkennbar, dass sich an den Berührungsflächen benachbarter Zellen deren Fortsätze in ganzer Breite treffen. Die Zellwand ist in diesen Zonen weniger stark verdickt als in dem übrigen Bereich der Sternzelle (Abb. 1.24a, b). Auf diese Weise ist ein sehr interzellularreiches, gasgefülltes Gewebe entstanden. Dieses Aerenchym erleichtert den Gasaustausch zwischen den submers lebenden und den in die Luft reichenden Pflanzenteilen, sodass vor allem die Wurzeln der Sumpfpflanze ausreichend mit Luftsauerstoff versorgt werden können. Die Dreidimensionalität des untersuchten Bereiches kann im Präparat gut nachvollzogen werden.

1.7 Festigungsgewebe

Sind Pflanzenteile Druck- oder Zugbelastungen ausgesetzt, bilden sich oftmals Festigungsgewebe aus. Um der mechanischen Beanspruchung standzuhalten, haben sich bei Pflanzen Zellen mit spezifisch verdickten Wänden und Formen entwickelt. Grundsätzlich können Kollenchyme von Sklerenchymen unterschieden werden, deren typische Merkmale in Tab. 1.4 vergleichend zusammengefasst sind.

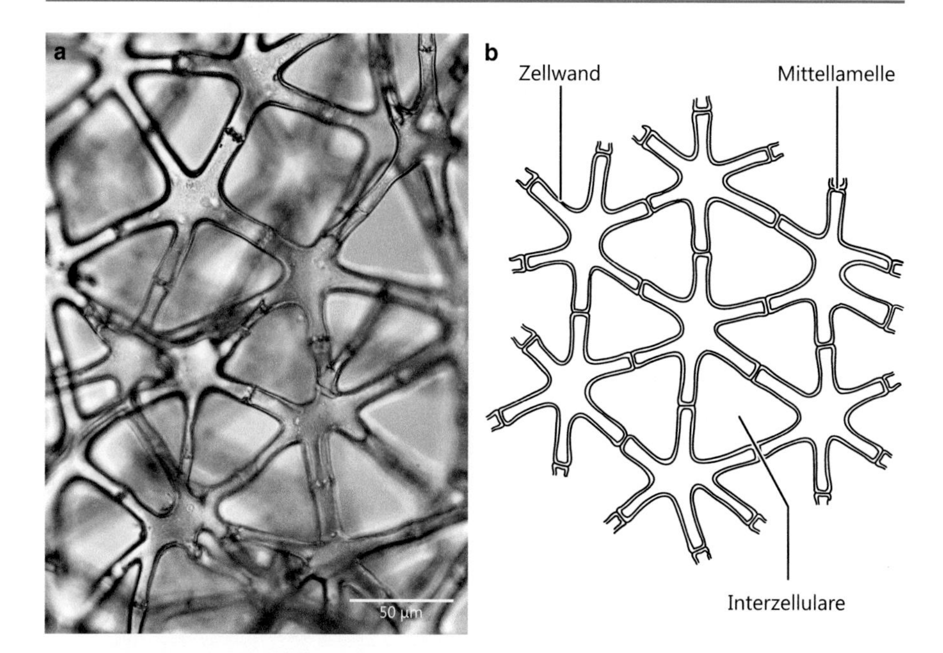

Abb. 1.24 Sternzellen im Mark von Rundblättern der Binse *Juncus effusus* (**a**, **b**). Durch starkes lokales Zellwandwachstum und Bildung großräumiger Interzellularen ist ein Aerenchym entstanden, das den Gasaustausch zwischen submersen und in die Luft reichenden Pflanzenteilen verbessert

Kollenchyme sind typische Festigungsgewebe der noch wachsenden Pflanzenteile, sie bestehen aus lebenden Zellen. Die Verdickungen der protopectinreichen Primärwand erfassen nur Teile der Pflanzenzelle: Sind die Zellecken bzw. Zellkanten verdickt, handelt es sich um ein Ecken- oder Kantenkollenchym (z. B. im Blattstiel von *Begonia* spec.) (Abb. 1.25a, b). Werden hingegen die tangentialen Zellwände verdickt, bezeichnet man dies als Plattenkollenchym (z. B. subepidermal in jungen Zweigen von *Sambucus nigra*). Über Tüpfel in den unverdickten Wandbereichen wird ein reger Stoffaustausch zwischen benachbarten Zellen garantiert.

Sklerenchyme treten als Festigungsgewebe in ausdifferenzierten, nicht mehr wachsenden Pflanzenteilen auf. Hierbei sind die Sekundärwände der betreffenden Zellen gleichmäßig verdickt, häufig tritt eine spätere Verholzung der Zellwände auf. Der Protoplast vieler sklerenchymatischer Zellen ist im ausdifferenzierten Stadium abgestorben. Während der Wachstumsphase bleiben die benachbarten Zellen über Tüpfelkanäle in intensivem Kontakt, die Schließhaut wird durch Primärwand und Mittellamelle gebildet. Nach der Zellgestalt und Funktion unterscheidet man zwischen stark druckfesten Steinzellen oder Sklereiden sowie zug- und reißfesten Sklerenchymfasern oder einfachen Fasern.

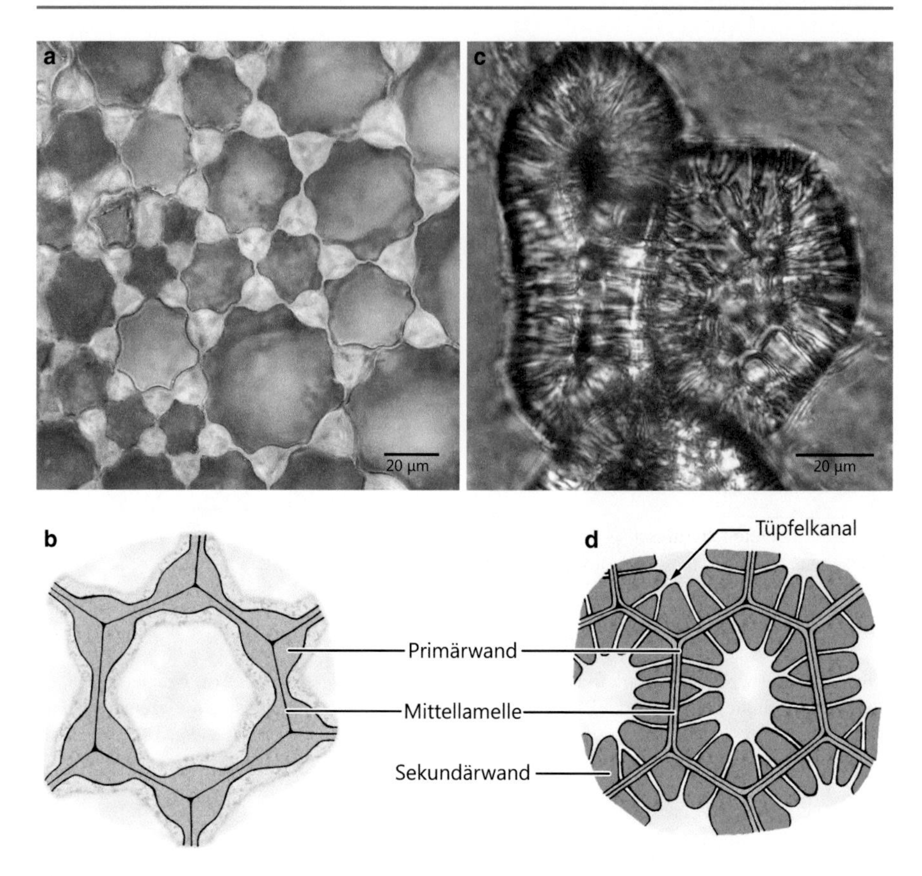

Abb. 1.25 Darstellung ausgewählter Beispiele für Zellen des Kollenchyms und des Sklerenchyms. Kantenkollenchym von *Begonia* spec. (**a**, **b**). Besonders der Verlauf der Mittellamellen und die Verdickung der Primärwand sollte berücksichtigt werden. Steinzellen aus dem Fruchtfleisch der Birne (*Pyrus communis*) (**c**, **d**). Besonders die Ausbildung der Zellwände und der Tüpfel sind bei diesem Objekt zu beachten

Praktikum

OBJEKT: *Begonia* spec., Begoniaceae, Cucurbitales
ZEICHNUNG: Detail des subepidermalen Kollenchyms im Zellverband

Bei *Begonia* spec. kann im Blattstiel ein geschlossener subepidermaler Ring von Kantenkollenchym im Detail untersucht werden. Die Zellwandverdickungen beschränken sich auf die Primärwand und sind unverholzt, sie erscheinen im Präparat sehr hell. Der Verlauf der Mittellamellen ist nur bei starker Abblendung zu erkennen und sollte zu Beginn der Detailzeichnung zunächst durchdacht werden (Abb. 1.25a, b).

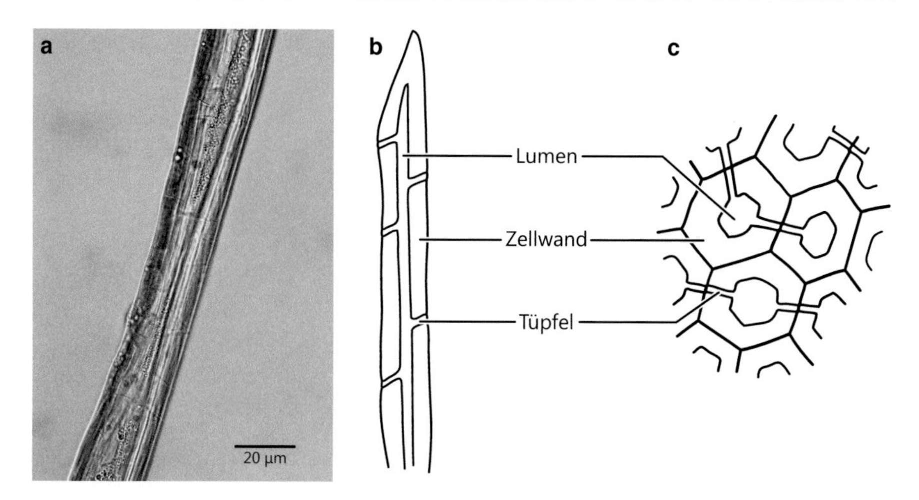

Abb. 1.26 Sklerenchymfaser des Oleander (*Nerium oleander*) in der Aufsicht (**a**, **b**) und im Querschnitt (**c**). Die stark verdickte Sekundärwand ist von schräg spaltenförmigen Tüpfelkanälen durchzogen. Das Zelllumen erscheint deutlich verringert

OBJEKT: *Pyrus communis*, Rosaceae, Rosales
ZEICHNUNG: Steinzellen mit verzweigten Tüpfelkanälen im Detail

Steinzellen sind meist isodiametrisch-polyedrisch gebaut. Man findet sie z. B. bei der Elfenbeinpalme *Phytelephas* spec. oder auch bei den Steinzellen im Fruchtfleisch der Birne *Pyrus communis* (Abb. 1.25c, d). Hier sind sogar verzweigte Tüpfelkanäle zu beobachten, die aufgrund der fortschreitenden Verdickung der Sekundärwand nach innen zusammenlaufen. Die fertig ausdifferenzierten Steinzellen besitzen nur noch ein kleines Lumen und sind abgestorben.

OBJEKT: *Nerium oleander*, Apocynaceae, Gentianales
ZEICHNUNG: Sklerenchymfaser mit schräg spaltenförmigen Tüpfeln

Die Sklerenchymfasern sind prosenchymatisch gebaut, besitzen zugespitzte Enden und schräg spaltenförmige Tüpfel (Abb. 1.26a, b). Im Querschnitt wird besonders deutlich, wie extrem stark das Zelllumen reduziert ist (Abb. 1.26c). Sie sind in ausgewachsenem Zustand meist abgestorben, Ausnahmen hiervon bilden z. B. die Sklerenchymfasern bei *Nerium oleander*. Bleiben die verdickten Zellwände unverholzt, kann die Elastizität der Fasern erhalten werden (z. B. bei *Linum usitatissimum*).

1.8 Haare und Emergenzen

Haare (Trichome) sind ein- oder auch mehrzellige Anhänge der Epidermis, die aus einer epidermalen Meristemoidzelle entstehen. Als Emergenzen bezeichnet man haarähnliche Auswüchse, an deren Bildung neben der Epidermis auch subepidermale Gewebeschichten beteiligt sind.

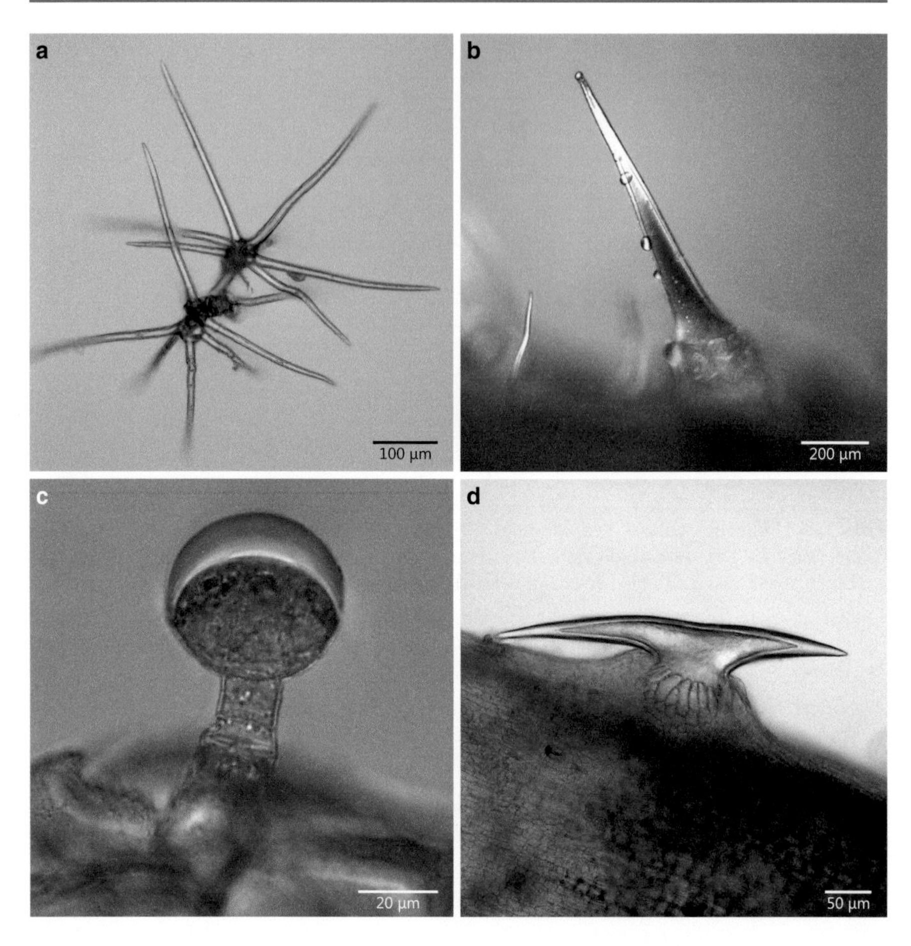

Abb. 1.27 Darstellung verschiedener pflanzlicher Haare. Mehrzelliges, verzweigtes Haar der Königskerze *Verbascum* spec. (**a**, **e**); Klimmhaar beim Hopfen *Humulus lupulus* (**d**, **h**); mehrzelliges Drüsenhaar von *Pelargonium* spec. (**c**, **g**); Brennhaar der Brennnessel *Urtica dioica* (**b**, **f**). An der Bildung des Sockels sind subepidermale Schichten beteiligt, deshalb wird er als Emergenz bezeichnet

Durch lokales Wachstum der Zellwand werden die vielfältigen Ausbildungen spezialisierter Haare erreicht. Die Samenhaare der Baumwolle besitzen eine vielschichtige Sekundärwand, die sehr reich an Cellulosefibrillen ist und deshalb für die Textilindustrie von Bedeutung ist.

Die Funktion der Haare ist sehr verschieden: Dünnwandige, lebende Haare können die Transpiration durch Vergrößerung der Gesamtoberfläche erhöhen (z. B. bei Pflanzen an Standorten mit hoher Luftfeuchte). Überzüge abgestorbener Haare bilden windstille Räume an der Blattoberfläche und reflektieren das Sonnenlicht, sodass Verdunstungs- und Erwärmungsschutz bei Pflanzen sonniger, trockener Standorte gewährleistet wird. Bei Kletterpflanzen helfen Klimmhaare durch ihre

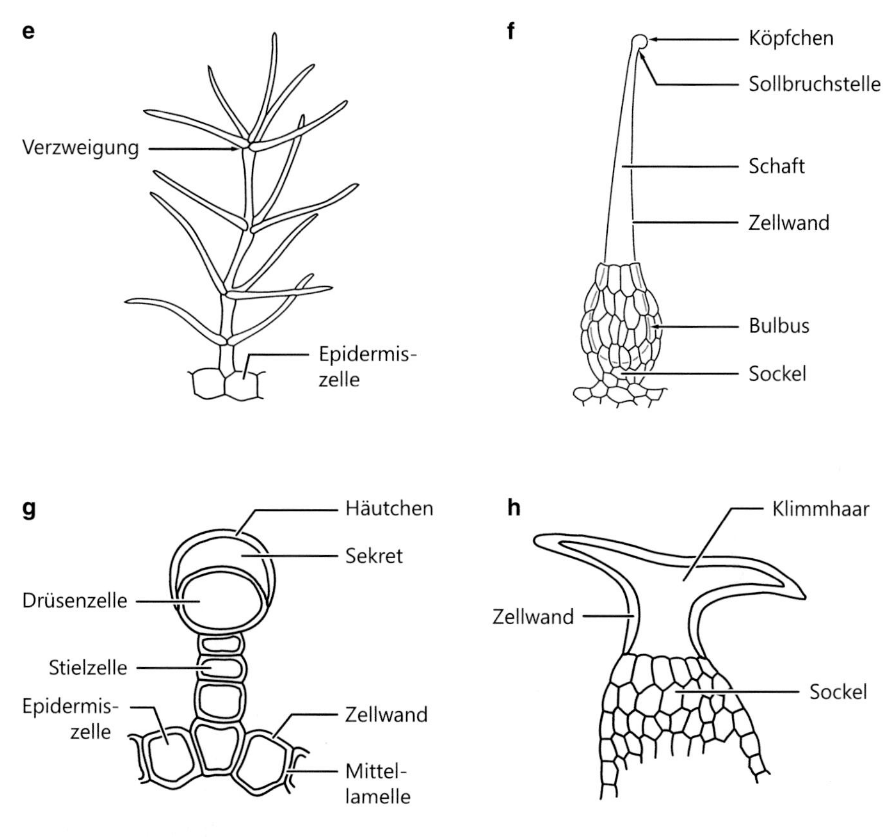

Abb. 1.27 *Fortsetzung*

spezifische Gestalt sich am Substrat festzuhaken. Auch Ausscheidungsfunktionen können von Haaren übernommen werden, wie z. B. bei Drüsenhaaren, den Salz ausscheidenden Blasenhaaren einiger *Atriplex*-Arten und wasserabgebenden Hydathoden z. B. bei Frauenmantel (*Alchemilla*-Arten). Wasseraufnehmende Haare haben einige epiphytische Pflanzen ausgebildet, so die schildförmigen Saughaare der tropischen Bromeliaceen (Ananasgewächse). Auch die Papillen an den Blütenblättern des Stiefmütterchens (*Viola* × *wittrockiana*) gehören zu den Haaren.

Die große Brennhaarzelle der Brennnessel *Urtica dioica* sitzt erhöht auf einem Sockel, der aus subepidermalem Gewebe besteht. Es handelt sich hier um eine Emergenz. Das Brennhaar selber ist eine prosenchymatische Einzelzelle. Die Wand des Brennhaares ist spröde und unterhalb des Köpfchens verkieselt, sodass eine Sollbruchstelle entsteht (Abb. 1.27b, f). Bei Berührung bricht das Köpfchen ab und aus dem in die Haut eindringenden Schaft wird der Haarinhalt, der Formiat, Acetylcholin und Histamin enthält, in die Wunde injiziert.

Typisch ausgebildete Emergenzen sind die Stacheln von Rosen oder Brombeeren (*Rosa*-Arten, *Rubus*-Arten), die diesen Pflanzen als Haftorgan zum Klettern dienen.

Die Tentakeln des Sonnentaus *Drosera* spec. sind Emergenzen, die Verdauungsdrüsen tragen.

Praktikum

OBJEKT: *Verbascum* spec., Scrophulariaceae, Lamiales
ZEICHNUNG: mehrzellige Haare

Die Blätter der Königskerze *Verbascum* spec. sind von einem dichten Filz weiß aussehender Haare bedeckt. Da die Haarzellen nach ihrer Ausdifferenzierung absterben, bilden sie um das Blatt windstille Räume (Herabsetzung der Transpiration) und streuen und reflektieren das Sonnenlicht (Schutz vor übermäßiger Strahlung). Im Mikroskop erscheinen die luftgefüllten Haare als mehrzellige und in Abständen eingliedrig verzweigte Etagenhaare (Abb. 1.27a, e).

OBJEKT: *Humulus lupulus*, Cannabaceae, Rosales
ZEICHNUNG: mehrzelliges Klimmhaar

Der Hopfen (*Humulus lupulus*) ist eine Kletterpflanze, deren Sprossachse sich am Substrat mit Hilfe von Klimmhaaren festhakt. Die zugespitzten Enden der Haare sind deutlich fühlbar. Bei mikroskopischer Betrachtung sieht das Klimmhaar wie ein Amboss aus, dessen Enden scharf zugespitzt und mit einer verdickten Zellwand versehen sind. Über einen mehrzelligen Sockel ist das Haar in die Epidermis inseriert (Abb. 1.27d, h).

OBJEKT: *Pelargonium* spec., Geraniaceae, Geraniales
ZEICHNUNG: Drüsenhaar

Die Blattstiele von *Pelargonium* spec. eignen sich gut zur Präparation von Drüsenhaaren, die von anderen ein- und mehrzelligen Haaren umgeben sind. Die Drüsenhaare tragen auf dem mehrzelligen Stiel ein Drüsenköpfchen, das aus einer plasmareichen Drüsenzelle und dem sezernierten Öl besteht. Das Sekret sammelt sich als sichelförmige Kappe in dem Raum zwischen der Zellwand und der Cuticula, die sich mit anhaftenden Zellwandschichten als Häutchen von dem unteren Bereich der Zellwand abgelöst hat (Abb. 1.27c, g). Platzt das Häutchen auf, wird das Öl frei und die Drüsenzelle kann ein neues Häutchen ausbilden oder stirbt ab.

OBJEKT: *Urtica dioica*, Urticaceae, Rosales
ZEICHNUNG: Brennhaar

Das Brennhaar der Brennnessel *Urtica dioica* geht aus einer Epidermiszelle hervor, die starkes Längenwachstum zeigt und eine spezialisierte Zellwand ausbildet. Der basale Teil dieser Zelle ist rundlich angeschwollen (Bulbus) und wird von einem Sockel getragen und z. T. auch becherförmig umgeben. Dieser hat sich aus epidermalen und subepidermalen Zellen gebildet. Es handelt sich demnach um eine Emergenz. Das Brennhaar selbst ist lang gestreckt und läuft an seinem Ende zu einem seitlich leicht abgebogenen Köpfchen aus, das oberhalb einer Sollbruchstelle des Haares mit verkieselter Zellwand sitzt (Abb. 1.27b, f). Da die Zellwand des lang gestreckten Haaranteiles durch Inkrustation von Calciumcarbonat versteift wird, ist der Bulbus der am meisten elastisch wirkende Teil der Zelle. Bricht nun das Köpfchen bei Berührung ab, so kann der verkieselte obere Anteil der Zelle etwas in die Haut z. B. des Menschen eindringen und durch Zusammendrücken des Bulbus wird der Zellinhalt wie durch eine Kanüle in die Wunde injiziert und verursacht die bekannten Unannehmlichkeiten.

1.9 Drüsenzellen und Sekretionsgewebe

Bei Pflanzen treten Drüsenzellen häufiger einzeln auf, sie sind selten zu Drüsengeweben zusammengeschlossen. Die funktionelle Vielfalt der Drüsenzellen spiegelt wider, wie unterschiedlich sekretierte Stoffe erzeugt werden können und welche verschiedenen Aufgaben Sekrete erfüllen sollen.

Bei manchen Pflanzen tritt bei Verletzungen Milchsaft aus, der Wunden desinfiziert und rasch verschließt. Er kann auch als Fraßschutz dienen. Die Systeme von Milchröhren bestehen aus typischen Absonderungszellen, deren Zellsaft oder dünnflüssiges Plasma in weitverzweigten Röhren den Pflanzenkörper durchzieht (Abb. 1.28a). Bei den gegliederten Milchröhren entstehen durch Zellverschmelzung mittels Auflösung zunächst vorhandener Querwände Syncytien. Diese Milchröhren finden sich bei einigen Mohngewächsen (z. B. *Papaver somniferum*: Opium), bei einer Unterfamilie der Korbblüter (z. B. *Taraxacum* sect. *Ruderalia*, Abb. 1.28b) und vielen Wolfsmilchgewächsen (z. B. *Hevea brasiliensis*: Kautschuk). Auch bei der Feige (*Ficus carica*) kann die Bildung von Kautschuk in Milchröhren beobachtet werden (Abb. 1.28c). Ungegliederte Milchröhren wachsen als polyenergide (vielkernige) verzweigte Zellen durch den ganzen Pflanzenkörper und gehören zu den größten Zellen (u. U. mehrere Meter lang). Sie finden sich z. B. beim Gummibaum (*Ficus elastica*), der Leuchterblume (*Ceropegia stapelioides*, Abb. 1.28a), beim Oleander (*Nerium oleander*) und vielen Wolfsmilchgewächsen (Euphorbiaceae).

Sekrete wie Öle und Harze werden nicht in der Zelle selbst gelagert, sondern in interzellularen Sekretbehältern oder zwischen Cuticula-Häutchen und Zellwand, wie bei den Drüsenhaaren (*Salvia*, *Pelargonium*, Abb. 1.27c, g). Öltröpfchen in Epidermis- oder Mesophyllzellen von Blütenblättern verdampfen bei Sonneneinstrahlung und verursachen den angenehmen Geruch der Blüten von z. B. Rosen, Jasmin oder Veilchen. Werden größere Mengen ätherischer Öle gespeichert, so kann dies in schizogenen Behältern wie bei den Blättern von Johanniskraut (*Hypericum perforatum*, Abb. 1.29) oder lysigenen Behältern wie beim Diptam (*Dictamnus albus*) und Schalen der Zitrone bzw. Orange (Abb. 1.29) erfolgen. Bei der Bildung lysigener Ölbehälter werden die Interzellularräume durch Auflösen von Zellen geschaffen.

Schizogen entstehen die Harzgänge bei Nadelhölzern, die als Gangsystem die Pflanze durchziehen. Das auskleidende, großkernige Drüsenepithel produziert ein zähflüssiges Gemisch von Terpenoiden, das in den Harzkanal abgesondert wird. Aus den Stämmen von Kiefern (*Pinus* spec., Abb. 1.30) wird Terpentin gewonnen. Das Rohterpentin ist ein meist cremig-wachsartiges Exkret, aus dem man durch

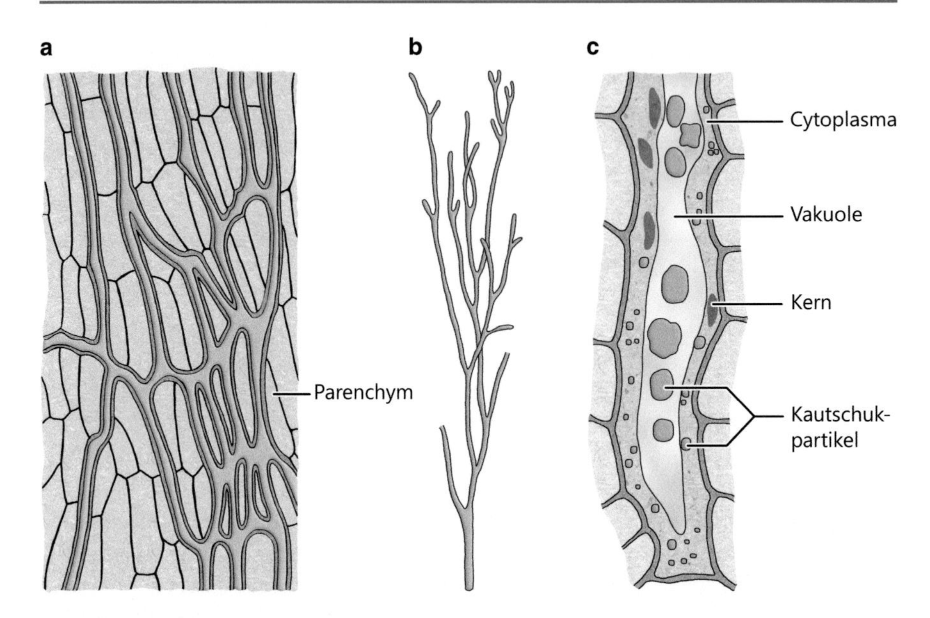

Abb. 1.28 Gegliederte und ungegliederte Milchröhren bei verschiedenen Pflanzen. Gegliederte Milchröhren in parenchymatischem Gewebe beim Löwenzahn (*Taraxacum sect. Ruderalia*) (**a**). Ungegliederte Milchröhre bei der Leuchterblume (*Ceropegia stapelioides*) (**b**). Kautschukbildung in vielkernigen Milchröhren der Feige (*Ficus carica*) (**c**). (Nach Troll 1973, verändert)

Wasserdampfdestillation Terpentinöl und als Rückstand Kolophonium, das Kiefernharz, erhält. Dieses wird als Hilfsstoff in Klebmassen, Lacken und Kaugummi sowie als Haftmittel für die Bögen von Streichinstrumenten eingesetzt. Neben dieser technischen Gewinnung findet man Kolophonium auch als subfossiles Harz (meist von *Pinus*-Arten, aber auch von Laubbäumen). Das fossile Harz dieser Bäume ist Bernstein, den man traditionell zu Kunstgegenständen und Schmuck verarbeitet. Kanadabalsam wird im östlichen Nordamerika aus *Abies balsamea, Abies fraseri* und *Tsuga canadensis* gewonnen und in der Medizin u. a. zur Behandlung von chronischen Erkrankungen der Bronchien und als Einschlussmittel für mikroskopische Präparate verwendet.

Weihrauch und Myrrhe sind Harze mit großer kultureller Bedeutung und langer Tradition als Räuchermittel und in der Volksmedizin. Weihrauch (auch Olibanum genannt) stammt von *Boswellia sacra*, Myrrhe von *Commiphora myrrha*. Beide Arten sind auf das Horn von Afrika und Südarabien beschränkt. Die Sammelwirtschaft und der Handel mit Weihrauch und Myrrhe haben dort bis heute eine beträchtliche wirtschaftliche Bedeutung.

Ein wichtiges Gummiharz ist Gummi Arabicum, das aus *Acacia senegal* und anderen *Acacia*-Arten gewonnen wird. Gummi Arabicum ist wasserlöslich und seit jeher das bedeutendste Bindemittel für Aquarellfarben. Es wird als Klebstoff ge-

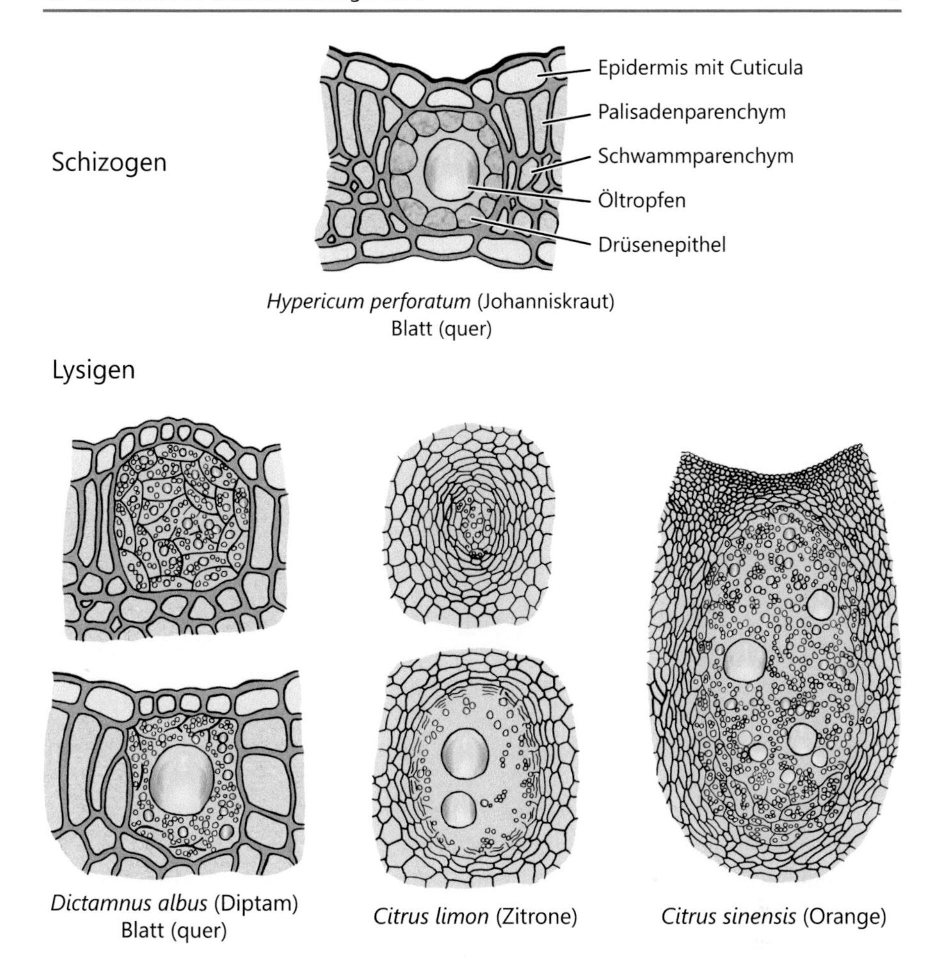

Abb. 1.29 Darstellung ausgewählter Ölbehälter verschiedener Pflanzen. Schizogen entstehen die Ölbehälter des Johanniskrautes (*Hypericum perforatum*). Die lysigene Bildung der Ölbehälter in Blättern des Diptam (*Dictamnus albus*) und in den Fruchtschalen von Zitrone (*Citrus limon*) und Orange (*Citrus sinensis*) ist in frühen und ausdifferenzierten Stadien zu erkennen. (Nach Haberlandt 1924, Nultsch 1996, Sitte et al. 1998, Guttenberg 1963, verändert)

nutzt und in der pharmazeutischen, kosmetischen und der Lebensmittelindustrie verwendet.

Mastixharz stammt von *Pistacia lentiscus* aus dem Mittelmeerraum. In Griechenland verwendet man Mastix noch heute zum Würzen von Gebäck und Fischgerichten, zur Konservierung und Aromatisierung von Wein und Ouzo. Außerdem ist Mastix der klassische Klebstoff für Theaterbärte.

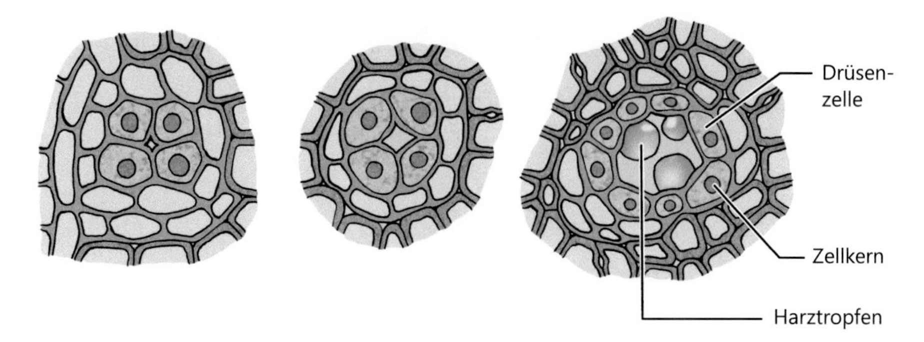

Abb. 1.30 Schizogene Entstehung eines Harzkanals der Kiefer (*Pinus* spec.). Die Zellen des Drüsenepithels, die den Harzkanal auskleiden, sind besonders großkernig. (Nach Sitte et al. 1998, verändert)

1.10 Aufgaben

1. Nennen Sie zelluläre Strukturen, die typisch pflanzlich sind!
2. Was sind Apoplast und Symplast?
3. Warum gehören Cyanobakterien zu den Prokaryoten?
4. Was sind Coenobien?
5. Welche typischen Zellteilungsformen können bei den Hefen beobachtet werden?
6. Was versteht man unter dem Begriff Myzel?
7. Wo sind Plasmalemma und Tonoplast in einer pflanzlichen Zelle anzutreffen?
8. Wodurch werden intrazelluläre Bewegungen bei Pflanzen ausgelöst?
9. Welche Plastidentypen enthalten die Zellen panaschierter Blätter?
10. Wie entstehen Chromoplasten?
11. Welche typischen Farbstoffe sind in Chromoplasten enthalten?
12. Was speichern Amyloplasten?
13. Wie erfolgt der Nachweis von Amylose oder Amylopectin im mikroskopischen Präparat?
14. Was versteht man unter Sakkoderm?
15. Was ist die Cuticula?
16. Wie ist die typische verkorkte Zellwand aufgebaut? Nennen Sie die Wandschichten mit den charakteristischen Bestandteilen!
17. Was sind Plasmodesmen?
18. Wie können Interzellularen entstehen?
19. Wann ist eine Zelle „voll turgeszent“?
20. Was versteht man unter isodiametrischen und prosenchymatischen Zellen?
21. Was ist ein Aerenchym?
22. Nach welchen Kriterien können Parenchyme unterschieden werden?
23. Nennen Sie typische Unterschiede zwischen Kollenchymen und Sklerenchymen!

24. Was versteht man unter pflanzlichen Haaren?
25. Wie können Haare die Transpiration erhöhen bzw. erniedrigen?
26. Was sind Emergenzen? Nennen Sie ein typisches Beispiel bei einheimischen Pflanzen!
27. Welche Funktionen hat der Milchsaft bei Pflanzen?
28. Wie entstehen gegliederte und ungegliederte Milchröhren?
29. Wo werden pflanzliche Sekrete wie Öle und Harze meistens gelagert?
30. Nennen Sie Harze mit pflanzlichem Ursprung!

2 Die Sprossachse

Zu den Kormophyten (Sprosspflanzen) werden alle Samenpflanzen und die Farne gerechnet. Sie sind in Sprossachse, Blätter und Wurzel gegliedert. Mit dem Begriff Spross werden Sprossachse und Blätter zusammengefasst. Sprossachse, Blatt und Wurzel sind in ihrem Aufbau nicht homolog zueinander und auch in ihren typischen Funktionen deutlich voneinander zu unterscheiden. Bei den Thallophyten (Lagerpflanzen) kann die Organisation des Vegetationskörpers ebenfalls recht differenziert sein, es werden aber nie echte Blätter, Sprossachsen oder Wurzeln ausgebildet. Die analogen Begriffe sind Phylloide, Cauloide und Rhizoide. Auch die Blättchen, Stängel und Rhizoide der Moose können nicht mit den funktionell ähnlichen Strukturen der Sprosspflanzen homologisiert werden. Die Vegetationskörper vieler Algen und Pilze sowie der Flechten und Moose werden als Thalli bezeichnet.

Die Grundorgane der Pflanzen sind aus unterschiedlichen Geweben aufgebaut, die im Zusammenhang mit den einzelnen Organen und ihren Funktionen betrachtet werden. In Geweben sind Zellen gleicher Aufgaben und gleichen Aufbaus zusammengeschlossen. Eingestreute Zellen mit abweichender Funktion und Morphologie werden Idioblasten genannt. Sie erweitern die Funktionen von bestimmten Geweben. Bei pflanzlichen Zellen lassen sich oft deutliche Struktur- und Funktionsbeziehungen feststellen, sodass eine funktionale Typisierung von Zellen und Geweben sinnvoll ist. Einige Gewebetypen wurden im Zusammenhang mit dem Aufbau der pflanzlichen Zelle in Kap. 1 beschrieben. Weitere, für die Funktion der Grundorgane wesentliche Gewebetypen, sollen im Kontext mit dem betreffenden Organ erwähnt werden.

Die Sprossachse sorgt für die oberirdische Stabilität der Pflanze, ermöglicht die Wasser- und Stoffleitung zwischen Wurzel und Blättern und kann der Photosynthese und auch der Stoffspeicherung dienen. Sie muss demnach sowohl Festigungs- als auch Leitgewebe enthalten und zudem Speicherparenchymen Raum bieten können.

Anders als die meisten Tiere können Pflanzen zeitlebens wachsen. Diese Art von Wachstum betrifft vor allem Sprossachse und Wurzel, an deren Wachstumspolen pflanzliche Bildungsgewebe (Meristeme) tätig sind.

U. Kück, G. Wolff, *Botanisches Grundpraktikum*, DOI 10.1007/978-3-642-53705-9_2,

2.1 Bildungsgewebe

Die Entwicklung des Vegetationskörpers der Samenpflanzen geht von embryonalen Bildungsgeweben aus, die primären oder sekundären Ursprungs sein können. Primäre Meristeme gehen durch Teilung unmittelbar aus den Meristemzellen des Embryos hervor. Dies ist bei den Apikalmeristemen von Spross- und Wurzelspitze der Fall. Restmeristeme sind lokale Bildungsgewebe, die inmitten von ausdifferenzierten Zellen liegen, sich aber auf embryonale Meristeme zurückführen lassen und ihre Teilungsaktivität bewahrt haben. Beispiele für Restmeristeme sind: Blattachselmeristeme bei der seitlichen Verzweigung, faszikuläres Cambium oder Cambiumring der Sprossachse, Pericambium der Wurzel sowie interkalare Wachstumszonen an der Basis des Nodiums vorwiegend bei monokotylen Pflanzen. Sekundäre Meristeme entstehen aus bereits ausdifferenzierten Zellen, die sekundär wieder ihre Teilungsfähigkeit erlangen. Auf diese Weise bilden sich z. B. das interfaszikuläre Cambium und das Korkcambium der Sprossachse. Meristemoide sind einzelne Zellen oder sehr kleine Zellgruppen, die sich bis zu ihrer Ausdifferenzierung teilen können und von nicht mehr teilungsfähigen Dauerzellen umgeben sind. Zu den Meristemoiden gehören die Bildungszellen der Spaltöffnungen und der Haare.

2.2 Anatomie der primären Sprossachse

Die Entwicklung der Sprossachse erfolgt aus dem embryonalen Meristem des Vegetationskegels, der im Embryo schon als Plumula angelegt ist. Der zentrale Gewebekern des Vegetationskegels, der Corpus, ist von einer zweischichtigen Tunica umgeben. An der Bildung der Blattanlagen ist ausschließlich die Tunica beteiligt. Auf den Vegetationskegel folgt die Determinationszone, in der eine Sondierung von morphologisch wenig unterscheidbaren Zellen in Urmark, Restmeristem, Urrinde und Protoderm erfolgt. Beide Bereiche sind nur Bruchteile eines Millimeters lang. In der anschließenden Differenzierungszone, die ein bis mehrere Zentimeter lang sein kann, findet die Ausgestaltung der jungen Zellen zu ihrer funktionsfähigen, bleibenden Form statt. Das Urmark und die Urrinde entwickeln sich zu Mark- und Rindenparenchym, die später Speicherfunktionen übernehmen können. Aus dem Protoderm entsteht die Sprossepidermis. Das Restmeristem bildet entweder einen geschlossenen Procambiumring (vgl. sekundäres Dickenwachstum) oder Procambiumstränge, die als Leitbündelinitialen aufgefasst werden können (Abb. 2.1). In der primären Sprossachse sind die Dauergewebe bei dikotylen Pflanzen und Koniferen häufig in bestimmter Art und Weise angeordnet (Abb. 2.1): Ein zentrales Markparenchym dient als chlorophyllfreies Speichergewebe. Durch Zerreißen der inneren Markzellen, aufgrund eines stärkeren Streckungswachstums der äußeren Bereiche, kann eine Markhöhle entstehen. Eine Markscheide, die aus Zellen mit dickerer Zellwand und unterschiedlicher Zellgröße besteht, kann das Mark gegen den Ring bzw. die Bündel des Leitungssystems abgrenzen. Die zwischen den einzelnen Leitbündeln liegenden Parenchymstränge, die Mark und primäre Rinde verbinden, werden als Markstrahlen bezeichnet. Nach außen werden die Leitbündel bzw. der Leit-

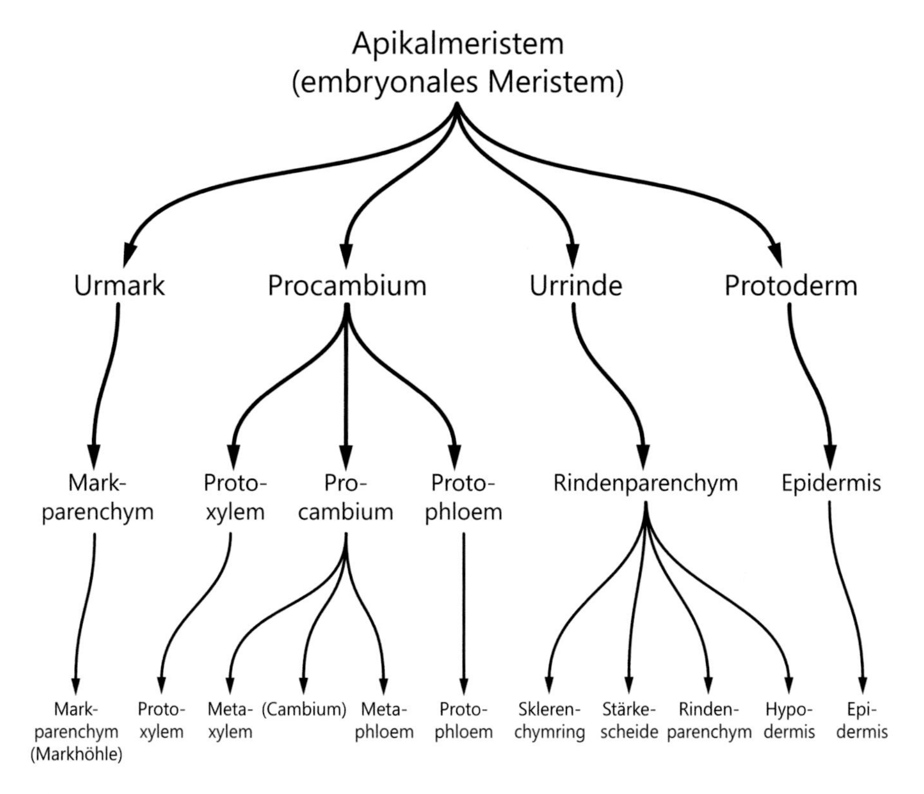

Abb. 2.1 Entwicklung der Gewebe der typischen primären Sprossachse bei dikotylen Pflanzen in schematisierter Abfolge. Das Procambium ist oft in Strängen ausgebildet, die als Leitbündelinitialen aufgefasst werden. Zunächst bilden sich Protophloem und -xylem, die von Metaphloem und -xylem verdrängt werden (vgl. Abschn. 2.3). Bei offenen Leitbündeln bleibt zwischen Metaxylem und Metaphloem noch Cambium erhalten, während dies bei den geschlossenen Leitbündeln vollständig verbraucht worden ist. Vergleiche auch Abb. 4.2 zum Aufbau der Wurzel

bündelring häufig von Sklerenchymkappen oder -ringen geschützt. Oft grenzt eine Stärkescheide den zentralen Bereich der Sprossachse gegen die äußeren Schichten ab. Darauf folgt das Rindenparenchym, ein interzellularenreiches Assimilations- und Speichergewebe. Weiter außen liegt eine meist kollenchymatische Hypodermis, die selten auch sklerenchymatisch oder parenchymatisch ausgebildet sein kann. Den Abschluss bildet die chlorophyllfreie Epidermis, deren Zellen fest verbunden sind und außen mit einer Cuticula abgedichtet sind (Abb. 2.1).

Bei den monokotylen Pflanzen sind die Leitbündel über den Sprossquerschnitt verteilt oder in mehreren Bündelringen angeordnet. Meist tritt ein einheitliches Parenchym auf, das vom Zentrum bis zur Hypodermis reicht und nicht weiter geschichtet ist.

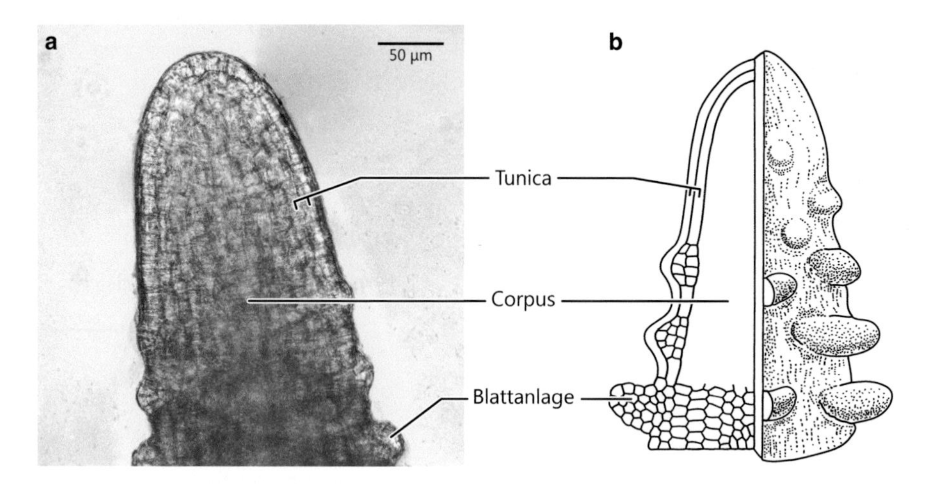

Abb. 2.2 Vegetationskegel der Wasserpest *Elodea canadensis* (**a**, **b**). In dieser Darstellung sind die räumliche Sicht und der optische Schnitt kombiniert worden. Im Bereich der exogen entstehenden Blattanlagen setzen in der zweiten Schicht der Tunica zusätzlich zu den antiklinen auch perikline Zellteilungen ein

Praktikum

OBJEKT: *Elodea canadensis*, Hydrocharitaceae, Alismatales
ZEICHNUNG: räumliche Zeichnung des Vegetationskegels

Bei der Wasserpest *Elodea canadensis* kann die Gliederung des Sprossscheitels schon bei schwächerer Vergrößerung untersucht werden. Ältere Blätter umhüllen schützend das Apikalmeristem, sodass eine Knospe gebildet wird. Nach ihrer Entfernung wird erkennbar, dass auf den gestreckten Vegetationskegel ein Bereich folgt, in dem die Blattanlagen als Höcker zu sehen sind. Ihre regelmäßige Anordnung folgt bestimmten Gesetzmäßigkeiten, die in der späteren Blattstellung widergespiegelt werden (Abb. 2.2). Bei genauerer Betrachtung der Sprossspitze zeigt sich, dass die Zellen nicht vakuolisiert sind und keine Interzellularen auftreten. Der Corpus als zentraler Bereich ist von der ein- bis zweischichtigen Tunica umgeben, die in der Initialzone eine ausschließlich antikline (senkrecht zur Oberfläche liegende) Zellteilungsebene aufweist (Abb. 2.2). In dem Bereich der Blattanlagen setzen in der zweiten Schicht der Tunica antikline und perikline (parallel zur Oberfläche liegende) Zellteilungen ein. Der Corpus ist an der Bildung der Blattanlagen nicht beteiligt.

2.3 Leitbündel

Die Entwicklung der Leitbündel, welche vorwiegend der Stoffleitung dienen, erfolgt ausgehend vom Restmeristem zwischen Urrinde und Urmark. Die jugendlichen Elemente des Phloems, das Protophloem oder die Phloemprimanen, wer-

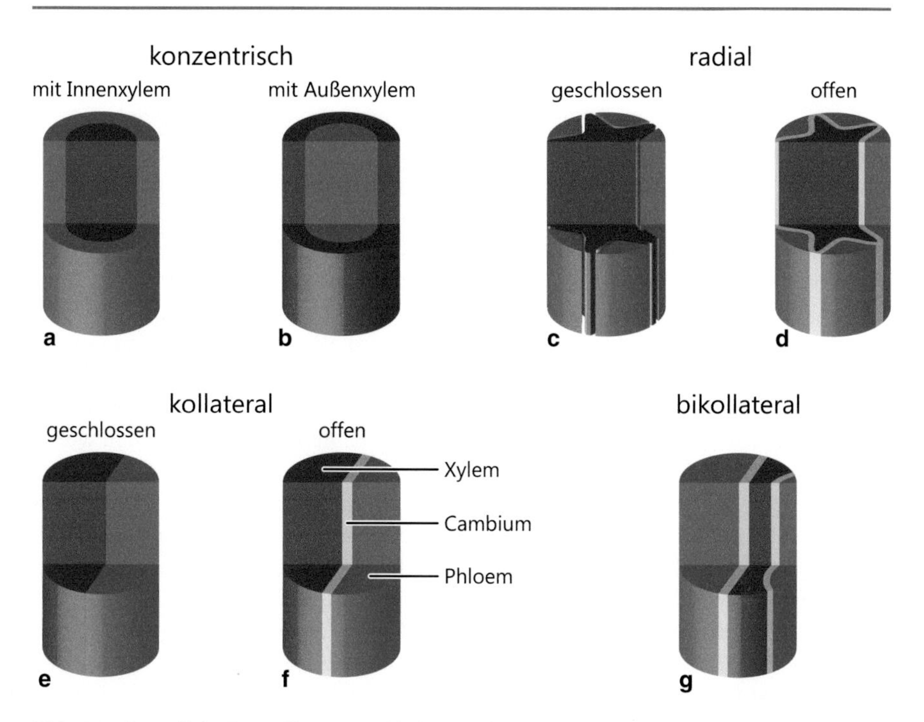

Abb. 2.3 Räumliche Darstellung verschiedener Leitbündeltypen. Konzentrische Leitbündel mit Innenxylem (**a**) sind bei Farnen, mit Außenxylem (**b**) bei Erdsprossen von Monokotylen anzutreffen. Radiale Leitbündel sind typisch für die Wurzeln der Monokotylen (radial geschlossen (**c**)) und der Dikotylen (radial offen (**d**)). Kollaterale Leitbündel sind geschlossen in den Sprossen der Monokotylen (**e**) und offen bei Dikotylen und Gymnospermen (**f**). Das bikollateral offene Leitbündel (**g**) zeigen Kürbis- und Nachtschattengewächse. (Nach Sitte et al. 1998, verändert)

den aus den am nächsten zur Rinde gelegenen Procambiumzellen gebildet. Die Xylemprimanen, oder auch das Protoxylem, gehen aus den an das Mark grenzenden Procambiumzellen hervor. Später erfolgt die Ausdifferenzierung weiterer Procambiumzellen zu den leistungsfähigeren Zellen des Metaphloems und Metaxylems, welche die Leitelemente des funktionstüchtigen Leitbündels sind (Abb. 2.1). Das Phloem übernimmt die Aufgabe des Assimilattransportes von den Blättern zur Wurzel, das Xylem dient der Wasser- und Nährsalzleitung von den Wurzeln zu den Blättern. Bei den offenen Leitbündeln bleibt ein Cambiumrest zwischen Phloem und Xylem erhalten, während bei den geschlossenen Leitbündeln das Meristem vollständig verbraucht wird. Je nach der Anordnung von Phloem und Xylem im ausdifferenzierten Leitbündel werden verschiedene Leitbündeltypen unterschieden, die für bestimmte systematische Gruppen bzw. Organe charakteristisch sind (Abb. 2.3). Konzentrische Bündel mit Außenxylem findet man in Sprossen und Erdsprossen von Monokotylen. Konzentrische Bündel mit Innenxylem sind typisch für die Mehrzahl der Farne (Abb. 2.3a, b). Im radialen Leitbündel mit Innenxylem ist das Xylem strahlenförmig vom Zentrum nach außen angeordnet. Das Phloem liegt in den Zwischenräumen und ist durch parenchymatische Streifen vom Xylem getrennt. Je nach Anzahl der Xylemstrahlen werden diarche, triarche, tetrarche usw. Leitbündel unterschieden. Dieser Leitbündeltyp ist in den Wurzeln von Angiospermen verbreitet und bei Dikotylen meist als offenes Leitbündel ausgebildet, wobei das Cambium sternförmig zwischen Xylem und Phloem zu finden ist (Abb. 2.3c, d).

In den kollateralen Leitbündeln liegen sich Xylem und Phloem gegenüber, wobei das Xylem zum Zentrum der Sprossachse orientiert ist und das Phloem nach außen zeigt. Dieser Leitbündeltyp ist in den Sprossachsen von Angiospermen und Gymnospermen häufig anzutreffen (Abb. 2.3e, f). Offen kollaterale Bündel sind typisch für die Sprossachsen der Dikotylen, hingegen findet man bei den Monokotylen geschlossen kollaterale Bündel. Eine Sonderform sind die bikollateralen Leitbündel der Kürbis- und Nachtschattengewächse, bei denen innen auf das Xylem ein weiterer Phloembereich folgt (Abb. 2.3g).

Die Leitbündel durchziehen die Sprossachse in Längsrichtung, sie sind aber auch untereinander in Verbindung und bilden ein Leitbündelsystem, in das auch die Blätter und Seitenwurzeln mit einbezogen sind (Abb. 2.4). Die Leitbündel biegen aus der Sprossachse in die Blätter als Blattspurstränge ab. Bei dikotylen Pflanzen liegen die Hauptleitbündel der Sprossachse kreisförmig angeordnet, während sie bei monokotylen Pflanzen über den Sprossquerschnitt zerstreut auftreten. Übergänge zwischen den Leitbündeltypen von Sprossachse und Wurzeln sind im Bereich des Hypokotyls und des Wurzelhalses zu finden (Abb. 2.4).

Das Xylem eines Leitbündels enthält bei den Angiospermen typischerweise folgende Elemente: Der vertikalen Wasser- und Nährsalzleitung dienen die Tracheiden und Tracheen. Im ausgewachsenen Zustand sind diese Zellen abgestorben und verholzt, ihre Protoplasten durch Autolyse vollständig verschwunden. Die Tracheiden sind lang gestreckte Einzelzellen mit zugespitzten Enden und reich getüpfelten, schrägen Querwänden. Der Strömungswiderstand ist noch relativ hoch und wird erst bei den Tracheen (Gefäßen) wesentlich geringer. Bei den weitlumigen und kürzeren Tracheengliedern sind die schräg gestellten Querwände massiv durchbrochen oder sogar vollständig aufgelöst. So konnte ein Röhrensystem mit großem Zelldurchmesser entstehen, das optimal für die Leitung des Transpirationsstromes geeignet ist. Durch die Verholzung (Lignifizierung) der Zellwände werden die Elemente so stabilisiert, dass sie trotz des auftretenden Unterdrucks durch den Transpirationsstrom nicht kollabieren. Nach der Art der Zellwandverdickungen kann man Ring- und Spiralgefäße von Leiter-, Netz- und Tüpfelgefäßen unterscheiden. Der Speicherung verschiedener Stoffe dienen die Xylemparenchymzellen.

Die Evolution der Leitelemente des Phloems kann nachvollzogen werden, wenn man phylogenetisch ursprünglicher gebaute Pflanzen hinsichtlich ihrer Stoffleitungselemente untersucht und mit höher entwickelten Angiospermen vergleicht (Abb. 2.5). Prosenchymatische Zellen mit zugespitzten Enden und Tüpfeln findet man z. B. bei der ausgestorbenen *Rhynia* spec. Bei den Bärlappgewächsen kommt es schon zur Ausbildung primitiver Siebfelder (Abb. 2.5a, b). Die große Gruppe der Gymnospermen besitzt ebenfalls Siebzellen mit Siebfeldern, die hier von proteinreichen Parenchymzellen begleitet werden. Diese werden Strasburgerzel-

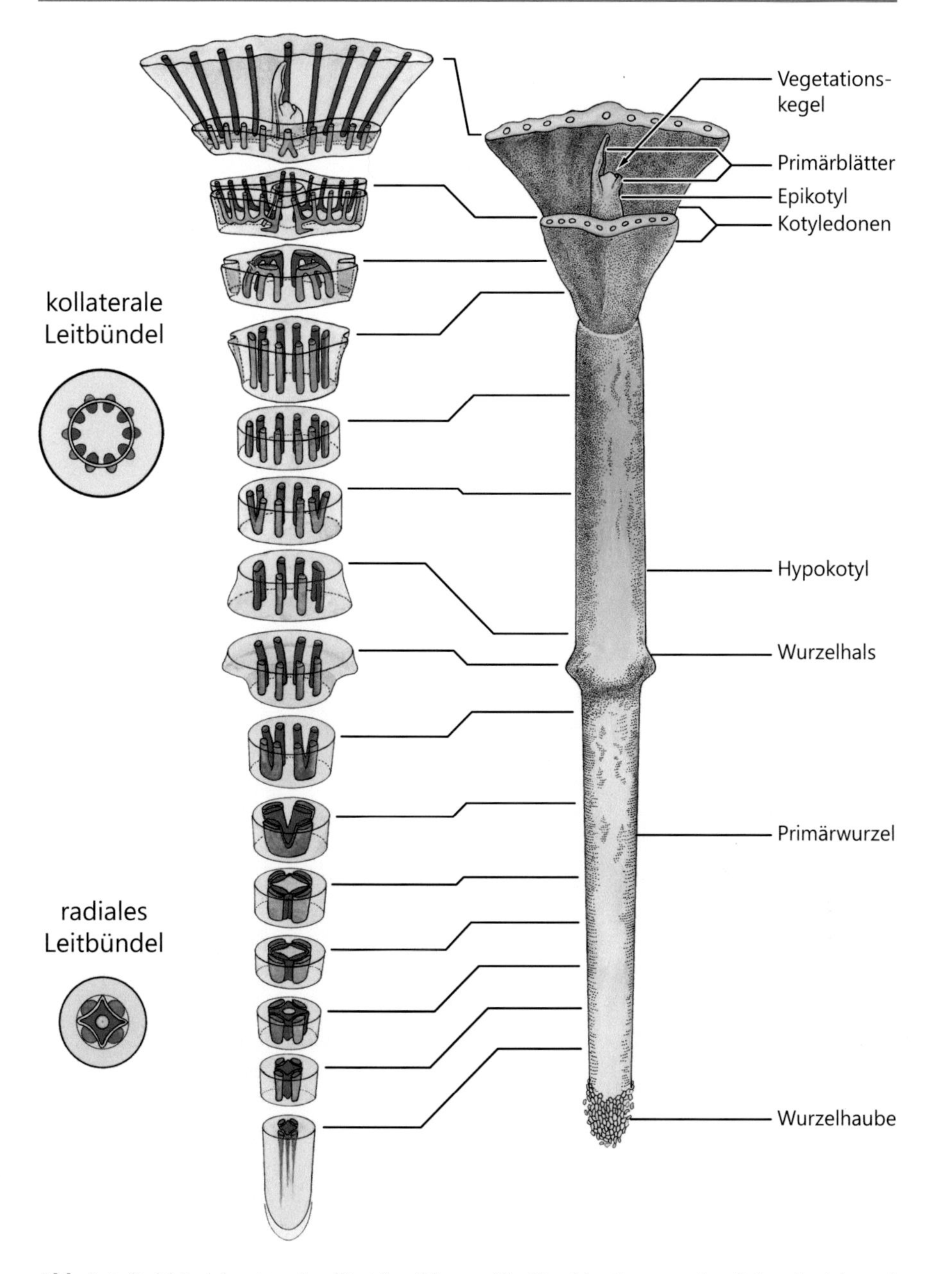

Abb. 2.4 Leitbündelsystem der dikotylen Pflanze. Die Kombination von räumlicher Ansicht und optischen Schnittebenen ermöglicht die Zuordnung der verschiedenen Ausbildungen des Leitbündelsystems von der Wurzelspitze bis zu den ersten Blättern. Im Bereich des Hypokotyls und des Wurzelhalses erfolgt der Übergang vom radialen zum kollateralen Leitbündeltyp. (Nach Whiting aus Troll 1967, verändert)

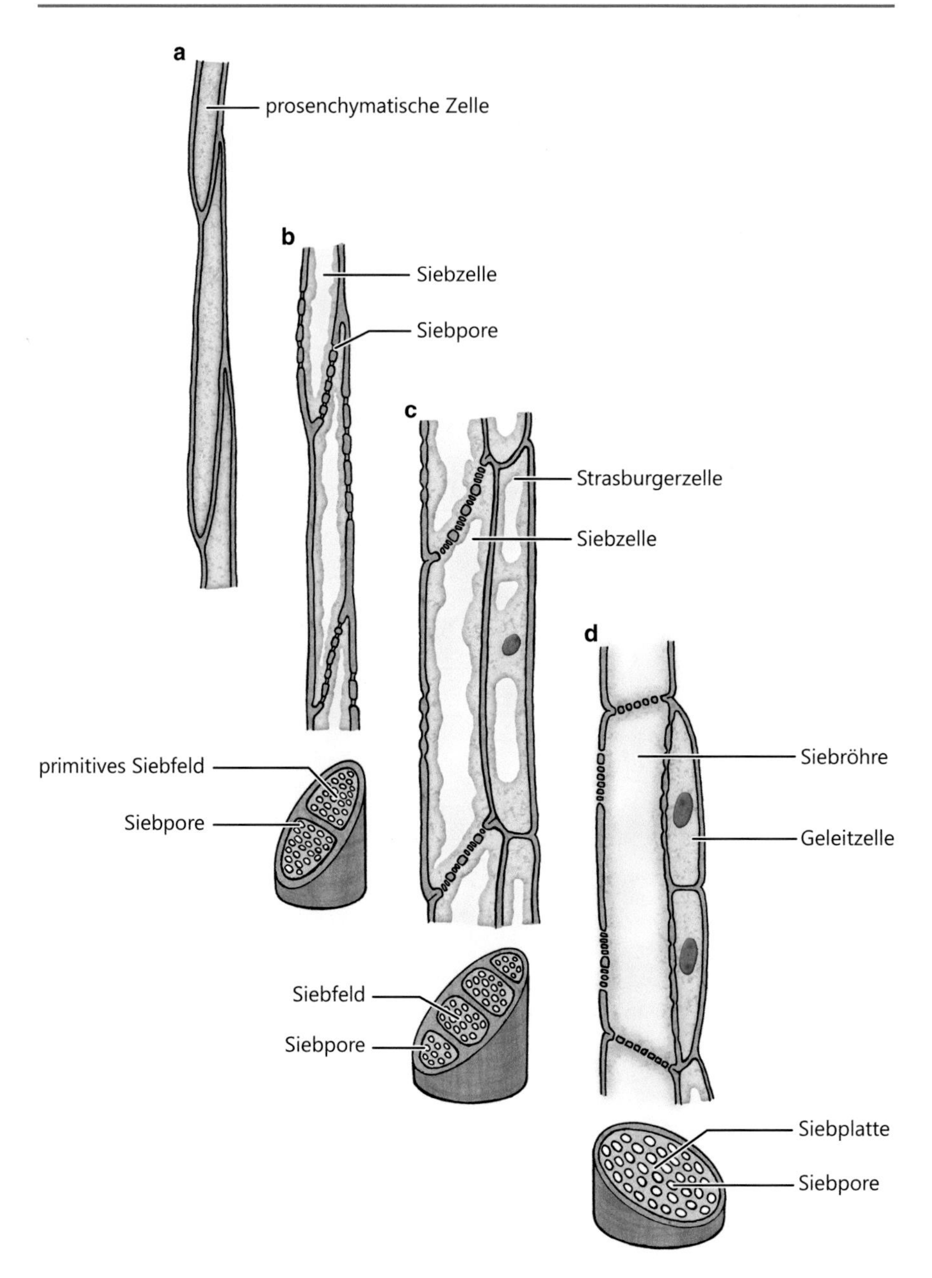

Abb. 2.5 Entwicklung der Siebelemente zur Optimierung der Stoffleitungsfunktion. Prosenchymatische Zellen mit Tüpfeln bei *Rhynia* spec. (**a**), prosenchymatische Zellen mit primitiven Siebfeldern bei Bärlappen (**b**), Siebzellen mit Siebfeldern und benachbarte Strasburgerzellen bei Gymnospermen (**c**), Siebröhren mit Siebplatten und benachbarte Geleitzellen bei vielen Angiospermen (**d**). (Nach Zimmermann 1959, verändert)

len genannt und nehmen die Funktion von Drüsenzellen wahr. Sie versorgen die benachbarten Siebzellen und vermitteln deren Be- und Entladung (Abb. 2.5c).

Im Phloem der Angiospermen erfüllen die Siebröhren die Aufgabe der Stoffleitung. Die Siebfelder sind von zahlreichen Siebporen durchbrochen, welche durch Vergrößerung von Plasmodesmen entstehen (Abb. 2.5d, Abb. 2.6b). Bei den besonders leistungsfähigen Leitelementen von Schling- oder Kletterpflanzen sind die schräg stehenden Querwände der aufeinander folgenden Siebelemente praktisch eine einzige Siebplatte mit extrem großen Siebporen, sodass die Stoffleitung besonders effizient erfolgen kann (Abb. 2.6d). Benachbarte Siebelemente bilden auch laterale Siebplatten aus (Abb. 2.7). Im ausdifferenzierten Zustand sind diese Zellen kernlos, nach der Auflösung des Tonoplasten besitzen sie ein wasserreiches Miktoplasma, bei dem sich Cytoplasma und Vakuoleninhalt vermischen (Abb. 2.6a). Dies enthält wenige Mitochondrien, Plastiden, die Stärke oder Proteine speichern, sowie häufig P-Proteinkörper (Phloem-Proteinkörper, Abb. 2.6a, Abb. 2.7). Kollabieren die dünnwandigen Siebelemente, so werden die Siebporen ebenso wie Plasmodesmen durch Kallose verschlossen. Bei Dikotylen und manchen Monokotylen kommt es an den Siebplatten verletzter Siebelemente zum Ausfluss des P-Proteins, das so schnell und effektiv die Siebporen verstopft.

Jedes Siebröhrenglied geht durch inäquale Teilung aus einer Siebröhrenmutterzelle hervor, als Schwesterzelle entsteht dabei die Geleitzelle, welche sich später noch querteilen kann (Abb. 2.6a, Abb. 2.7). Siebröhrenglied und Geleitzelle stehen physiologisch in engem Kontakt. Die Geleitzellen fungieren als Drüsenzellen und sind für die Be- und Entladung der Siebelemente zuständig. Auch im Phloem sind plasmareiche Parenchymzellen für die Speicherung insbesondere organischer Substanzen vorhanden.

Praktikum

OBJEKT: *Ranunculus repens*, Ranunculaceae, Ranunculales
ZEICHNUNG: Querschnitt der Sprossachse schematisch, Leitbündel im Detail zellulär

Bei dem Kriechenden Hahnenfuß (*Ranunculus repens*) kann das offen kollaterale Leitbündel im Querschnitt der Sprossachse gut untersucht werden. Die Leitbündel liegen im Querschnitt ringförmig angeordnet. Ihr äußerer Rand grenzt an das chloroplastenreiche Rindenparenchym, und sie sind in das chloroplastenfreie Markparenchym eingebettet (Abb. 2.8a). Bei stärkerer Vergrößerung eines gut ausgebildeten Leitbündels fällt die Sklerenchymkappe auf, welche das Phloem nach außen abschirmt. Direkt nach innen folgend sollten die Phloemprimanen zu sehen sein, meist sind diese Zellen bereits deformiert. Im ausdifferenzierten Phloem (Metaphloem), das durch hell erscheinende, dünnwandige Zellen kenntlich wird, sind die großlumigen Siebröhren sowie die plasmareichen, kleinen Geleitzellen (im eingelegten Material dunkel) zu sehen. Immer wieder erscheinen auch die Siebplatten mit den Siebporen in der Schnittebene. Dünnwandige Parenchymzellen bilden den Übergang zur Leitbündelscheide. Das für dikotyle Pflanzen typische Phloemparenchym fehlt indes bei *Ranunculus repens* (Abb. 2.8b, c).

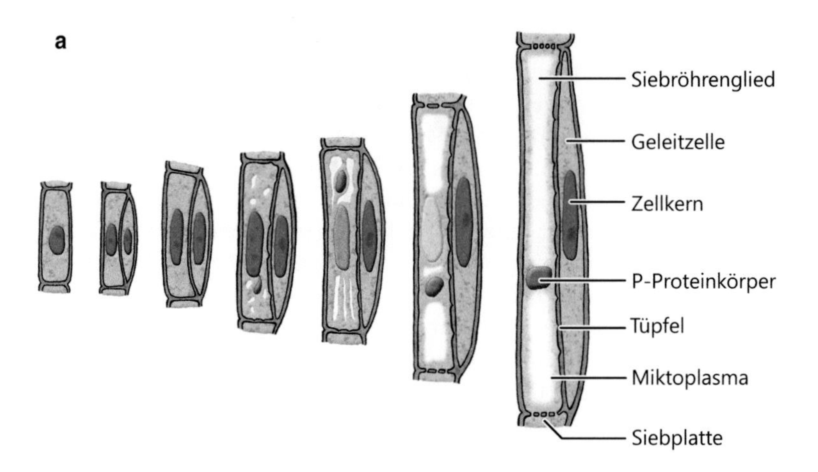

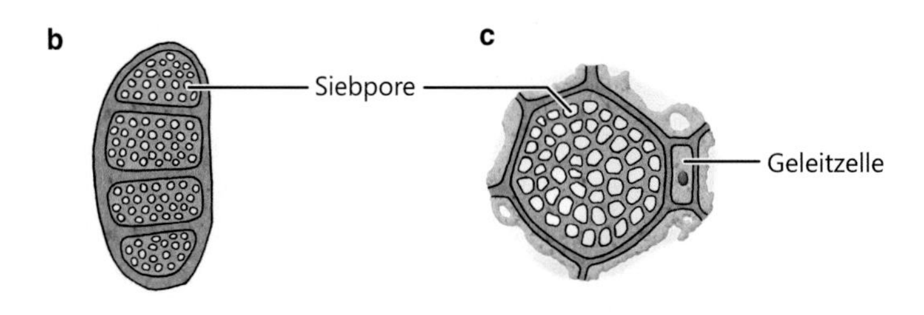

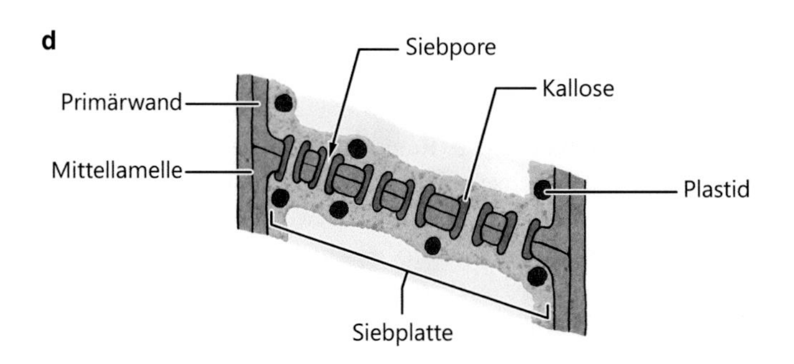

Abb. 2.6 Entwicklung eines Siebröhrenglieds und der dazu gehörenden Geleitzelle durch inäquale Zellteilung (**a**). In der ausdifferenzierten Siebröhre ist der Zellkern aufgelöst, der Inhalt von Cytoplasma und Vakuole vermischt sich zum Miktoplasma. Siebplatte mit Siebfeldern (**b**) und Siebplatte über die gesamte Querwand (**c**) in Aufsicht gezeichnet. Der Schnitt durch die Siebplatte zeigt den genauen Aufbau der Siebporen, die durch Vergrößerung von Tüpfeln entstehen und von Kallose ausgekleidet sind (**d**). (Nach Sitte et al. 1998, verändert)

Phloem und Xylem sind durch mehrere Schichten radial hintereinander liegender, plasmareicher Zellen getrennt: Das Cambium dieses offenen Leitbündels besteht aus dünnwandigen, im Querschnitt rechteckigen Zellen. Im folgenden ausdif-

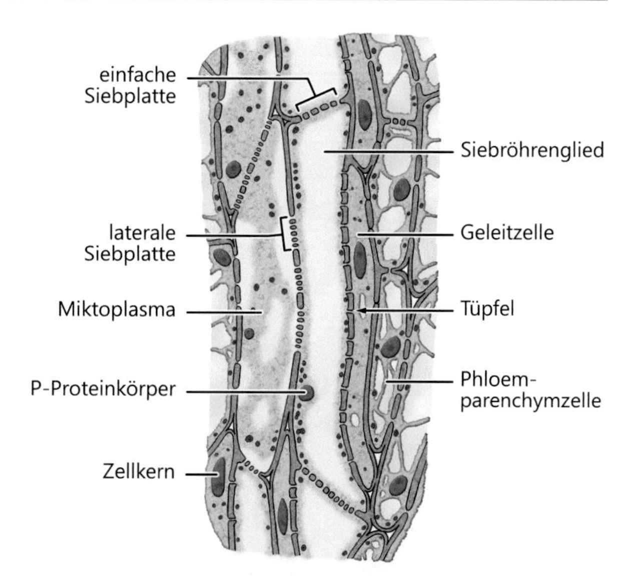

Abb. 2.7 Siebelemente bei Angiospermen (Passionsblume) im Längsschnitt. Zwischen benachbarten Siebröhrengliedern kommt es auch zur Ausbildung lateraler Siebplatten. Der physiologisch enge Zusammenschluss von Siebröhren und den plasmareichen Geleitzellen wird auch durch die Vielzahl der verbindenden Tüpfel deutlich. (Nach Kollmann aus Sitte et al. 1998, verändert)

ferenzierten Xylem (Metaxylem) wechseln sich großlumige Tracheen mit kleinlumigeren Tracheiden ab, dazwischen sind vorwiegend im Bereich zur Markhöhle plasmareiche Xylemparenchymzellen sichtbar. Das Protoxylem ist häufig schon zerrissen, Verdickungsleisten deuten auf Reste von Ring- und Schraubengefäßen hin. Gegen die z. T. verholzte Bündelscheide wird das Xylem durch parenchymatische Zellen abgeschlossen (Abb. 2.8b, c), im Bereich des Cambiums liegen häufig Durchlasszellen.

OBJEKT: *Zea mays*, Poaceae, Poales
ZEICHNUNG: Querschnitt schematisch, Leitbündel im Detail zellulär

Der Mais (*Zea mays*) eignet sich gut zur Untersuchung des geschlossen kollateralen Leitbündels im Querschnitt. In den Sprossachsen der monokotylen Pflanzen liegen die geschlossen kollateralen Leitbündel verschiedener Größe verstreut vor (Abb. 2.8d). Die stärkere Vergrößerung eines größeren Leitbündels zeigt dessen typischen Aufbau: Im außen liegenden Phloem wechseln sich dünnwandige großlumige Siebröhren mit kleinen viereckigen Geleitzellen ab. Das Protophloem erscheint zusammengequetscht und zerrissen. Typische Phloemparenchymzellen fehlen. Im Xylem fallen zwei besonders großlumige Tracheen auf, deren Zellwände reich getüpfelt und mit Verdickungsleisten verstärkt sind. Ein weiterer großer Hohlraum wird durch einen Interzellulargang eingenommen, der rhexigen beim Zerreißen der Xylemprimanen entstanden ist. Er liegt nahe am Innenrand des Bündels. Zwischen diesen Elementen liegen Tracheiden und verholzte, recht dickwandige

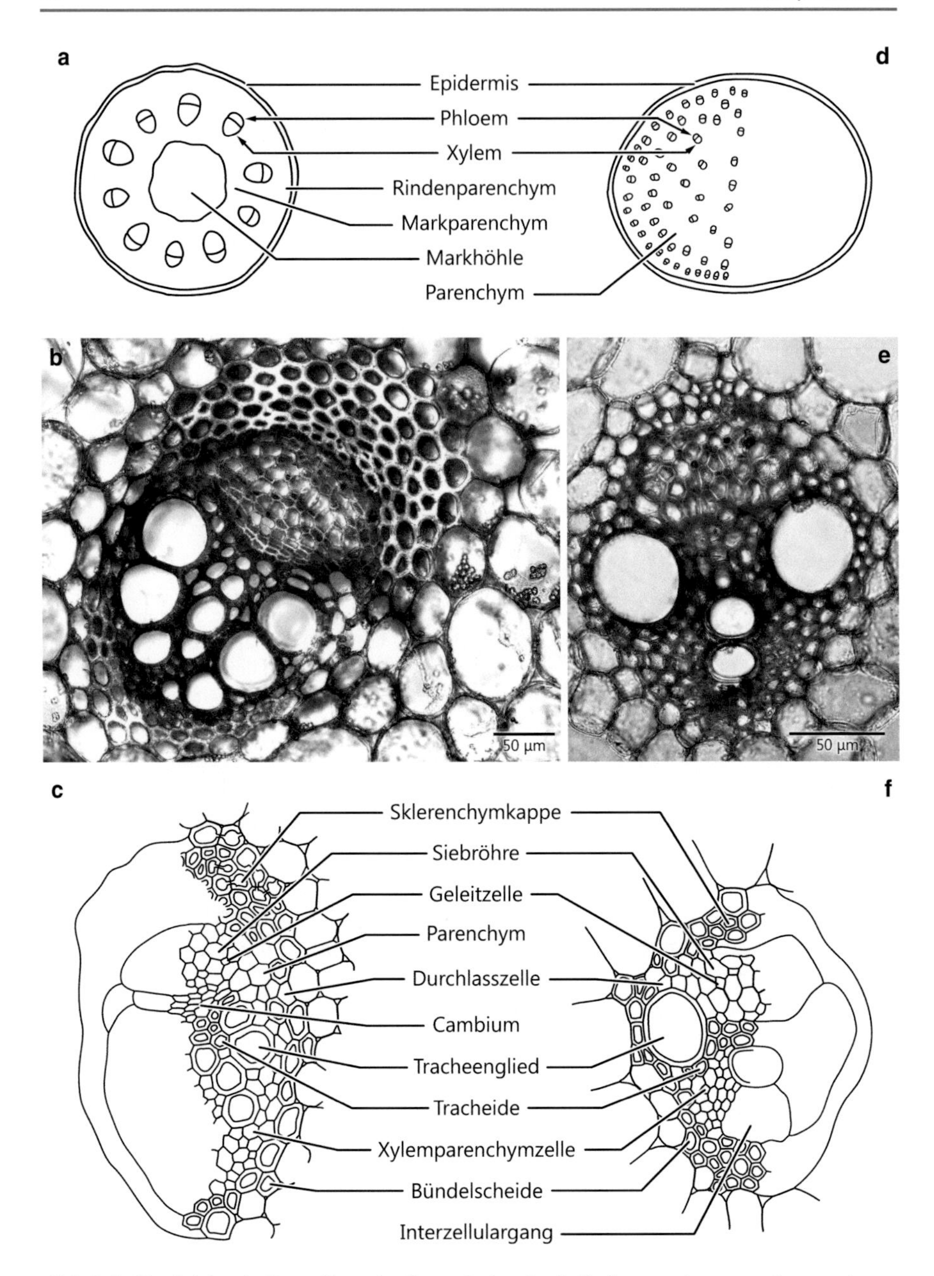

Abb. 2.8 Vergleichende Darstellung der Querschnitte durch die Sprossachsen von *Ranunculus repens* (**a**) und *Zea mays* (**d**). Die unterschiedliche Anordnung der Leitbündel im Sprossquerschnitt von Di- und Monokotylen wird deutlich erkennbar. Die detaillierte Betrachtung der Leitbündel zeigt, dass *Ranunculus repens* (**b**, **c**) ein offen kollaterales und *Zea mays* (**e**, **f**) ein geschlossen kollaterales Leitbündel besitzen. Das für die Dikotylen typische Phloemparenchym fehlt dem Kriechenden Hahnenfuß

Xylemparenchymzellen. Das Leitbündel ist von einer Leitbündelscheide umgeben, deren Zellen nur im Grenzbereich von Phloem und Xylem unverholzt sind und dort einen Durchlassstreifen bilden. Im geschlossenen, ausdifferenzierten Leitbündel ist das Cambium vollständig bei der Entwicklung des Bündels verbraucht worden (Abb. 2.8e, f).

2.4 Anatomie der sekundären Sprossachse

Bei der enormen Größe alter Nadel- und Laubbäume wird verständlich, dass der Stamm (Sprossachse) als verbindendes Element zwischen Wurzel und Baumkrone vielfältigen Aufgaben gerecht werden muss. Der gesamte Stoffaustausch zwischen Wurzel und Blättern findet über die Sprossachse statt. Zudem muss der Stamm starken Druck-, Zug- sowie Hebelkräften standhalten. Diese Ansprüche können durch das sekundäre Dickenwachstum der Sprossachse erfüllt werden, da sowohl der Durchmesser der Sprossachse beträchtlich erhöht wird als auch die Zahl der auf bestimmte Aufgaben spezialisierten Zellen ansteigt.

Ausgehend von dem typischen Aufbau der primären Sprossachse dikotyler Pflanzen ist in einem sehr jungen Entwicklungsstadium noch ein geschlossener Procambiumring vorhanden. Bei der ausdifferenzierten primären Sprossachse bleibt das Cambium aber bei vielen Dikotylen auf die Leitbündel beschränkt und wird dann faszikuläres Cambium genannt. Die Zellen dieses Cambiums sind lang gestreckt, im Querschnitt etwa rechteckig und werden als Fusiforminitialen bezeichnet. Sie führen tangentiale Zellteilungen durch, wobei sich die nach außen abgegliederten Tochterzellen zu Elementen des sekundären Phloems (Bast) und die nach innen abgegebenen Zellen zum sekundären Xylem (Holz) ausdifferenzieren (Abb. 2.9).

Die Leitbündel sind durch Streifen parenchymatischen Gewebes, die Markstrahlen, getrennt. Durch Induktion der Reembryonalisierung ausdifferenzierter Parenchymzellen zwischen den Leitbündeln in Höhe des faszikulären Cambiums wird nachträglich wieder ein geschlossener Cambiumring gebildet. Das sekundär entstandene meristematische Gewebe wird als interfaszikuläres Cambium bezeichnet. Bei vielen Lianen, deren Achsen hauptsächlich einer Zugbelastung standhalten sollen, werden vom interfaszikulären Cambium (hier: Markstrahlinitialen) weiterhin Markstrahlparenchymzellen gebildet, während das faszikuläre Cambium sekundäre Elemente des Leit- und Festigungssystems, also Holz und Bast, ausbildet (Abb. 2.9). Dies wird als *Aristolochia*-Typ des sekundären Dickenwachstums bezeichnet, da die verschiedenen Stadien sehr gut bei *Aristolochia macrophylla* beobachtet werden können (Abb. 2.10).

Werden hingegen auch vom interfaszikulären Cambium die Elemente des Leit- und Festigungssystems abgegliedert und die Markstrahlen auf dünne parenchymatische Streifen reduziert, so bezeichnet man dies als *Ricinus*-Typ des Dickenwachstums (Abb. 2.10).

Bei den eigentlichen Laub- und Nadelbäumen geht das Procambium direkt in einen geschlossenen Cambiumring über, sodass nur schmale und wenige Mark-

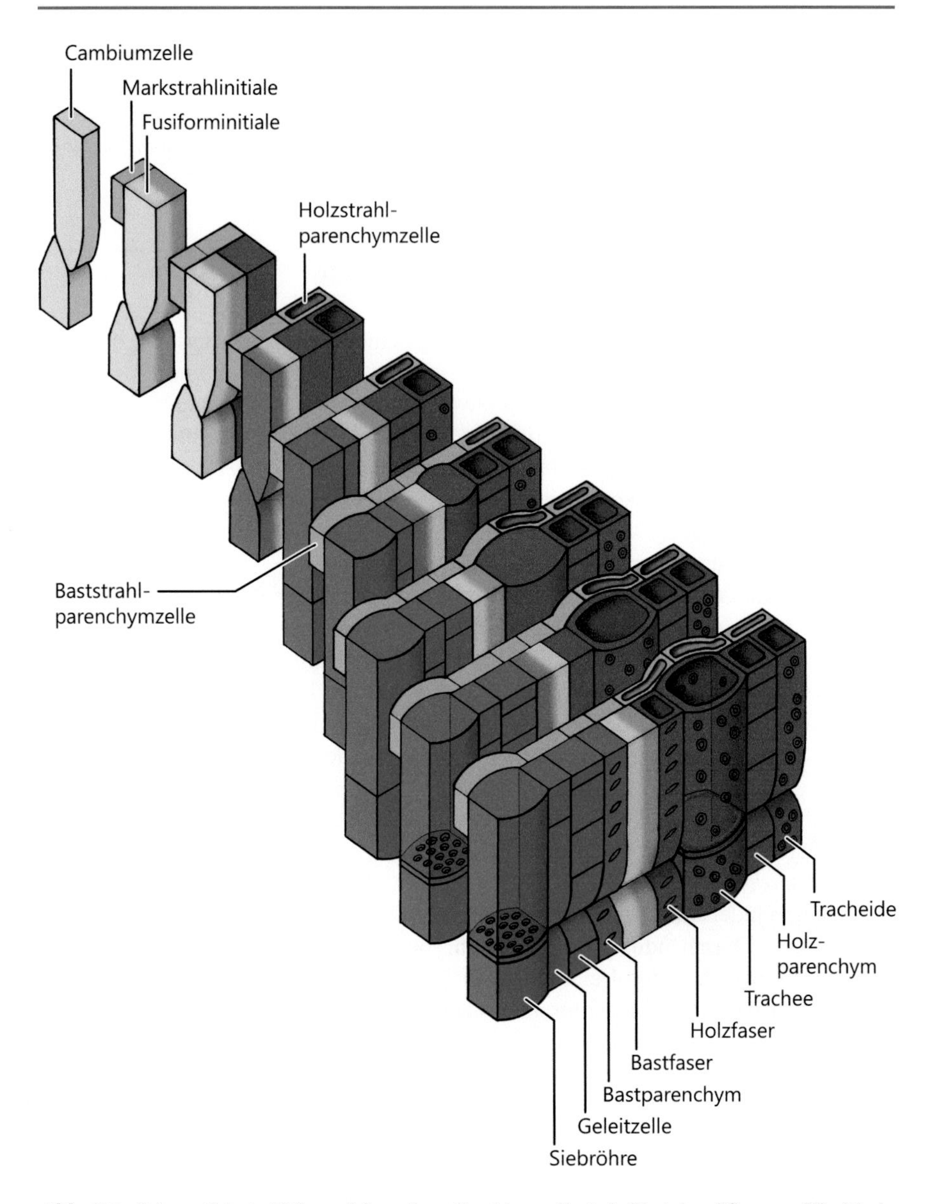

Abb. 2.9 Schematisierte Teilungsfolge einer Cambiumzelle bei dikotylen Pflanzen. Die Markstrahlinitiale bildet nach innen parenchymatische Zellen des Holzstrahls und nach außen parenchymatische Zellen des Baststrahls. Die Fusiforminitiale sondert nach außen Zellen ab, die sich zu den Elementen des sekundären Phloems (Bast) ausdifferenzieren. Dazu zählen Siebröhren, Geleitzellen, Bastparenchymzellen und Bastfasern. Nach innen abgegebene Zellen differenzieren sich zu Elementen des sekundären Xylems (Holz). Dies sind Tracheen, Tracheiden, Holzparenchymzellen und Holzfasern. (Nach Ray 1967, verändert)

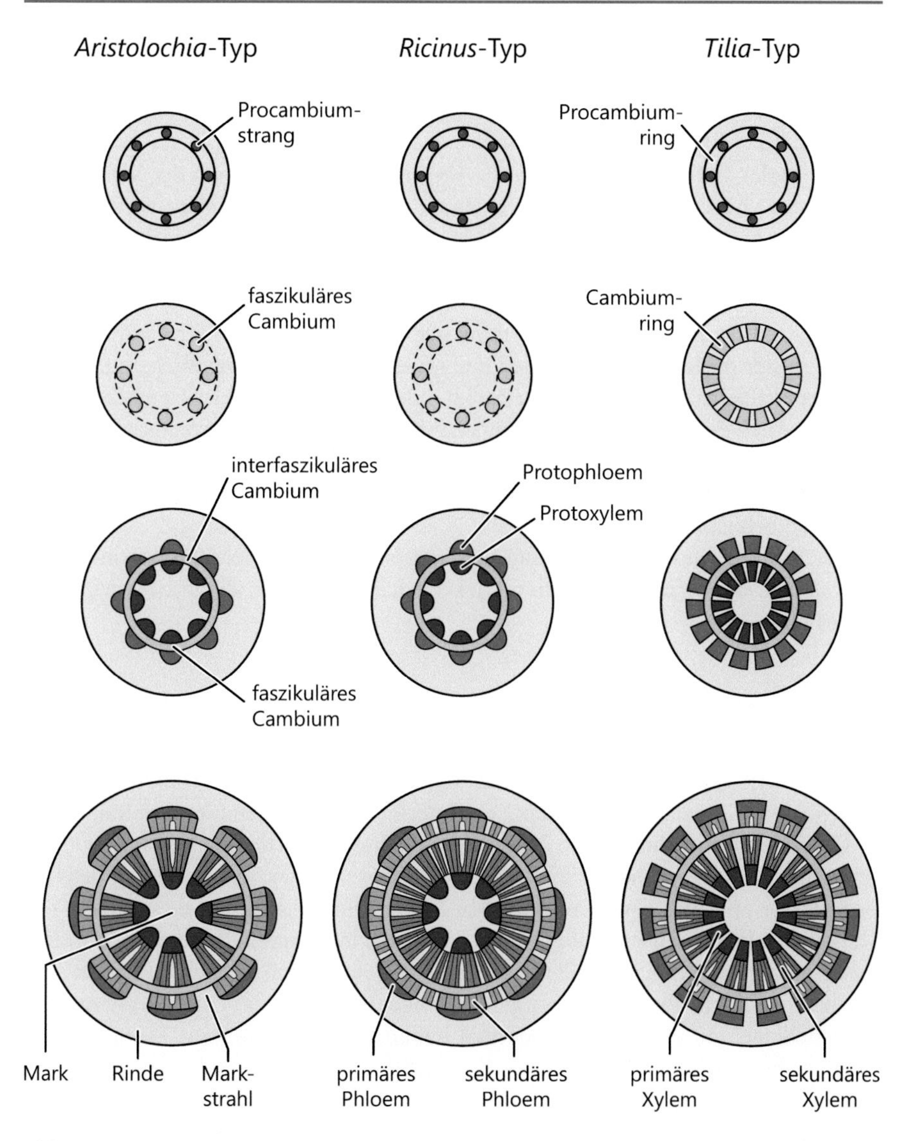

Abb. 2.10 Schematische Darstellung verschiedener Typen des sekundären Dickenwachstums bei dikotylen Pflanzen. Beim *Aristolochia*-Typ kommt es zur Entwicklung des interfaszikulären Cambiums (sekundäres Meristem), das während des sekundären Dickenwachstums Markstrahlparenchymzellen ausbildet. Werden auch vom interfaszikulären Cambium Elemente des Holz- und Bastteils produziert, so bezeichnet man dies als *Ricinus*-Typ. Der *Tilia*-Typ zeichnet sich dadurch aus, dass der geschlossene Procambiumring erhalten bleibt und alle typischen Elemente von Holz, Bast, Holzstrahlen und Baststrahlen bildet. (Nach Denffer aus Sitte et al.1998, verändert)

strahlen vorhanden sind (*Tilia*-Typ, Abb. 2.10). Die radiale Leitfähigkeit dieses Markstrahlparenchyms reicht für die zunehmend dicke Achse nicht mehr aus, sodass einzelne Cambiumzellen die Bildung von Holz- bzw. Baststrahlen übernehmen, die blind im Holz bzw. Bast enden. Sie sind umso kürzer, je später die Umwandlung der Cambiumzelle erfolgte. Als Bast wird der Bereich der sekundären Sprossachse bezeichnet, der vom Cambium nach außen abgegeben wird: sekundäres Phloem, Baststrahlen, Markstrahlen. Das Holz umfasst den Bereich, der vom Cambium nach innen abgegliedert wird: sekundäres Xylem, Holzstrahlen, Markstrahlen.

Aufgrund des Erstarkungswachstums der Sprossachse wird der Cambiumring immer weiter nach außen geschoben und muss durch Dilatationswachstum seinen Umfang erweitern. Dies wird durch Radial- oder Querteilungen der Cambiumzellen erreicht. Auch die Epidermis, das primäre Abschlussgewebe der Sprossachse, kann dem Wachstum nicht standhalten und zerreißt. Es wird durch ein sekundäres Abschlussgewebe, das Periderm, ersetzt. Entstehung und Aufbau des Periderms sollen gesondert behandelt werden.

Der primäre und sekundäre Bau der Sprossachse dikotyler Pflanzen mit dem *Aristolochia*-Typus des sekundären Dickenwachstums ist in Abb. 2.11 detailliert dargestellt.

Praktikum

OBJEKT: *Aristolochia macrophylla*, Aristolochiaceae, Piperales
ZEICHNUNG: Querschnitte durch den jungen, zweijährigen und älteren Spross, Übersichten, Ausschnitt mit Bildung des interfaszikulären Cambiums zellulär

Der Querschnitt durch eine junge Sprossachse von *Aristolochia macrophylla* (Pfeifenstrauch) zeigt die für viele dikotyle Pflanzen typische Anordnung der Gewebe in der primären Sprossachse (Abb. 2.12a). Die Leitbündel sind in einem das Mark umschließenden Ring angeordnet, sie liegen in lockerem, parenchymatischen Gewebe eingebettet. Nach außen anschließend liegt eine Sklerenchymscheide, deren äußere Schicht als Stärkescheide ausgebildet ist und an das chloroplastenreiche Rindenparenchym grenzt. Subepidermal befindet sich ein weiteres Festigungsgewebe, es handelt sich hier um einen Kollenchymring. Die offen kollateralen Leitbündel weisen den üblichen Bau auf: An der Innenseite des Bündels liegen die Xylemprimanen, dahinter das Metaxylem mit Tracheen, Tracheiden und Xylemparenchym. Die dünnwandigen Zellen des Cambiums sind typisch radial angeordnet. Nach außen folgt das Metaphloem mit Siebröhren, Geleitzellen und Phloemparenchym. Die Phloemprimanen sind häufig an der Außenseite des Bündels bereits zerdrückt.

Wird das sekundäre Dickenwachstum aufgenommen, kommt es zur Reembryonalisierung parenchymatischer Zellen der Markstrahlen auf Höhe des faszikulären Cambiums, das interfaszikuläre Cambium entsteht (Abb. 2.12c, d). Während das interfaszikuläre Cambium weiterhin Zellen parenchymatischen Charakters absondert und so die Markstrahlen verlängert, bildet das faszikuläre Cambium die Elemente des sekundären Phloems bzw. Xylems. Die Zelltypen des sekundären Xylems

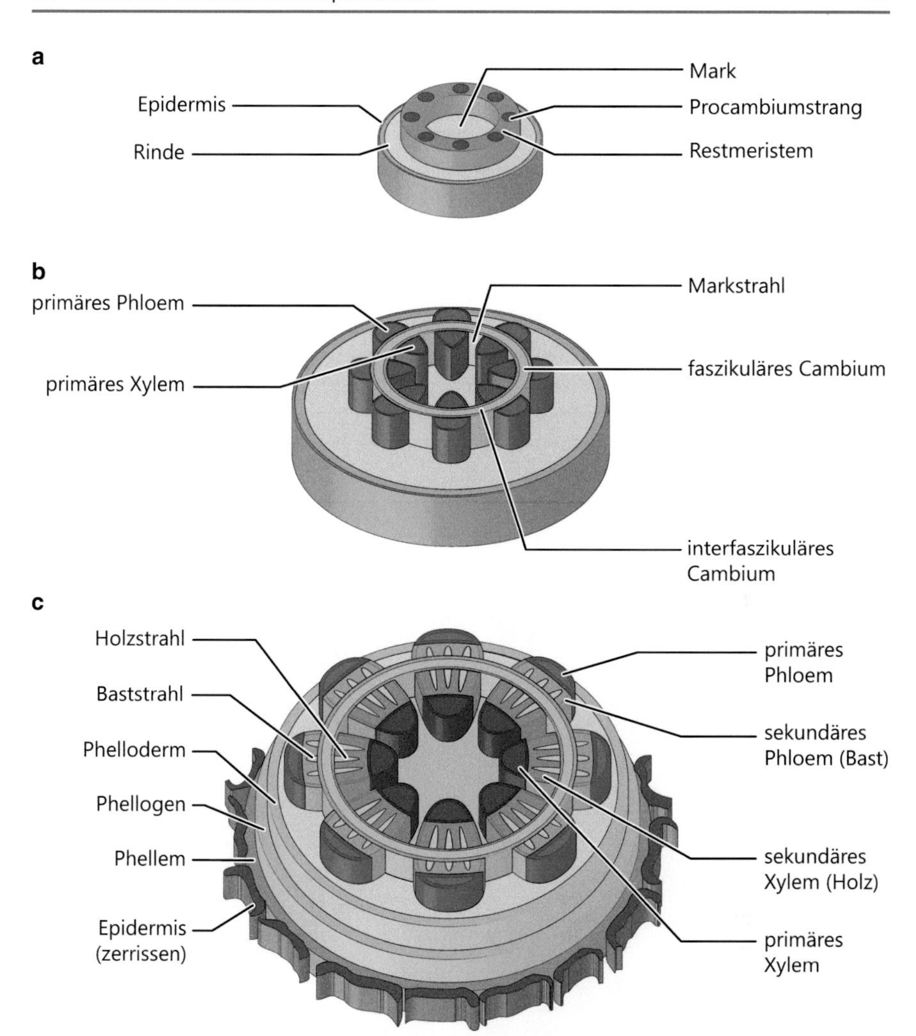

Abb. 2.11 Primärer (**a**, **b**) und sekundärer (**c**) Bau der Sprossachse einer Pflanze des *Aristolochia*-Typus in räumlicher Darstellung. Das Restmeristem wird bei dem Aufbau der primären Sprossachse verbraucht und aus den parenchymatischen Zellen des Markstrahles bildet sich auf der Höhe des faszikulären Cambiums durch Reembryonalisierung das interfaszikuläre Cambium aus (**b**). Das sekundäre Abschlussgewebe (Periderm) setzt sich aus Phelloderm, Phellogen und Phellem (**c**) zusammen und wird separat behandelt

(Holz) und des sekundären Phloems (Bast) entsprechen den betreffenden Zelltypen in Metaxylem und Metaphloem.

In der älteren Sprossachse ist prinzipiell die Gewebeanordnung der jungen Sprossachse beibehalten, die Leitbündel erscheinen aber durch die Tätigkeit des faszikulären Cambiums radial gestreckt und die Markstrahlen wirken aufgrund der Aktivität des interfaszikulären Cambiums verlängert. Das primäre Phloem ist auf

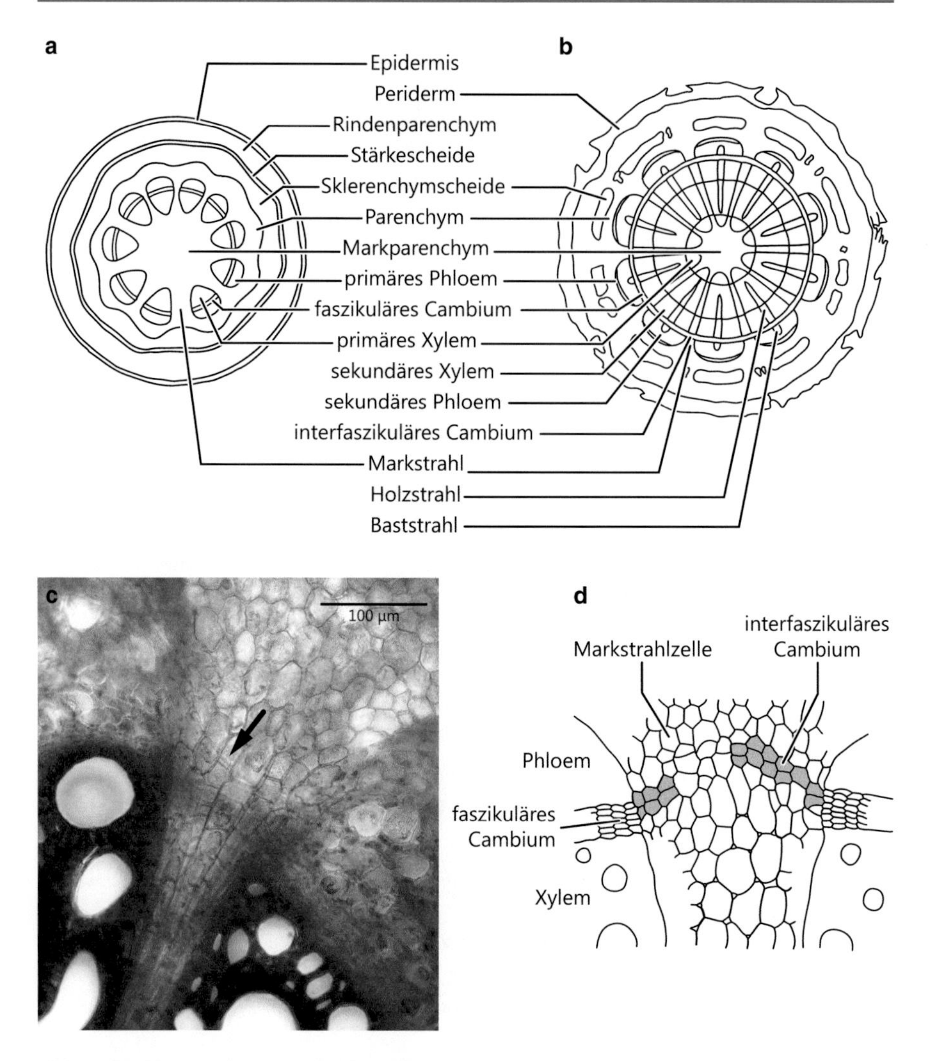

Abb. 2.12 Schematische Querschnitte durch die primäre (**a**) und sekundäre (**b**) Sprossachse von *Aristolochia macrophylla* (Pfeifenstrauch). Die primäre Sprossachse zeigt die typische Gewebeabfolge der Dikotylen. Bei Eintritt des sekundären Dickenwachstums werden die Markstrahlzellen in Höhe des faszikulären Cambiums sekundär meristematisch, es kommt zur Ausbildung des interfaszikulären Cambiums (mit *Pfeil* markiert bzw. *grau* dargestellt) (**c**, **d**). Bei der sekundären Sprossachse hat sich ein Periderm entwickelt, die Epidermis ist zerrissen. Das faszikuläre Cambium bildet Holz und Bast, das interfaszikuläre Cambium verlängert die Markstrahlen

schmale Zellreihen zusammengedrückt worden. Der Sklerenchymring ist zum Teil zerrissen, die Lücken sind durch parenchymatisches Gewebe gefüllt worden. Ist die Sprossachse noch älter, setzt sich das sekundäre Dickenwachstum entsprechend fort. Im Bereich der Leitbündel kommt es zur Bildung von Holz- und Baststrahlen, die im Xylem bzw. Phloem blind enden. Die Markstrahlen bleiben erhalten. Durch das fortschreitende Dilatationswachstum setzt eine deutliche Umfangserweiterung der Sprossachse ein. Der weiter nach außen geschobene Sklerenchymring zerreißt weiter, parenchymatische Zellen füllen die entstehenden Lücken aus. Auch die kollenchymatische Hypodermis zerreißt und die Lücken werden durch Parenchym geschlossen. Der äußere Abschluss der Sprossachse wird nun durch ein Periderm vorgenommen (Abb. 2.12b). Da im Frühjahr vorwiegend großlumige Tracheiden und Tracheen gebildet werden, die eine sehr schnelle effiziente Wasserleitung ermöglichen, und im weiteren Verlauf der Vegetationsperiode der Durchmesser der wasserleitenden Elemente abnimmt, erscheint im Querschnitt der Übergang zwischen Ende und Neubeginn des Wachstums als deutlich erkennbare Jahresgrenze. So ist es auch möglich, im Querschnitt leicht das Alter der Sprossachse zu bestimmen.

2.4.1 Holz und Bast der Nadelbäume

Das Holz der Gymnospermen ist im Vergleich zu den Angiospermen monoton aufgebaut, da es sich fast um ein reines Tracheidengewebe handelt. Das Holzparenchym beschränkt sich auf Holzstrahlen und die Harzgänge, welche mit einer Schicht Drüsenepithel ausgekleidet sind. Zwischen den Tracheiden sind Hoftüpfel ausgebildet (Abb. 2.13b), deren besonderer Bau einen ausgezeichneten Wassertransport und zudem einen schnellen Verschluss kollabierter Tracheiden ermöglicht. Bei einseitigem Unterdruck verschließt der Torus, eine Verdickung der Primärwand, die Öffnung des Porus in der Ausbuchtung der Sekundärwand, die als Hof bezeichnet wird (Abb. 2.13b). Der Torus ist flexibel aufgehängt, da die Schließhaut in den Randbereichen dünnwandig und vielfach durchbrochen ist. Diese Bereiche werden als Margo bezeichnet. Die Hoftüpfel der Angiospermen sind im Vergleich dazu einfacher gestaltet (Abb. 2.13a).

Grenzen Parenchymzellen und Tracheiden aneinander, sind die Tüpfel nur einseitig behöft und als Fenstertüpfel ausgebildet. In Radialschnitten durch Nadelholz kann man im Bereich der Holzstrahlen Quertracheiden erkennen, die eine radiale Leitungsfunktion übernehmen. Die Quertracheiden mit ihren gezackt erscheinenden Wandverdickungsleisten verlaufen an der oberen und unteren Grenze der Holzstrahlen, dazwischen liegen mehrere Reihen von Holzstrahlparenchymzellen.

Im Verlauf der Vegetationsperiode werden unterschiedlich ausgestaltete Tracheiden gebildet: Im Frühholz, das direkt nach der winterlichen Ruhephase entsteht, finden sich vorwiegend großlumige und relativ dünnwandige Tracheiden. Diese dienen der schnell gewünschten Wasserleitung bei geringerem Materialverbrauch. Im Verlauf des Sommers und besonders bei der auslaufenden Cambiumtätigkeit im Herbst werden die Leitelemente allmählich dickwandiger und englumiger, die Festigungsfunktion gewinnt an Bedeutung. Im Bereich der Jahresgrenzen stoßen nun die Elemente des dunkler erscheinenden Spätholzes abrupt auf das heller wirkende Frühholz, sodass mit bloßem Auge schon die Jahresring-Grenze wahrgenommen werden kann. Der Wechsel zwischen Hell und Dunkel bewirkt die Maserung

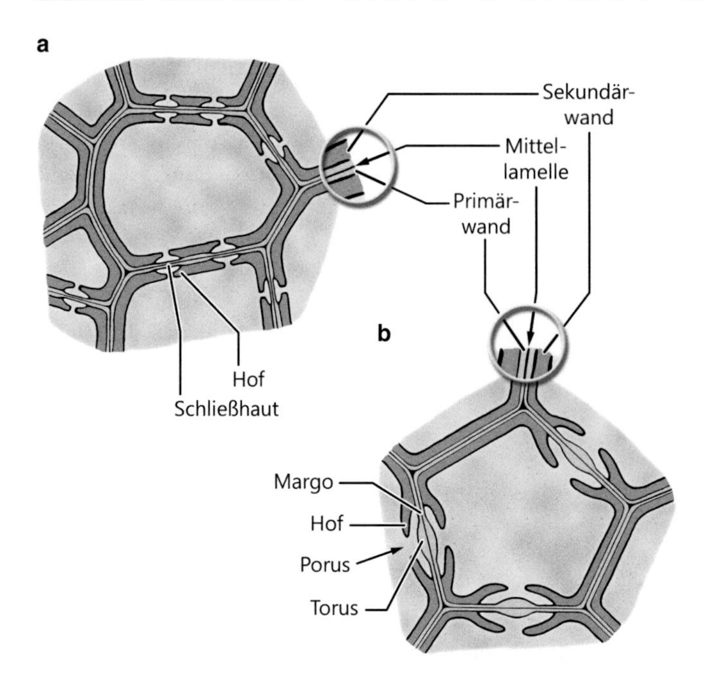

Abb. 2.13 Hoftüpfel der Tracheiden im Holz von Angiospermen (**a**) und Gymnospermen (**b**). Der Torus entsteht als Verdickung der Primärwand in der Schließhaut des Tüpfels und kann bei einseitigem Unterdruck durch seine flexible Aufhängung den Porus schnell verschließen, sodass z. B. kollabierte Tracheiden benachbarte Leitelemente nicht stören können. Die Hoftüpfel der Angiospermen sind einfacher aufgebaut

des Holzes, welche durch die verschiedenen Holzschnitt-Techniken unterschiedlich sichtbar wird (Abb. 6.2).

Im Bast der Nadelbäume erfüllen die Siebzellen die Aufgaben der Assimilatfernleitung. Sie werden von proteinreichen Parenchymzellen begleitet, den Strasburgerzellen. Diese versorgen durch Be- und Entladung die benachbarten Leitelemente.

Praktikum

OBJEKT: *Pinus sylvestris*, Pinaceae, Pinales
ZEICHNUNG: Querschnitt durch das Holz im Bereich einer Jahresgrenze, zellulär; Radialschnitt durch das Holz im Bereich eines Holzstrahls, zellulär

Der Querschnitt durch das Holz der Kiefer (*Pinus* spec.) lässt hauptsächlich einen Zelltyp erkennen: Es sind die quer getroffenen Tracheiden mit verschieden stark verdickten Zellwänden und entsprechend unterschiedlichen Lumina (Abb. 2.14a, b, e). Das Frühholz wird durch großlumige, dünnwandige Tracheiden dominiert, die dann kontinuierlich durch Elemente mit dicken Wänden und kleineren Lumina abgelöst werden. Das Spätholz im Herbst hebt sich durch sehr dickwandige Tracheiden deutlich vom folgenden Frühholz ab, das nach der Winterpause ausgebildet wird. Die zelluläre Zeichnung im Bereich der Jahresgrenze sollte diese Unterschiede erkennen lassen (Abb. 2.14e). Die charakteristischen Hoftüpfel der Gymnospermen sind im Querschnitt häufig in den radialen Zellwänden der Tracheiden zu beobachten. Die regelmäßigen Reihen von Tracheiden werden von Holzstrahlen unterbrochen, deren Zellen in radialer Richtung gestreckt erscheinen. Um mit der Dilatation (Umfangserweiterung) der Sprossachse Schritt zu halten, wird der Umfang des Cambiums erweitert und entsprechend zusätzliche Reihen von Tracheiden und auch Holzstrahlen angelegt. Im Holz verlaufende Harzkanäle sind ebenfalls quer getroffen. Sie liegen im Tracheidengewebe und sind von einer Schicht Holzparenchymzellen umgeben (Abb. 2.14a, e).

Im Radialschnitt erscheinen die Tracheiden als lang gestreckte Zellen, die an den Enden zugespitzt sind und deren Wände von zahlreichen Hoftüpfeln in Aufsicht bedeckt sind. Die Holzstrahlen, die in radialen Reihen verlaufen, werden nun längs angeschnitten. Am oberen und unteren Rand verlaufen Quertracheiden mit gezackt erscheinenden Zellwänden, da die Wand durch Verdickungsleisten unregelmäßige Strukturen erhält (Abb. 2.14c, d, f). Die Aufgabe der Quertracheiden besteht in der radialen Stoffleitung und Wasserleitung, denn die Holzstrahlen bilden eine radiale Verbindung durch den gesamten Holzkörper. Zwischen den Quertracheiden liegen typischerweise drei oder mehr Schichten von plasmareichen Holzparenchymzellen, die große Fenstertüpfel aufweisen (Abb. 2.14c, d, f). Hoftüpfel kommen in typischer Ausprägung zwischen Tracheiden bzw. Quertracheiden vor. Grenzen sie an parenchymatische Zellen, sind die Tüpfel einseitig behöft, da die Holzparenchymzellen Fenstertüpfel (Abb. 2.14c, d, f) bilden.

2.4.2 Holz und Bast der Laubbäume

Durch das Auftreten von Holzfasern und Tracheen im Holz der Laubbäume kommt es zu einer stärkeren Aufgabenteilung zwischen Hydro- und Festigungssystem. Die meist abgestorbenen Holzfasern sind typischerweise dickwandig und verholzt, sie zeichnen sich durch schräg spaltenförmige Tüpfel aus (Abb. 2.15). Übergänge zu dem Speichersystem, das von Holzparenchymzellen aufgebaut wird, bilden die noch lebenden Ersatzfasern (Faserparenchym). Zu dem Hydrosystem gibt es Überleitungen in Form der verschiedenen Tracheidentypen (Abb. 2.15). Reine Leitungsfunktion übernehmen die Tracheen, bei denen durch die Fusion der Tracheenglieder lange, querwandfreie Röhren entstanden sind. Da die Tracheen nicht völlig geradlinig vertikal verlaufen, kommt es zur Ausbildung eines regelrechten Gefäßnetzes, da immer wieder Kontaktbereiche zwischen den verschiedenen Tracheen entstehen. Dort befinden sich die Hoftüpfel der Angiospermen (Abb. 2.13a), die meist einen schlitzförmigen Porus und einen ovalen Hof besitzen. Um die Gefäße liegt ein spezielles Holzparenchym, das als Kontaktparenchym bezeichnet wird. Diese Zellen haben die Funktion von Drüsenzellen, welche bei mangelndem Transpirationssog und großem Nährsalzbedarf der Baumkrone Zucker und organische Stoffe in die Tracheen sezernieren. Dadurch wird osmotisch aus dem Wurzelbereich Wasser nachgezogen, sodass die Versorgung der Baumkrone ge-

Abb. 2.14 Querschnitt (**a**, **b**, **e**) und Radialschnitt (**c**, **d**, **f**) durch das Holz von *Pinus sylvestris*. Im Querschnitt sind die Jahresgrenze (*Pfeil*) und ein Harzkanal sowie ein Holzstrahl im Tracheidengewebe zu erkennen. Der Radialschnitt im Bereich eines Holzstrahls zeigt die Quertracheiden mit ihren gezackt erscheinenden Zellwänden sowie die parenchymatischen Zellen des Holzstrahls längs getroffen (**c**, **d**, **f**). Die großen Fenstertüpfel der Holzstrahlparenchymzellen sind deutlich zu sehen. Durch Safraninfärbung erscheinen die verholzten Zellwände rot, Astrablau färbt unverholzte Zellwände blau (**b**, **d**)

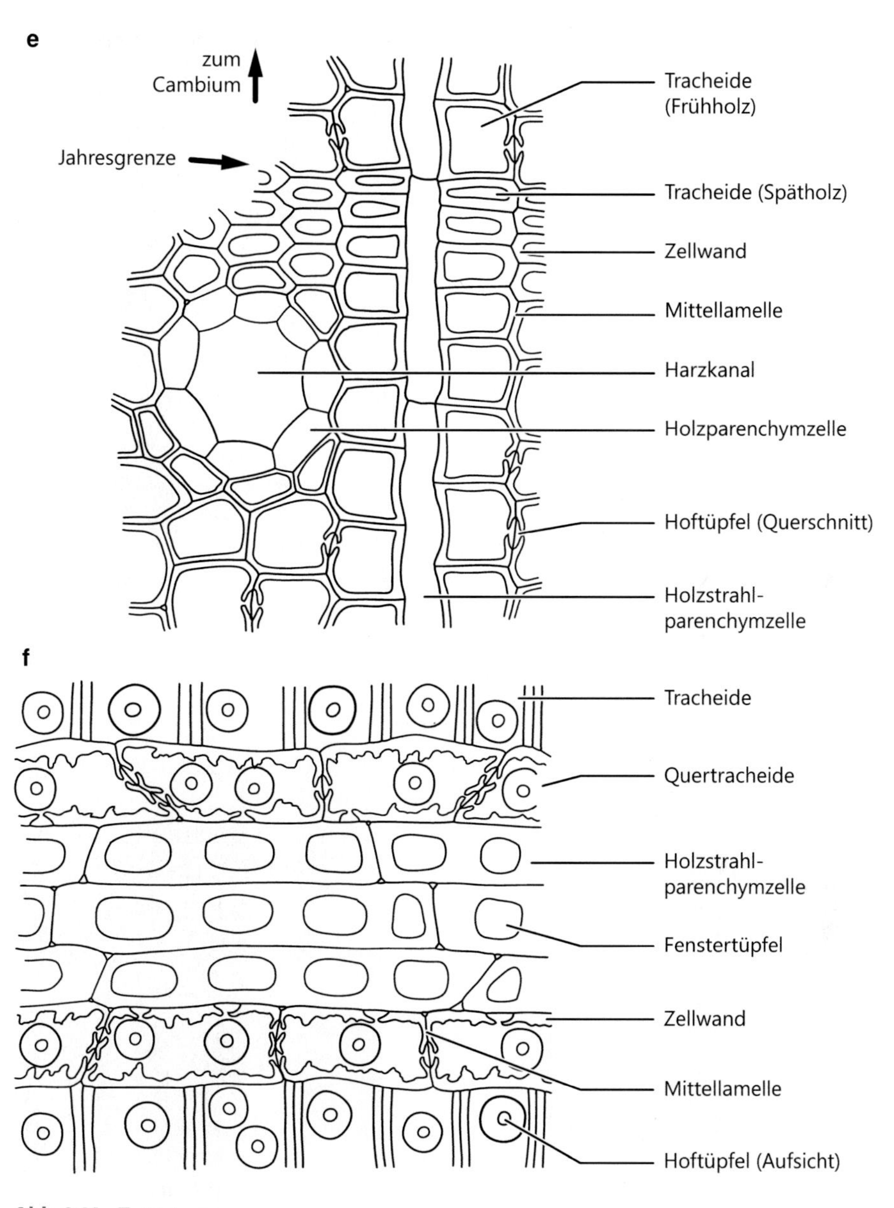

Abb. 2.14 *Fortsetzung*

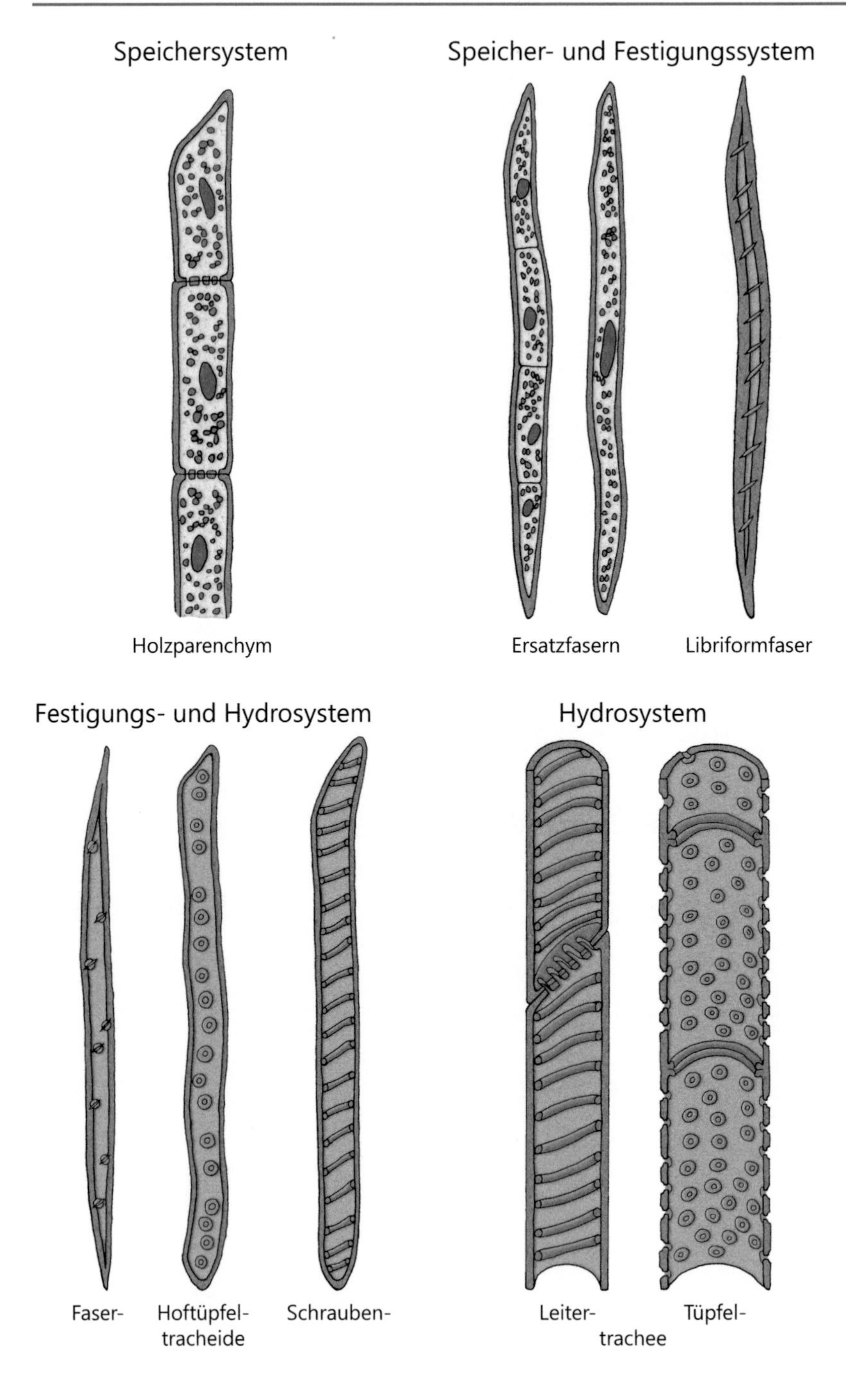

Abb. 2.15 Darstellung der Zelltypen im Holz von Angiospermen und ihre Zuordnung zu spezifischen Funktionen. (Nach Sitte et al. 1998, verändert)

währleistet ist. Im Frühjahr sind diese Zellen sehr aktiv, da aufgrund der noch fehlenden Belaubung wenig Transpiration erfolgen kann.

Bei vielen Laubbäumen sind die Tracheen, deren Durchmesser hier unter 100 μm liegt, über die jährliche Zuwachszone verteilt. Diese Hölzer bezeichnet man als zerstreutporig. Beispiele einheimischer zerstreutporiger Laubhölzer sind: Buche, Birke, Erle, Weide, Pappel, Ahorn und Rosskastanie. Die Jahresgrenzen lassen sich dennoch im Stammquerschnitt deutlich erkennen, da zum Ende der Vegetationsperiode zunehmend englumigere Gefäße und vorwiegend Festigungselemente gebildet werden. Bei den ringporigen Hölzern werden hingegen im Frühjahr extrem weitlumige Gefäße angelegt, deren Durchmesser zum Teil weit über 100 μm liegt. Diese Bereiche erscheinen im Querschnitt hell und zeigen so schon makroskopisch deutlich die Jahresgrenze an. Beispiele einheimischer ringporiger Bäume sind Eiche, Esche, Robinie, Ulme und Edelkastanie. Häufig ist nur der äußere Bereich des Holzes belebt. Dieser Anteil wird dann als Splintholz bezeichnet.

Im Kernholz sind hingegen auch die parenchymatischen Zellen abgestorben, das Holz trocknet aus und wird oft noch zusätzlich imprägniert. Die Einlagerung von Gerbstoffen und Harzen macht das Kernholz widerstandsfähig gegen den Befall von Pilzen und Bakterien. Besonders bei den ringporigen Hölzern kollabieren die weitlumigen Gefäße sehr früh, wobei das Holz aber noch belebt bleibt. Hierbei wird zwischen Leit- und Speichersplint unterschieden. Die Verstopfung der weitlumigen Gefäße erfolgt im Verlauf der Verkernung. Dies geschieht hier durch die Thyllenbildung: Den Tracheen benachbarte Parenchymzellen wachsen durch die Tüpfel in kollabierte Gefäße ein und füllen das Lumen aus. Bäume, die überwiegend Splintholzanteile besitzen, sind für die Holzverarbeitung weniger wertvoll, wie z. B. Weide, Pappel oder Birke. Hölzer mit großem Kernholzanteil, der zudem durch Einlagerung verschiedener Stoffe (z. B. Gerbstoffe) noch besonders widerstandsfähig oder hart geworden ist, besitzen größere wirtschaftliche Bedeutung. Dazu gehören Buche, Erle, Ahorn, Eiche und auch viele tropische Laubhölzer, die besonders widerstandsfähige oder intensiv gefärbte Kernhölzer zeigen.

Die primitiven Elemente der Stoffleitung der Gymnospermen sind im Bast der Angiospermen durch leistungsfähigere Siebröhren und Geleitzellen ersetzt (Abb. 2.5, Abb. 2.6). Geleitzellen, die als Drüsenzellen fungieren, versorgen durch Be- und Entladung die benachbarten Leitelemente. Das Bastparenchym findet sich eingestreut zwischen Siebröhren und Geleitzellen sowie in den Baststrahlen, die eine Querverbindung zu den Holzstrahlen und damit dem gesamten Holzkörper darstellen. Diese Zelltypen bilden den Weichbast. Die oft extrem langen Bastfasern der Laubbäume, die als Bindebast der Gärtner Verwendung fanden, bauen den Hartbast auf. Hart- und Weichbast können sich in regelmäßiger Folge abwechseln, sind aber von der Jahresperiodizität unabhängig. Leitfähig sind nur die jüngsten Anteile des Bastes, die dem Cambium unmittelbar benachbart sind. Schnell kollabieren die Siebröhren und werden vom Nachbargewebe zusammengedrückt. Besonders die Parenchymzellen nehmen deutlich an Größe und Anzahl zu, um die Lücken aufzufüllen, die auch durch die Dilatation des Bastes entstanden sind.

Da beim Erstarkungswachstum des Stammes die ältesten Teile des Bastes immer weiter nach außen geschoben werden, laufen Hart- und Weichbast im Querschnitt

Tab. 2.1 Zelltypen im Holz und Bast bei Pflanzen mit sekundärem Dickenwachstum

Zelltyp	Merkmale	Funktion	Vorkommen bei	
			Gymnospermen	Angiospermen
Tracheenglied	Verholzte ZW, tonnenförmige Zelle, Querwände aufgelöst, abgestorben	Wasserleitung	Nein	Ja
Tracheide	Verholzte ZW, längliche, keilförmig zulaufende Zelle, reich getüpfelt, abgestorben	Wasserleitung, (Festigung)	Ja	Ja
Libriformfaser	Sklerenchymatische, dicke, verholzte ZW, lang gestreckte Zelle, im reifen Zustand abgestorben	Festigung	Nein	Ja
Holzparenchymzelle	Plasmareich, polyedrisch, oft verholzte ZW	Speicherung, Stoffwechsel und -leitung	Ja, wenig	Zahlreich
Cambium	Plasmareiche, dünnwandige Zellen	Bildungsgewebe	Ja	Ja
Bastparenchymzellen	Plasmareich, polyedrisch, oft verholzte ZW	Speicherung, Stoffwechsel und -leitung	Ja, wenig	Zahlreich
Bastfasern	Sklerenchymatische, dicke, verholzte ZW, lang gestreckte Zelle, im reifen Zustand abgestorben	Festigung	Nein	Ja
Siebzellen	Englumige Zellen, keilförmige Enden, Siebporen, Siebfelder, Miktoplasma, lebend, kernlos	Stoffleitung	Ja	Nein
Strasburgerzellen	Längliche, mit Siebzelle assoziierte Zelle, plasma- und mitochondrienreich, keine gemeinsame Mutterzelle mit Siebzelle	Drüsenfunktion bei Stoffwechselunterstützung der Siebzelle	Ja	Nein
Siebröhrenglied	Weitlumige Zelle mit Siebplatte, lang gestreckt, lebend mit Miktoplasma, kernlos	Stoffleitung	Nein	Ja
Geleitzellen	Länglich, mit Siebröhrenglied assoziierte Zelle, plasma- und mitochondrienreich, lebend, aus gemeinsamer Mutterzelle mit Siebröhrenglied entstammend	Drüsenfunktion bei Stoffwechselunterstützung des Siebröhrengliedes	Nein	Ja

ZW Zellwand.

nach außen spitz zu, während die parenchymatischen Baststrahlen an Weite zunehmen. Um dennoch eine ausreichende Festigkeit zu gewährleisten, wandeln sich parenchymatische Zellen der Baststrahlen in Steinzellen um. Ähnlich wie im Holz zeigt der Bast der Angiospermen ein größeres Spektrum der Zelldifferenzierung und Arbeitsteilung zwischen den verschiedenen Zelltypen.

Die Tab. 2.1 fasst die Merkmale und Funktionen der verschiedenen Zelltypen von Holz und Bast zusammen. Außerdem wird das Vorkommen der unterschiedlichen Zelltypen bei Gymnospermen und Angiospermen verglichen.

Praktikum

OBJEKT: *Tilia cordata*, Malvaceae, Malvales
ZEICHNUNG: Übersicht des Querschnittes durch Holz, Cambium, Bast, Borke; Querschnitt durch das Holz, Detail Jahresgrenze, Detail Cambium; Querschnitt durch den Bast, Detail Hartbast und Weichbast, Baststrahl; Radialschnitt durch das Holz, Detail Zelltypen und evtl. Holzstrahl

Der Querschnitt durch das Holz bei der Linde *Tilia cordata* zeigt schon in der Übersicht, dass es sich um ein zerstreutporiges Holz handelt. Die Jahresgrenzen können durch den abrupten Übergang von englumigem Spätholz zu weitlumigem Frühholz deutlich erkannt werden. Radial verlaufende Holzstrahlen erscheinen aufgrund des plasmatischen Inhalts ihrer Zellen dunkel im eingelegten Material. Das Cambium umschließt als dunkler Ring den Holzkörper (Abb. 2.16c).

Der Bereich des Bastes ist leicht durch die auffälligen Umrisse von Hart- und Weichbast bzw. der Baststrahlen zu erkennen. Aufgrund des Dilatationswachstums der Sprossachse laufen die Gewebe von Hart- und Weichbast spitz wie Zipfelmützen nach außen zu, ihre breiteste Ausdehnung grenzt an das Cambium. Auch in der Übersicht werden im Bast hell erscheinende Bereiche (Hartbast) und dunkler aussehende Bereiche (Weichbast) voneinander unterscheidbar. Die Baststrahlen nehmen hingegen nach außen an Weite zu, sodass die Umfangserweiterung ausgeglichen wird (Abb. 2.16c).

Die genaue Betrachtung des Querschnittes sollte Bereiche von Bast, Baststrahl, Cambium, Holzstrahl und Holz umfassen (Abb. 2.16a, d). Im Bast fallen die sehr hell erscheinenden Gruppen von Bastfasern auf, sie bilden den Hartbast. Im Weichbast wechseln sich großlumige Siebröhren mit dunkel aussehenden Geleitzellen und Bastparenchymzellen ab. Daraus setzt sich der tangential geschichtete Weichbast zusammen (Abb. 2.16a, d). Die Bereiche von Hartbast und Weichbast laufen nach außen keilförmig zu, während die Bereiche der Baststrahlen sich nach außen als Folge des Dilatationswachstums zunehmend erweitern. Die Zellen des Cambiums erscheinen etwa rechteckig und dunkel, sie liegen wie gewöhnlich in radialen Reihen angeordnet (Abb. 2.16a, d). Die genaue Betrachtung des Holzbereiches zeigt alle typischen Elemente, die bei der Untersuchung der Jahresgrenze beschrieben werden. Im Bereich der Jahresgrenze nimmt der Durchmesser der Tracheen im Spätholz ab, während der Anteil an Tracheiden und Holzfasern ansteigt (Abb. 2.16e). Die Leitelemente sind hofgetüpfelt und haben schraubige Wandverdickungen. Aufgrund ihres kleineren Durchmessers lassen sich die Tracheiden erkennen. Die Holzfasern (Libriformfasern) besitzen dicke Zellwände und nur kleine Lumina. Dazwischen eingestreut liegen dunkel erscheinende Zellen mit plasmatischem Inhalt, die Holzparenchymzellen (Abb. 2.16e). Im Bereich der bis zu sechs Zellen breiten Holzstrahlen sind ebenfalls parenchymatische Zellen zu finden (Abb. 2.16a, d).

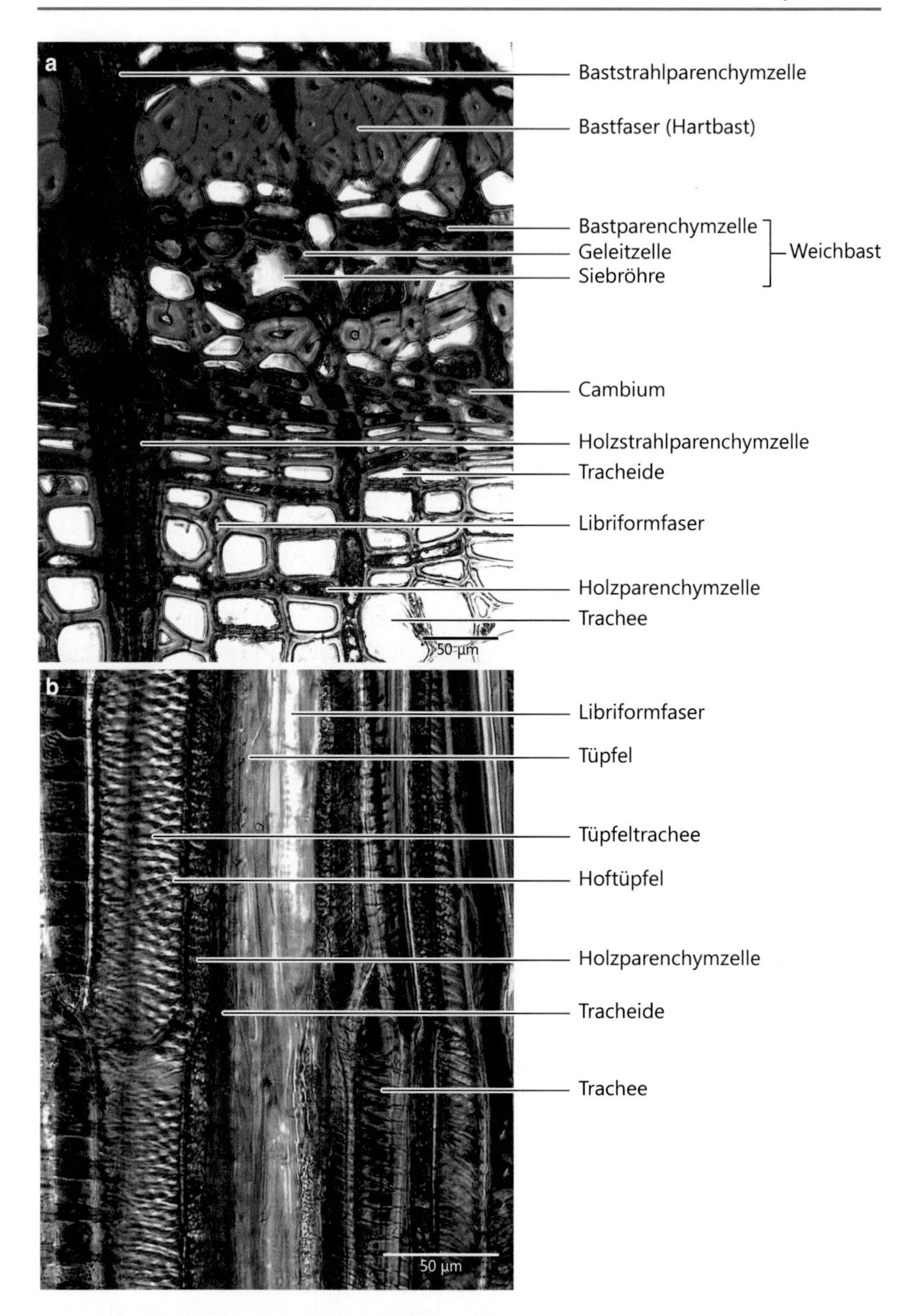

Abb. 2.16 Querschnitt durch Holz und Bast der Linde *Tilia cordata* in der Übersicht (**c**). Das Detail im Bereich des Cambiums umfasst Holz- und Baststrahl, Hart- und Weichbast sowie Holz (**a**, **d**). Durch Safraninfärbung erscheinen die verholzten Zellwände rot, Astrablau färbt unverholzte Zellwände blau (**a**). Das zweite Detail liegt im Bereich der Jahresgrenze im Holz (**e**). Der Radialschnitt (**b**, **f**) zeigt die längs getroffenen Elemente des Holzes, wobei in der Zeichnung mehrere Fokusebenen kombiniert worden sind

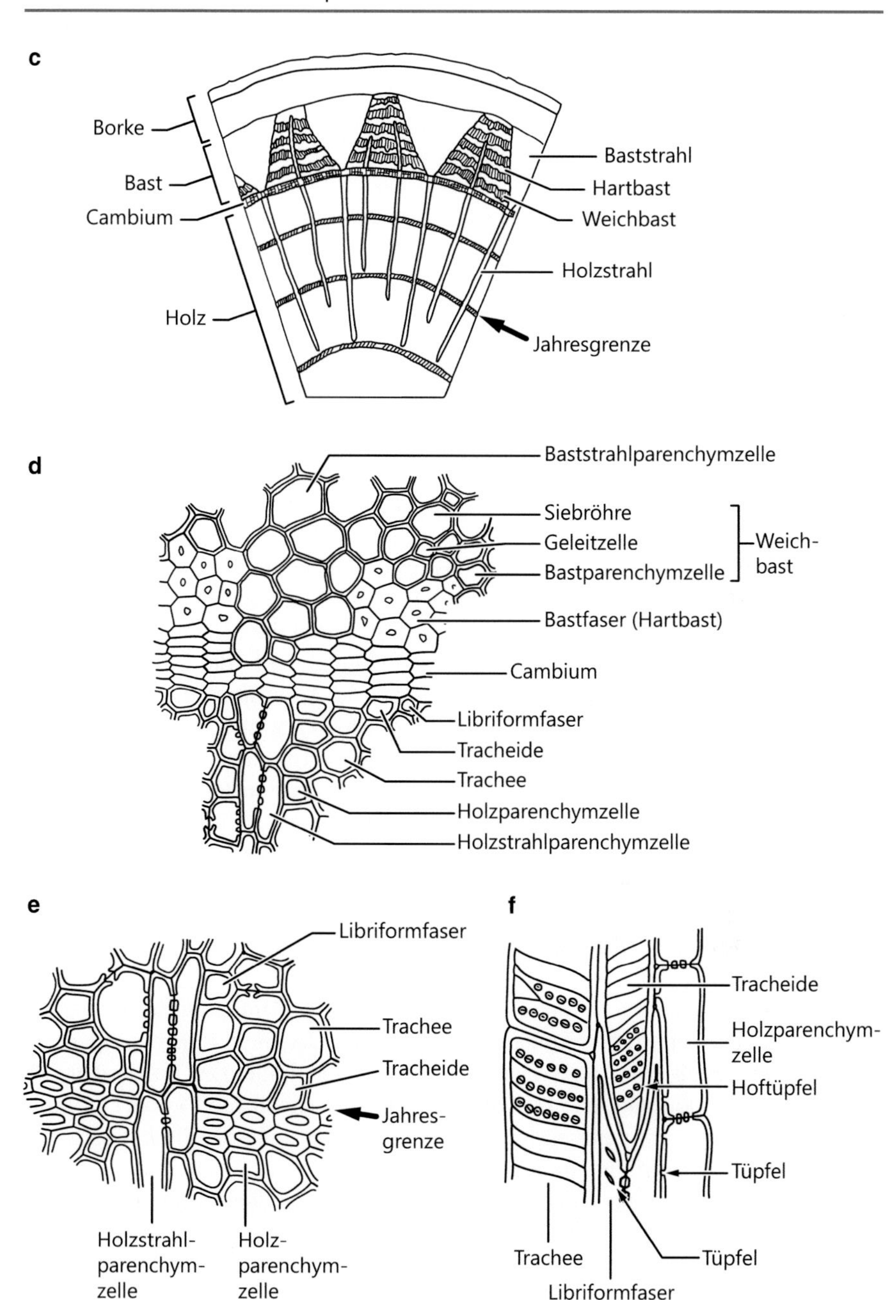

Abb. 2.16 *Fortsetzung*

Im Radialschnitt durch das Holz wird der Längsaufbau des Gewebes deutlich. Die Hoftüpfel und Zellwandverdickungen der Leitelemente sind gut zu erkennen. Durch ihre schmalen, linksschiefen Tüpfel zeichnen sich die Holzfasern aus, dunkel erscheinen die Stränge der Parenchymzellen (Abb. 2.16b, f). Die Holzstrahlen sind im Radialschnitt längs getroffen. Sie sind oft mehrere bis viele Zellschichten hoch und dienen dem Wasser- und auch Assimilattransport in radialer Richtung.

OBJEKT: *Robinia pseudoacacia*, Fabaceae, Fabales
ZEICHNUNG: Querschnitt durch das Holz: Thyllenbildung im Detail

Bei der ringporigen Robinie (*Robinia pseudoacacia*) kann man schon mit bloßem Auge im Querschnitt durch das Holz die Jahresringe erkennen, die sich auch im mikroskopischen Bild deutlich zeigen (Abb. 2.17a). Die Färbung des Holzes ist nicht einheitlich. Stattdessen erscheinen ältere Holzanteile rötlich-dunkel. Diese Bereiche des Holzes werden als Kernholz bezeichnet, da dort die Thyllenbildung schon so weit abgeschlossen ist, dass eine vollständige Imprägnierung der Tracheenglieder erreicht wurde.

Bei der Robinie sind die Gefäße bereits im dritten Jahresring nicht mehr funktionstüchtig. Dann setzt die Thyllenbildung ein. Indem die nicht cellulosehaltigen Bestandteile der Schließhaut aufgelöst werden, wachsen die den Gefäßen benachbarten Parenchymzellen als blasenförmige Ausstülpungen in die Lumina ein und verstopfen sie schließlich (Abb. 2.17a–c). Zunächst kann noch die Speicherung von Reservestoffen erfolgen. Die Wände älterer Thyllen werden häufig zu Sekundärwänden verdickt und verholzen oft. Die Widerstandsfähigkeit des Holzes wird durch die Einlagerung von Gerbstoffen, die möglicherweise später zu Phlobaphenen oxidiert werden, deutlich erhöht. Dies verursacht auch die rötlich-dunkle Färbung des Kernholzes.

2.5 Periderm und Borkenbildung

Das sekundäre Dickenwachstum führt zu einer deutlichen Umfangserweiterung der Sprossachse. Diesem Prozess können die außen vom Cambium gelegenen Gewebe nur zum Teil durch Dilatationswachstum folgen. Bei Epidermen findet aber nur selten eine Dilatation statt, wie z. B. bei den grünen Zweigen von *Ilex* oder *Cornus*, sodass bei den meisten mehrjährigen Holzpflanzen ein anderes Abschlussgewebe Schutz vor den äußeren Einwirkungen bieten muss.

Das Periderm, auch als Kork bezeichnet, ist ein sekundäres Abschlussgewebe der Sprossachse, das durch die Tätigkeit des Phellogens, des Korkcambiums, gebildet wird. Als Oberflächenperiderm entsteht dieses erste Phellogen subepidermal und gliedert nach außen das Phellem und nach innen oft ein Phelloderm ab. Die Zellen des mehrschichtigen Phellems werden durch Suberinauflagerungen an die Zellwände für Wasser und Gase nahezu undurchlässig, sie sind lufterfüllt und verkorken. Alle Gewebe außerhalb des Korkcambiums sind abgestorben. Die Zellen des weniger mächtigen, manchmal auch fehlenden Phelloderms sind hingegen chlo-

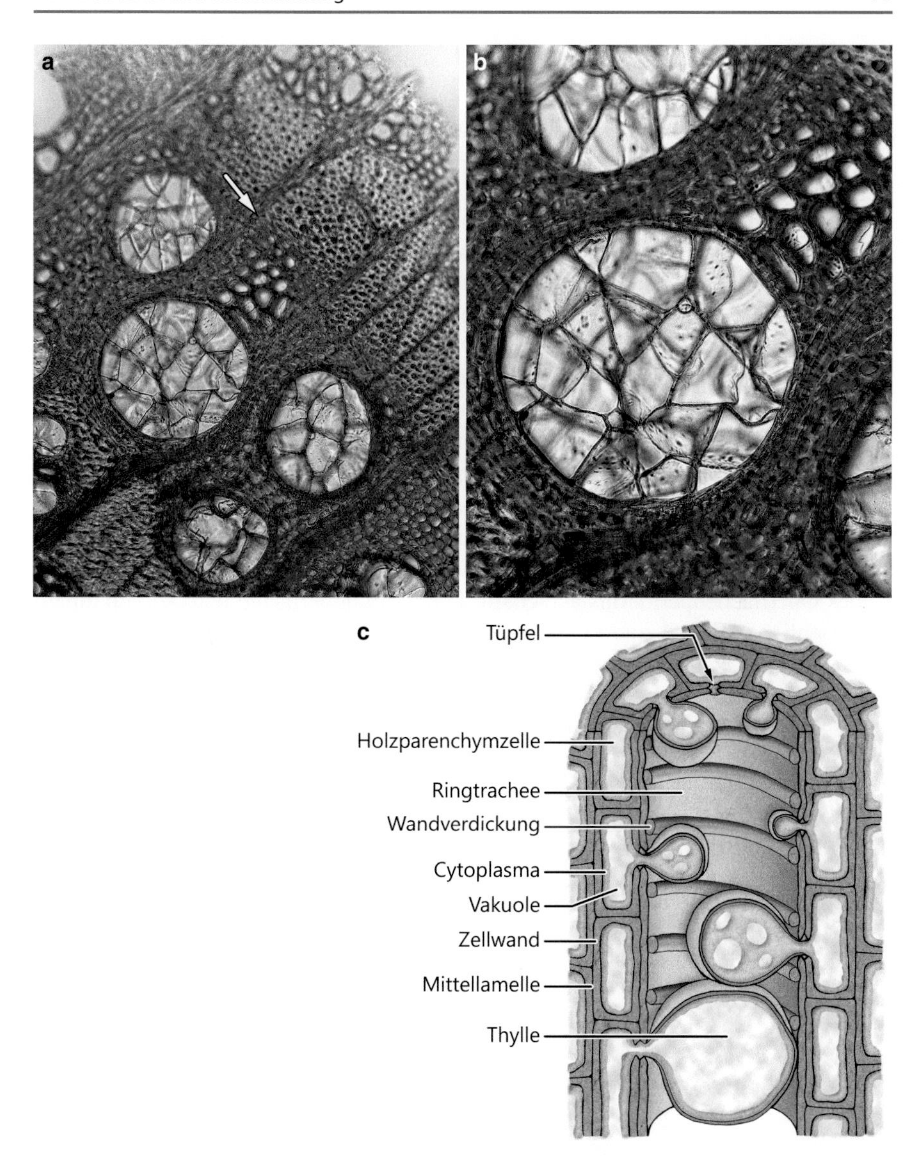

Abb. 2.17 Thyllenbildung bei der Robinie (*Robinia pseudoacacia*) im mikroskopischen Bild (**a**, **b**) und in der räumlichen Darstellung (**c**). Der *Pfeil* weist auf die Jahresgrenze im ringporigen Holz (**a**). Holzparenchymzellen wachsen durch die Schließhaut ihrer Tüpfel in ein benachbartes Tracheenglied ein und schwellen blasenförmig zur Thylle an. Die Zellwände der Thyllen können verholzen, sodass eine erhöhte Stabilisierung erreicht wird. Oft werden in die Vakuole der Thyllen Gerbstoffe eingelagert, die zu Phlobaphenen oxidiert werden können und so die funktionsuntüchtigen Tracheen imprägnieren

roplastenhaltig und wasserführend. Die Gesamtheit von Phelloderm, Phellogen und Phellem wird als Periderm bezeichnet.

Um den Gasaustausch der unter dem Periderm liegenden Gewebe zu gewährleisten, müssen die Spaltöffnungen der Epidermis durch andere Durchlasszellen ersetzt werden. Die Lentizellen, auch als Korkwarzen bezeichnet, entstehen in Bereichen besonderer Aktivität des Phellogens unter den ehemaligen Spaltöffnungen der Epidermis. Das Phellogen produziert dort die Füllzellen, die sich abrunden und voneinander lösen, sodass viele Interzellularen gebildet werden. Aufgrund der Einlagerung von Gerbstoffen in die Füllzellen erscheinen die Korkwarzen oft dunkler gefärbt als die restliche Achsenoberfläche.

Bei manchen Bäumen bleibt das Oberflächenperiderm jahrelang oder auch zeitlebens erhalten. Die glatte Stammoberfläche der Buche, *Fagus sylvatica*, resultiert aus dem Vorhandensein eines Oberflächenperiderms. Da die Mächtigkeit der suberinisierten Gewebeschichten nicht sehr groß ist, bleibt die Buche besonders empfindlich gegenüber Beschädigungen dieser Schutzschicht durch äußere Einflüsse. Bei vielen anderen Bäumen bilden sich in weiter innen gelegenen, noch lebenden Bereichen der Rinde oder des Speicherbastes mehrere Innenperiderme aus, die Risse des Oberflächenperiderms abdichten. Die Stammoberfläche wird so von einem oft mächtigen Mantel toten Gewebes eingehüllt, der sich bis nahe an den Leitbast erstrecken kann. Dieses tertiäre Abschlussgewebe wird als Borke bezeichnet (Abb. 2.18). Aufgrund seiner Dicke, der Verkorkung der Zellen sowie der Einlagerung von Gerbstoffen bzw. Phlobaphenen bietet es hervorragenden Schutz vor Strahlung, mechanischen Beschädigungen und Befall durch Pilze oder Insekten. Durch die schwere Entflammbarkeit der Borke kann sogar ein gewisser Schutz vor Waldbränden erreicht werden. Die flächenmäßig wenig ausgedehnten Innenperiderme sind immer wieder durch Streifen parenchymatischen Gewebes getrennt. Verlaufen die parenchymatischen Trennschichten horizontal, so bildet sich eine Ringelborke aus, die zum Beispiel bei Birke und Kirsche anzutreffen ist (Abb. 2.18). Bei Ranken wie der Weinrebe oder der Waldrebe führen längs verlaufende Innenperiderme zur Ausbildung einer Streifenborke (Abb. 2.18). Häufig sind die Innenperiderme konvex gestaltet, durch netzförmige Parenchymstreifen getrennt und grenzen an ältere Korklagen. Dabei werden dann kleine Borkenfelder aus dem Gewebeverband freigesetzt. Diese Schuppenborke ist bei Platane und Kiefer deutlich ausgeprägt (Abb. 2.18).

Praktikum

OBJEKT: *Sambucus nigra*, Adoxaceae, Dipsacales
ZEICHNUNG: Querschnitte durch grüne, hell- und dunkelgraue Bereiche der Zweige, verschiedene Stadien der Peridermbildung im Detail, Lentizelle im Detail

Beim Schwarzen Holunder (*Sambucus nigra*) färben sich die Bereiche der Zweige unweit der Sprossspitze leicht grau: ein Zeichen der beginnenden Peridermbildung. In der Nähe der Spaltöffnungen bzw. später der Lentizellen ist in Querschnitten gut die Anlage des Periderms zu beobachten. Die äußere Zelle des subepidermalen Plattenkollenchyms teilt sich durch eine tangentiale Wand in eine

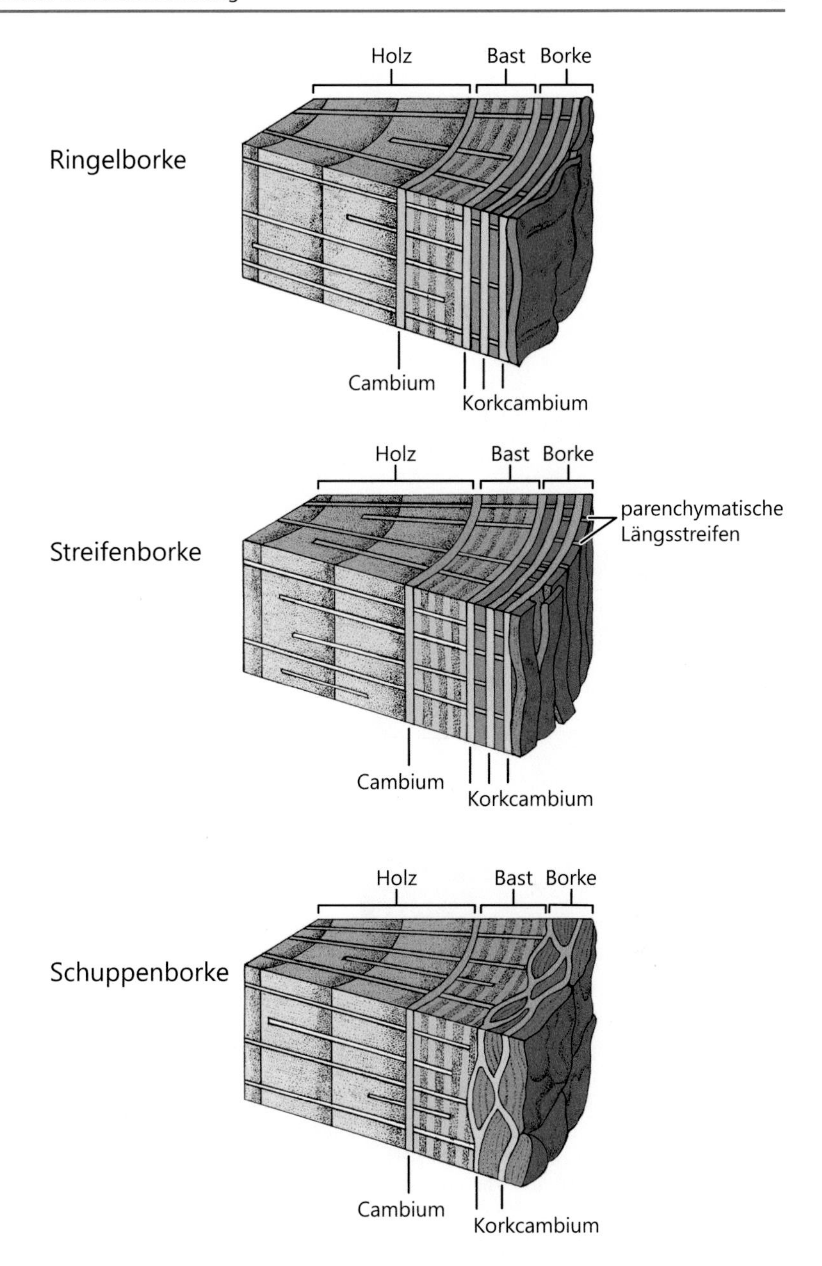

Abb. 2.18 Vergleichende Darstellung der Ausbildung von Ringel-, Streifen- und Schuppenborke. Die Ringelborke entsteht durch horizontal verlaufende Trennschichten parenchymatischen Gewebes zwischen den Innenperidermen (z. B. Birke, Kirsche). Vertikal verlaufen diese Trennschichten bei der Streifenborke (z. B. Weinrebe, Waldrebe). Sind die Innenperiderme konvex aufgebaut und durch netzförmige Parenchymstreifen getrennt bildet sich Schuppenborke (z. B. Kiefer, Platane)

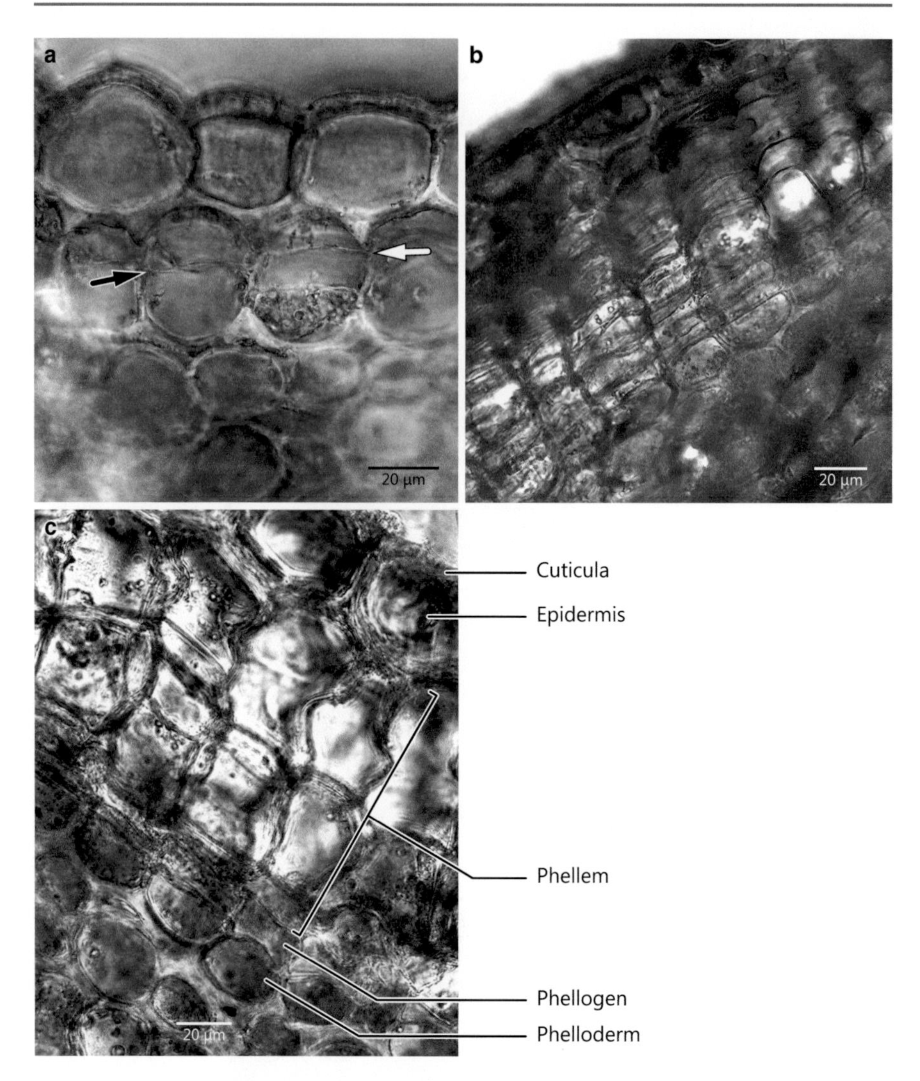

Abb. 2.19 Peridermbildung und Lentizelle bei *Sambucus nigra* (Schwarzer Holunder). Die erste Zellteilung der Peridermanlage (**a**, **d**) führt zur Bildung einer äußeren und einer inneren Zelle, welche sich zur Phellodermzelle differenziert. Die zweite Teilung resultiert in einem Stadium mit drei Zellen, deren mittlere die Phellogenzelle und deren äußere die erste Phellemzelle ist. Der *schwarze Pfeil* weist auf die Wand der ersten Teilung, der *weiße Pfeil* auf die Wand der zweiten Teilung hin (**a**). Weitere Teilungen der Phellogenzelle ergeben dann die Bildung eines mehrschichtigen Phellems (**b**, **c**, **e**). Die Lentizelle (**f**) wird unter einer ehemaligen Spaltöffnung angelegt und ermöglicht weiterhin den Gasaustausch durch die lockeren Füllzellen. Das Phellogen ist in diesem Bereich uhrglasförmig nach innen gewölbt, unterhalb des Phelloderms liegt hier kein Kollenchym. Aus Gründen der Übersichtlichkeit wurde bei einigen Zellschichten auf die Zeichnung der Mittellamelle verzichtet

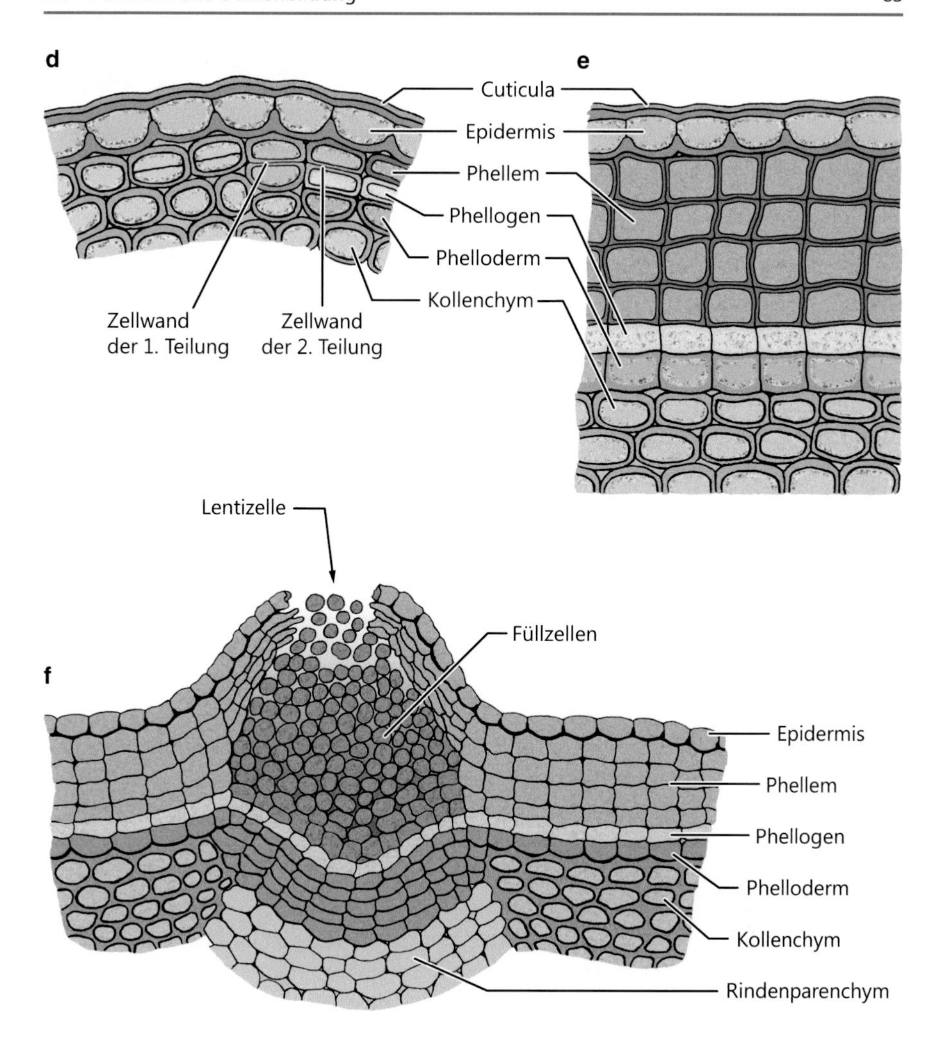

Abb. 2.19 *Fortsetzung*

äußere Zelle und eine innere Zelle, welche sich zur Phellodermzelle differenziert. Eine weitere Teilung der äußeren Zelle führt zu einem Stadium mit drei Zellen, deren mittlere teilungsaktiv bleibt (Phellogen) und deren äußere die erste Phellemzelle ist (Abb. 2.19a, d). In späteren Stadien sind dann radial angeordnete Reihen von Phellemzellen zu erkennen, deren Wände durch Suberinauflagerungen bereits undurchlässig geworden sind. Die Zellen des Phellogens erscheinen schmal rechteckig und plasmatisch. Das Phelloderm bleibt ein- bis wenigschichtig. Trotz des sekundären Abschlussgewebes bleibt die außen liegende Epidermis noch lange funktionstüchtig (Abb. 2.19b, c, e).

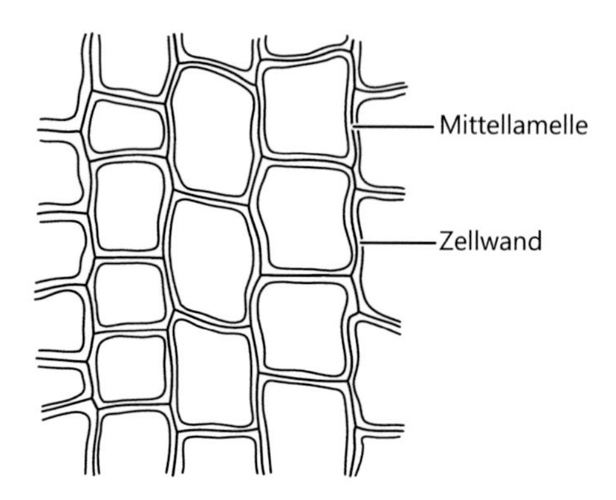

Abb. 2.20 Schnitt durch den Flaschenkork der Korkeiche (*Quercus suber*). Die gleichmäßig radiale Anordnung der Zellreihen entspricht der Bildung ausgehend vom Phellogen

Die mit bloßem Auge deutlich erkennbaren Korkwarzen können im Querschnitt im Detail untersucht werden. Das zum Teil schon mit Interzellularen durchzogene Phellogen erscheint an dieser Stelle uhrglasförmig nach innen gewölbt und produziert ständig im Präparat dunkel erscheinende Füllzellen nach, die sich abrunden und auch nach außen aus der Lentizelle abgegeben werden. In diesem Bereich zerreißt die Epidermis, sodass der große Anteil an Interzellularen einen guten Gasaustausch ermöglicht. Da die Korkwarzen unter den Spaltöffnungen angelegt werden, ist hier kein Plattenkollenchym ausgebildet (Abb. 2.19f).

OBJEKT: *Quercus suber*, Fagaceae, Fagales
ZEICHNUNG: Querschnitt durch den Kork, zellulär

Aus dem Phellem der Korkeiche (*Quercus suber*) wird der Flaschenkork gewonnen. Das Phellogen dieses Baumes erzeugt so große Mengen an Phellem, dass die Borke der Korkeiche nahezu ausschließlich aus Phellemzellen besteht.

Im Alter von 15–30 Jahren darf eine Korkeiche erstmals geschält werden. Die ersten beiden Schälungen liefern eine mindere Qualität (Jungfernkork), die ausschließlich zu Granulat vermahlen wird (Isoliermaterial). Ab der dritten Ernte kann das Rohmaterial für Flaschenkork gewonnen werden. Bei jeder Ernte werden bis zu 80 % des gebildeten Korks abgenommen; der Rest bleibt zum Schutz vor Austrocknung stehen, sodass der Baum sich von dieser Behandlung regenerieren und nach 9–14 Ruhejahren erneut genutzt werden kann. Portugiesische Korkeichen haben eine Lebenserwartung von durchschnittlich 165 Jahren und können in dieser Zeit 15- bis 20-mal geschält werden.

Im Querschnitt betrachtet erscheinen die Korkzellen etwa rechteckig und in regelmäßigen Reihen angeordnet (Abb. 2.20). Die Zellwand besteht aus Mittellamelle und Primärwand, der breite Verdickungsschichten aus Suberin aufgelagert sind. Die Verdickungsschichten sind ihrerseits durch dünne, unverkorkte Celluloseschichten abgedeckt.

2.6 Axilläre Verzweigung

Die axilläre (seitliche) Verzweigung der Samenpflanzen zeichnet sich dadurch aus, dass Seitenachsen aus Vegetationspunkten auswachsen, die in Blattachseln durch Meristemfraktionierung des embryonalen Apikalmeristems entstanden sind. Seitenachsen bilden sich demnach exogen und müssen zum Leitsystem der Sprossachse eine Verbindung aufnehmen. Die Blätter, aus deren Blattachselknospen eine Achse auswächst, werden im vegetativen Bereich Tragblätter und im Bereich der Blüte Deckblätter genannt. Werden in einer Blattachsel mehrere Knospen angelegt, so können diese übereinander stehen (seriale Beiknospen) oder nebeneinander liegen (laterale Beiknospen).

Bei der monopodialen Verzweigung bleiben die Seitenachsen gegenüber der Hauptachse im Wachstum deutlich zurück, dies trifft ebenso für die Seitenachsen zweiter, dritter, vierter usw. Ordnung zu (Abb. 2.21a). Der führende Haupttrieb der monopodialen Verzweigung ist bei den Baumkronen vieler Nadelbäume oder z. B. bei Pappel, Ahorn und Esche deutlich zu erkennen.

Sind die Seitenachsen stärker gefördert als die Hauptachse und übergipfeln diese, so wird dies als sympodiale Verzweigung bezeichnet. Häufig wird die Terminalknospe des Haupttriebes durch Ranken- oder Blütenbildung verbraucht, oder sie verkümmert einfach.

Oft übernimmt ein einziger Seitentrieb die Fortsetzung des Achsensystems und wird nach begrenztem Längenwachstum seinerseits wieder von einem Seitentrieb

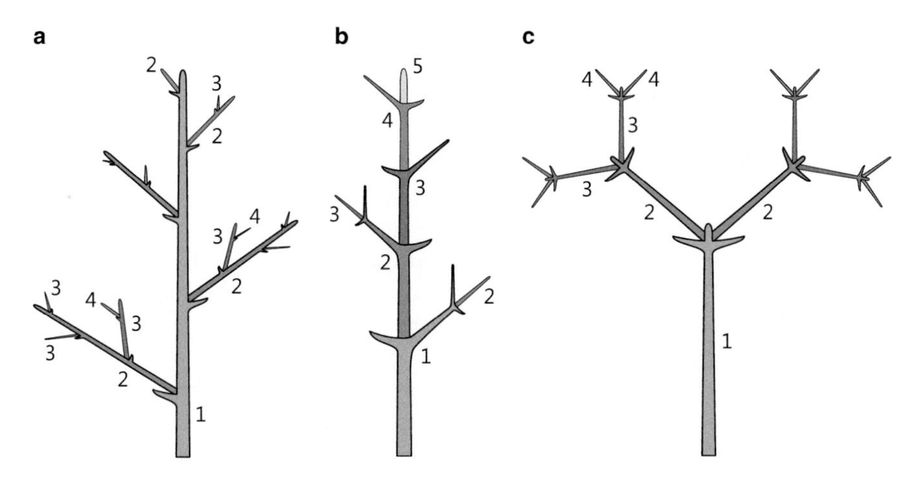

Abb. 2.21 Schematische Darstellung ausgewählter axillärer Verzweigungstypen bei Sprosspflanzen. Die hierarchische Ordnung der Achsen ist durch die *Ziffern* angegeben. Bei der monopodialen Verzweigung bleiben die Seitenachsen im Wachstum gegenüber der Hauptachse zurück (**a**). Bei der sympodialen Verzweigung wird die Hauptachse von den Seitenachsen übergipfelt. Setzt immer eine Seitenachse das System fort, so wird dies als Monochasium bezeichnet (**b**). Wird das Verzweigungssystem durch zwei gleichberechtigte Seitentriebe fortgeführt, so handelt sich um ein Dichasium (**c**)

abgelöst und übergipfelt, sodass die kontinuierlich wirkende Achse aus einer Folge von Seitentrieben besteht (Abb. 2.21b). Diese Form sympodialer Verzweigung wird als monochasial bezeichnet. Bei den Stämmen und Ästen vieler Laubbäume handelt es sich um Monochasien, wie z. B. bei Linde, Hainbuche, Hasel und Buche.

Seltener sind die dichasiale und pleiochasiale Verzweigung anzutreffen, bei der zwei bzw. mehrere Seitentriebe die blockierte Hauptachse fortsetzen. Dichasien findet man bei den Achsensystemen von Mistel und Flieder, sowie bei den Nelkengewächsen, deren terminale Knospe bei der Blütenbildung verbraucht wird (Abb. 2.21c).

2.7 Metamorphosen der Sprossachse

Morphologische Umwandlungen der Sprossachse werden bei der Anpassung an spezialisierte Funktionen oder besondere äußere Lebensbedingungen manchmal so weit geführt, dass die Homologie (Ursprungsgleichheit) mit dem Grundorgan schwierig zu erkennen ist.

Übernehmen Bereiche der Sprossachse zum Beispiel Blattfunktion, so wird die Achse abgeflacht und verbreitert, die Blätter sind reduziert. Es kommt zur Bildung der Platycladien (Flachsprosse), die in Phyllocladien und Cladodien unterschieden werden können. Phyllocladien findet man beim Mäusedorn (*Ruscus* spec.), bei dem Kurzsprosse von dieser Umwandlung betroffen sind (Abb. 2.22b). Diese blattartig aussehenden Strukturen zeigen ihre Homologien zur Sprossachse durch verschiedene Merkmale: Sie stehen in den Achseln von Tragblättern und tragen selbst schuppenförmige Blättchen, in deren Achseln Blüten zu finden sind. Beim Feigenkaktus (*Opuntia* spec.) sind Cladodien vorhanden, denn hier sind Langsprosse blattartig ausgebildet. Die Blättchen sind zu Dornen reduziert und stehen in Büscheln zusammen.

Einige Sprossmetamorphosen dienen sowohl der vegetativen Vermehrung als auch der Stoffspeicherung: Oberirdische Ausläufer der Erdbeere (Abb. 2.22a) sowie die Knollen der Kartoffel sind umgewandelte Abschnitte von Sprossachsen. Beim Kohlrabi kommt es zur Ausbildung einer Sprossknolle, eine kugelige Verdickung der Sprossachse. Eine Verdickung des Hypokotyls – alsodes Bereiches unterhalb der Keimblätter – ohne Wurzelbeteiligung ist beim Radieschen und der Roten Beete (vgl. Abb. 4.13) gegeben.

Im Zuge der vielfältigen Umwandlungen der pflanzlichen Grundorgane bei xeromorphen Pflanzen, die Anpassungen an extrem trockene Standorte zeigen, sind die Veränderungen der Stammsukkulenten zu erwähnen. Die Sprossachse bildet z. B. aus der primären Rinde mächtige Wasserspeichergewebe, sodass eine rundlichkugelige Form entsteht. Die Blätter der schwach entwickelten Seitensprosse sind zu Dornen reduziert. Neben den Cactaceae findet man beispielsweise viele sukkulente Vertreter bei den Euphorbiaceae, Asteraceae und Asclepiadaceae.

Als Fraßschutz dienen Sprossdornen, die unverzweigt oder verzweigt sein können (Abb. 2.22c, d). Die verkürzte, stark sklerenchymatische Seitenachse entspringt aus der Achsel eines Tragblattes und ist demnach mit einer Sprossachse homologi-

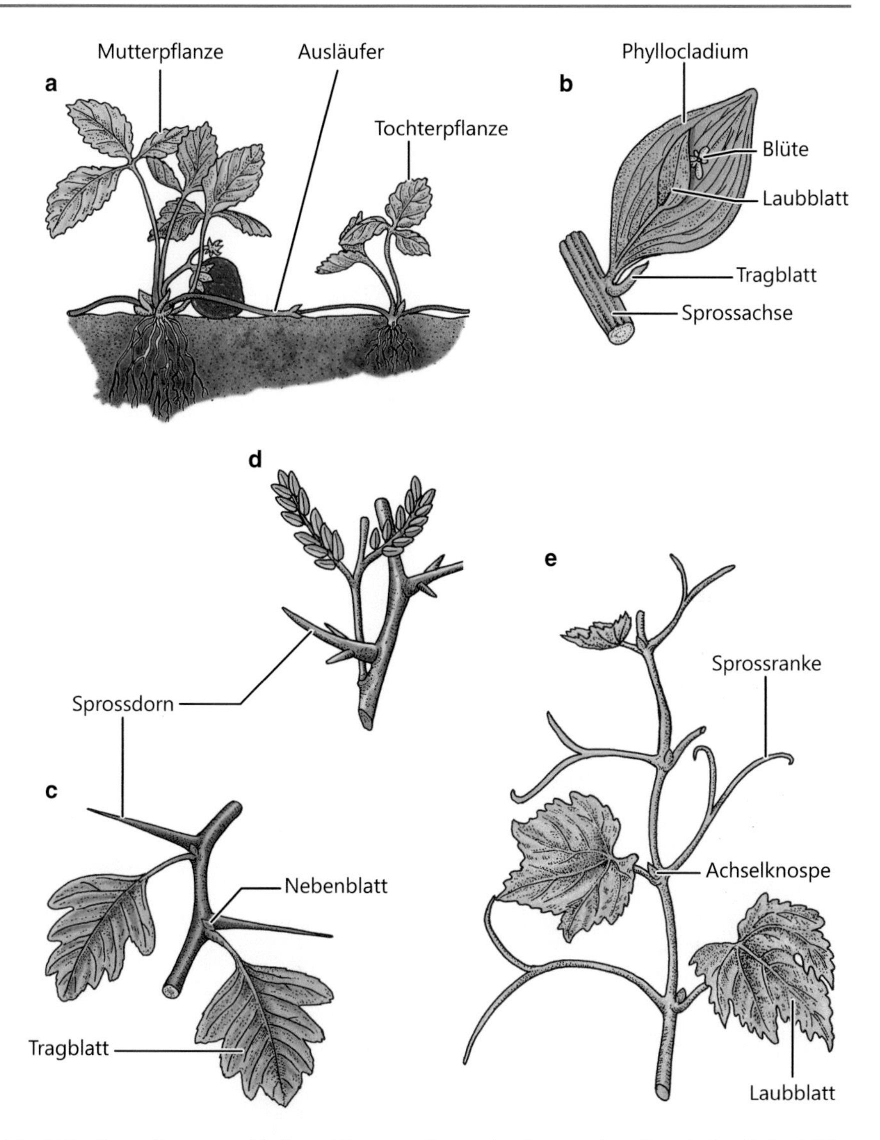

Abb. 2.22 Darstellung verschiedener Metamorphosen der Sprossachse. Durch Ausläufer bildet die Erdbeere Tochterpflanzen (**a**). Beim Mäusedorn ist der Kurzspross zum Phyllocladium umgewandelt, bildet reduzierte Laubblätter und Blüten aus (**b**). Unverzweigte Sprossdornen zeigt der Weißdorn (**c**). Verzweigte Sprossdornen findet man bei der Gleditschie (**d**). Bei der Weinrebe bildet sich der Hauptspross zur Ranke um, ein Seitenspross übergipfelt diesen und setzt die Achse als Monochasium fort (**e**)

sierbar. Dies kann gut bei Schlehe und Weißdorn (Abb. 2.22c) beobachtet werden. Verzweigte Sprossdornen findet man bei der Gleditschie (Abb. 2.22d), diese entsprechen sklerenchymatischen Seitentrieben des Baumes.

Tab. 2.2 Metamorphosen der Sprossachse

Bezeichnung	Funktion	Merkmal	Beispiel
Ausläufer	Vegetative Vermehrung	Oberirdisches, bodennahes Wachstum, langes Internodium	Erdbeere, Kriechender Hahnenfuß
Rhizomknollen	Speicherung, vegetative Vermehrung	Verdickte Enden von unterirdischen Ausläufern	Kartoffel
Sprossknollen • Beblätterte Sprossknollen • Hypokotylknolle	Speicherung	Verdickte Sprossachse vorwiegend oberhalb der Keimblätter Verdicktes Hypokotyl	 Kohlrabi Radieschen, Rote Beete
Platycladien • Phyllocladien • Cladodien	Blattfunktion (Photosynthese bei verminderter Transpiration)	Sprossachse blattartig verbreitert und abgeflacht, Blätter reduziert • Kurzspross • Langspross	 *Ruscus* spec. *Opuntia* spec.
Stammsukkulenz	Transpirationshemmung, Wasserspeicher (Xeromorphie)	Rinden- oder Markparenchym schwillt an, Umwandlung der Blätter zu Dornen	Kakteen, Euphorbien
Sprossdornen	Fraßschutz	Verholzter Kurztrieb • unverzweigt • verzweigt	 Schlehe, Weißdorn Gleditschie
Sprossranken	Halteorgane für Kletterpflanzen zur Erhöhung des Lichtgewinns	Umgeformte Enden von Seitentrieben	*Vitis* spec., *Passiflora* spec.
sprossbürtige Haustorien	Saugorgane des Parasiten	Rindenparenchym wächst aus, Suchhyphen dringen in Siebröhren des Wirtes ein	*Cuscuta* spec.
Rhizom	Speicherung, Überwinterung	Unterirdisch, meist horizontal wachsend	*Paris* spec., *Polygonatum* spec.

Bei Kletterpflanzen können Enden von Seitentrieben zu Ranken (Halteorganen) umgebildet sein, die sich um das Substrat herumwickeln. Bekannte Beispiele sind Weinrebe (Abb. 2.22e) oder die Passionsblume. Die monochasiale Achse der Weinrebe wird durch einen Seitentrieb weitergeführt, da die Terminalknospe der jeweils führenden Achse in der Rankenbildung verbraucht wird. Bei *Parthenocissus*-Arten bilden sich die Enden der Ranken zu Haftscheiben um, die für guten Halt am Substrat sorgen.

Als Rhizome (Erdsprosse) bezeichnet man unterirdisch meist horizontal wachsende Sprossachsen vieler krautiger Pflanzen, die der Stoffspeicherung dienen und eine sichere Überwinterung im Boden ermöglichen. Blätter fehlen oder sind als schuppenförmige Niederblätter vorhanden. Die axilläre Verzweigung von Rhizomen verläuft meist monopodial oder monochasial, wie es für Sprossachsen charakteristisch ist. Die Blattnarben, die Ausbildung von Knospen und weitere anatomische Merkmale (z. B. Bau der Leitbündel) lassen Rhizome deutlich von Wurzeln unterscheiden.

Die Tab. 2.2 stellt verschiedene Metamorphosen der Sprossachse zusammen. Um eine bessere Übersicht zu ermöglichen, wurden die unterschiedlich bezeichneten Metamorphosen nach Funktion, charakteristischen Merkmalen und typischen Beispielen geordnet.

2.8 Aufgaben

1. Wodurch zeichnen sich Kormophyten aus?
2. Was sind Idioblasten?
3. Was sind Restmeristeme?
4. Nennen Sie Beispiele für sekundäre Meristeme!
5. Aus welchem Gewebe des Vegetationskegels gehen die Blattanlagen hervor?
6. Was sind Phloem und Xylem?
7. Wie unterscheiden sich offene und geschlossene Leitbündel?
8. Nennen Sie die typischen Elemente des Xylems bei Angiospermen!
9. Nennen Sie die typischen Elemente des Phloems bei Angiospermen!
10. Wie unterscheiden sich Strasburgerzellen und Geleitzellen?
11. Was versteht man unter interfaszikulärem Cambium?
12. Welche Typen des sekundären Dickenwachstums bei dikotylen Pflanzen werden voneinander abgegrenzt und welche typischen Unterschiede gibt es?
13. Beschriften Sie die auf der folgenden Seite dargestellte Abbildung!
14. Wie kommt es zur Bildung von Holz- und Baststrahlen?
15. Aus welchen Bestandteilen sind die Hoftüpfel der Gymnospermen aufgebaut?
16. Welche zellulären Elemente des Holzes treten bei Angiospermen, aber nicht bei Gymnospermen auf?
17. Wie kommt es zur Bildung von Jahresringen?
18. Was versteht man unter ringporigen und zerstreutporigen Hölzern?
19. Wie bilden sich Thyllen?
20. Was ist die Funktion von Thyllen?
21. Welche Zellelemente bilden den Weichbast und welche den Hartbast bei der Linde *Tilia cordata*?
22. Welche Aufgabe haben Strasburgerzellen?
23. Wie heißt das sekundäre Abschlussgewebe der Sprossachsen vieler Bäume? Aus welchen Schichten besteht es?

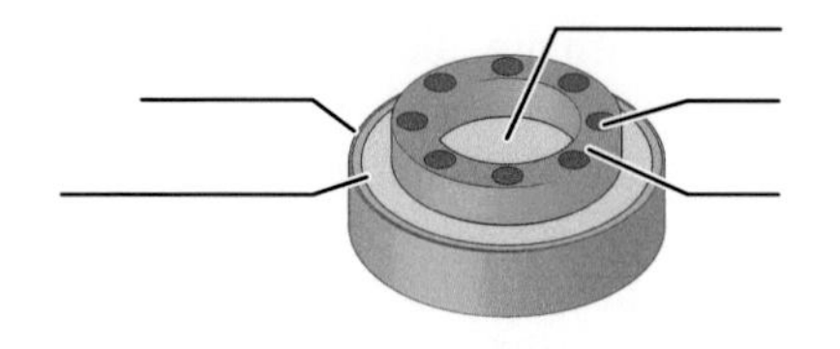

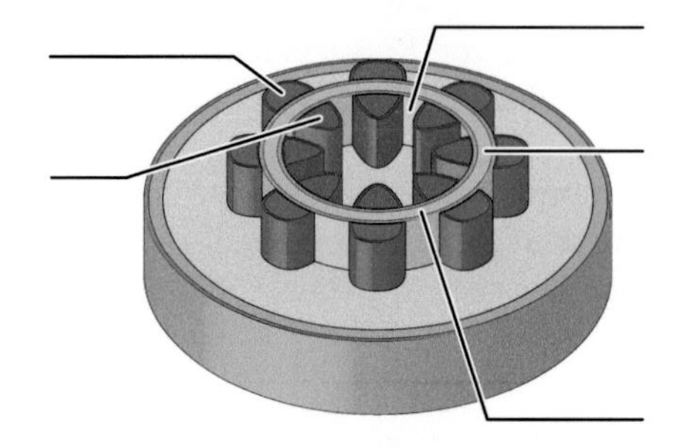

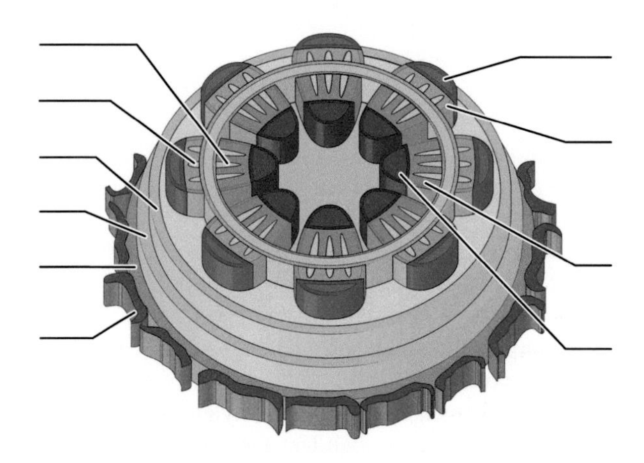

Abb. 2.23 Abbildung zu Aufgabe 13

24. Was versteht man unter der Borke? Was ist ihre Funktion?
25. Was sind Lentizellen?
26. Wie unterscheiden sich Monopodien und Sympodien?
27. Wie nennt man blattartig verbreitete Kurzsprosse bzw. Langsprosse?
28. Was sind Rhizome?

Das Blatt

3

Die Blätter sind Grundorgane des Kormus und seitliche Anhangsorgane der Sprossachse. Die Blattanlagen (Blattprimordien) entstehen exogen aus der Tunica des Vegetationskegels (vgl. *Elodea canadensis*, Abschn. 2.2). Aufgrund des stärkeren Flächen- und geringeren Dickenwachstums plattet sich der Blatthöcker bald ab, sodass sich der charakteristische flächige Bau des Laubblattes ausbildet. Das Wachstum des Blattes geht von Meristemen aus, die an der Blattspitze (akroplast) oder der Blattbasis (basiplast) sowie auch interkalar liegen können. Im typischen Fall ist das akroplaste Wachstum auf einen kurzen Zeitraum begrenzt und wird durch basiplastes und interkalares Wachstum von Randmeristemen abgelöst. Bei der Wüstenpflanze *Welwitschia mirabilis* wird nur ein Paar von Blättern gebildet, das an der Basis lebenslang nachwächst und an der Spitze abstirbt. Die Wedel der meisten Farne besitzen eine Scheitelzelle oder Scheitelkante, die für ihr akroplastes Wachstum verantwortlich ist. Der Farnwedel ist während seiner Entwicklung eingerollt, da die basalen Anteile zuerst entstehen und die Scheitelzelle schützend umgeben können.

Während der Entwicklung des Laubblattes erfolgt eine Gliederung in verschiedene Blattbereiche (Abb. 3.1). Das Oberblatt umfasst Blattspreite (Lamina) und Blattstiel (Petiolus). Zum Unterblatt gehört der Blattgrund, sowie evtl. vorhandene Nebenblätter (Stipeln) und die Blattscheide. Randmeristeme können für ein unterschiedlich ausgeprägtes Wachstum des Blattrandes verantwortlich sein, sodass verschieden ausgestaltete Blattränder entstehen können (Abb. 3.1a, b).

Die Hauptfunktion des typischen Laubblattes besteht in der Photosynthese, die mit dem regulierbaren Gasaustausch von O_2 und CO_2 sowie der Wasserdampfabgabe durch die Spaltöffnungen (Stomata) verbunden ist. Die Transpiration ist wiederum essentiell für den Wasser- und Nährsalztransport im Hydrosystem der Pflanze, da der Transpirationssog die treibende Kraft der Wasserleitung von der Wurzel zu der Sprossspitze darstellt (vgl. Leitbündel). Durch vielfältige Umwandlungen der Grundgestalt können Blätter weitere, an besonderen Standorten notwendige Funktionen übernehmen.

U. Kück, G. Wolff, *Botanisches Grundpraktikum*, DOI 10.1007/978-3-642-53705-9_3,

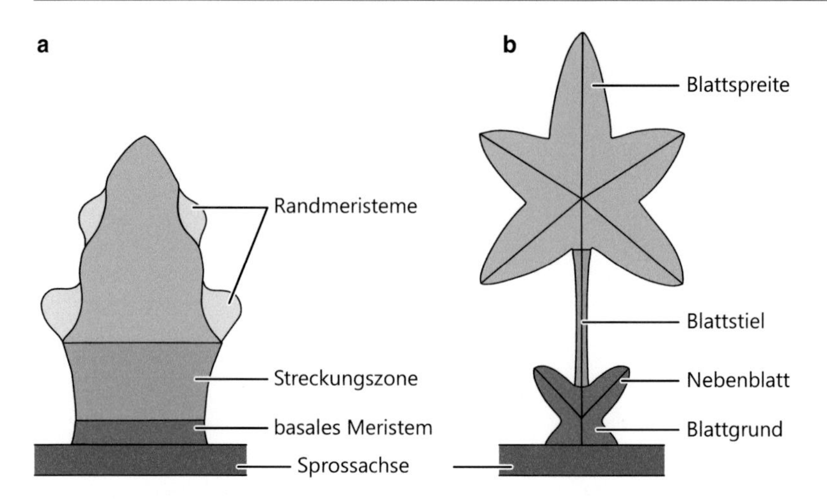

Abb. 3.1 Schematische Darstellung der Entwicklung eines typischen Laubblattes. Im jugendlichen Stadium ist der Blatthöcker bereits abgeplattet und die Gliederung der meristematischen Bereiche entspricht dem späteren Blattaufbau (**a**). Das fertig entwickelte Laubblatt gliedert sich in Blattspreite und Blattstiel (Oberblatt) sowie Nebenblätter und Blattgrund (Unterblatt) (**b**). (Nach Lüttge et al. 1988, verändert)

3.1 Anordnung und Abfolge an der Sprossachse

Das äußere Erscheinungsbild von Pflanzen wird oft bestimmt durch die Art und Weise, wie die Blätter an der Sprossachse im Verhältnis zueinander angeordnet sind (Blattstellung), und davon, wie unterschiedlich diese Blätter gestaltet sind. Die Gestalt der Blattspreite kann durch verschieden starke Aktivitäten der Randmeristeme sehr unterschiedlich sein. Die Ausbildung einer geteilten oder ungeteilten Blattspreite sowie das Aussehen des Blattrandes (z. B. ganzrandig, gezähnt, gelappt) beeinflussen das Erscheinungsbild der Pflanze und werden auch als Bestimmungsmerkmale herangezogen.

Die Blattstellung an der Sprossachse folgt bestimmten Gesetzmäßigkeiten, sodass Symmetrien oder auch Musterbildungen zu beobachten sind. Die Bildungsmeristeme der Blätter halten möglichst große Abstände zueinander ein, sodass je nach Anzahl der entspringenden Blätter pro Nodium einige Blattstellungen bevorzugt auftreten. Grundsätzlich können die wirteligen Blattstellungen (mehrere Blätter pro Knoten) und die wechselständigen Blattstellungen (ein Blatt pro Knoten) unterschieden werden. Entspringt nur ein Blatt pro Knoten, so kann die Anlage des nächsten Nodiums um 180° versetzt vorliegen (distiche Anordnung). Es können aber auch andere Winkel auftreten, die dann in einer schraubigen (dispersen) Blattstellung resultieren. Wird der Kreisumfang etwa nach dem goldenen Schnitt geteilt, kommt es zu einer schraubigen Verteilung der Blätter, bei der theoretisch beliebig viele Folgeblätter übereinander stehen können, ohne völlig deckungsgleich zu sein. Dies ermöglicht eine optimale Lichtexposition der Blätter.

Bei einer wirteligen Blattstellung mit zwei gegenüberliegenden Blättern pro Knoten wird die Anordnung der Laubblätter oft um 90° verändert. Dies wird als kreuzgegenständige Stellung bezeichnet. Sind mehr als zwei Blätter pro Nodium vorhanden, liegen die Bildungsmeristeme des folgenden Wirtels so angeordnet, dass sich die Blätter möglichst nicht genau überschatten.

Das in der Blattachsel verbleibende Restmeristem führt bei Aktivierung zu der typischen seitlich axillären Verzweigung der Kormophyten. Das betreffende Blatt wird dann als Tragblatt bezeichnet.

Auch an einer Pflanze werden in frühen Entwicklungsstadien anders gestaltete Blätter ausgebildet als in späteren Stadien. Dies wird als Blattfolge bezeichnet (Abb. 3.2). Wenn die Keimblätter ergrünen, sind sie einfacher ausgebildet als die typischen Laubblätter der Pflanze. Oftmals sind die juvenilen Laubblätter noch einfacher gestaltet als die Folgeblätter. Die Nebenblätter sind meistens recht unscheinbar. Die Hochblätter direkt unterhalb des Blütenstandes zeigen ebenfalls einen einfacheren Bau und lassen so die Infloreszenz deutlicher abgegrenzt erscheinen. Verzweigt sich die Infloreszenz, so werden die Tragblätter der Seitentriebe als Deckblätter (Bracteen) bezeichnet. Kelchblätter und Kronblätter lassen oft ihren blattartigen Charakter noch gut erkennen, während Staubblätter und Fruchtblätter umfangreiche Veränderungen ausgehend von der Grundform des Blattes erfahren haben. Bildet die Pflanze eine unterirdische Sprossachse, also ein Rhizom, aus, so finden sich dort Niederblätter. Dies sind schlicht gebaute und unscheinbare Blätter. Auch die Sprossknospe wird oft von Niederblättern umhüllt, die das Sprossapikalmeristem schützen. Je nach genetischem Hintergrund und Einflüssen der Umwelt werden diese Grundformen stark variiert, sodass es zu einer großen Mannigfaltigkeit bei der Ausgestaltung von Blättern kommt.

Von Anisophyllie spricht man, wenn benachbarte Blätter eines Knotens unterschiedlich groß gestaltet sind, von Heterophyllie, wenn Blätter eines Sprosses abhängig von äußeren oder inneren Bedingungen morphologisch ganz unterschiedlich gebaut sind. Die induzierte Anisophyllie ist abhängig von äußeren Einflüssen (z. B. Schwerkraft oder Lichtangebot). Durch den Einfluss der Schwerkraft werden die Größenunterschiede bei Blättern eines Knotens von *Acer pseudoplatanus* verursacht. Bei der habituellen Anisophyllie werden aufgrund genetisch determinierter Entwicklungsprozesse die Blätter eines Nodiums verschieden gestaltet. Beispielsweise werden beim Moosfarn *Selaginella willdenowii* verschieden groß entwickelte Blättchen an der kriechenden Sprossachse gebildet (Abb. 3.3b). Die induzierte Heterophyllie führt z. B. beim Wasserhahnenfuß (*Ranunculus aquatilis*) zur Ausbildung von Schwimm- und Unterwasserblättern (Abb. 3.3a). Bei der niedrigeren Wassertemperatur werden zerschlitzte submerse Blätter und bei der höheren Lufttemperatur gelappte emerse Blätter als Schwimmblätter ausgebildet. Als Beispiel für eine habituelle (genetisch determinierte) Heterophyllie kann man das Leberblümchen (*Hepatica nobilis*) heranziehen, an dessen Rhizom sich die Bildung von Niederblättern, aus deren Blattachseln Blüten entspringen, und dreilappigen Laubblättern in regelmäßiger Folge abwechselt.

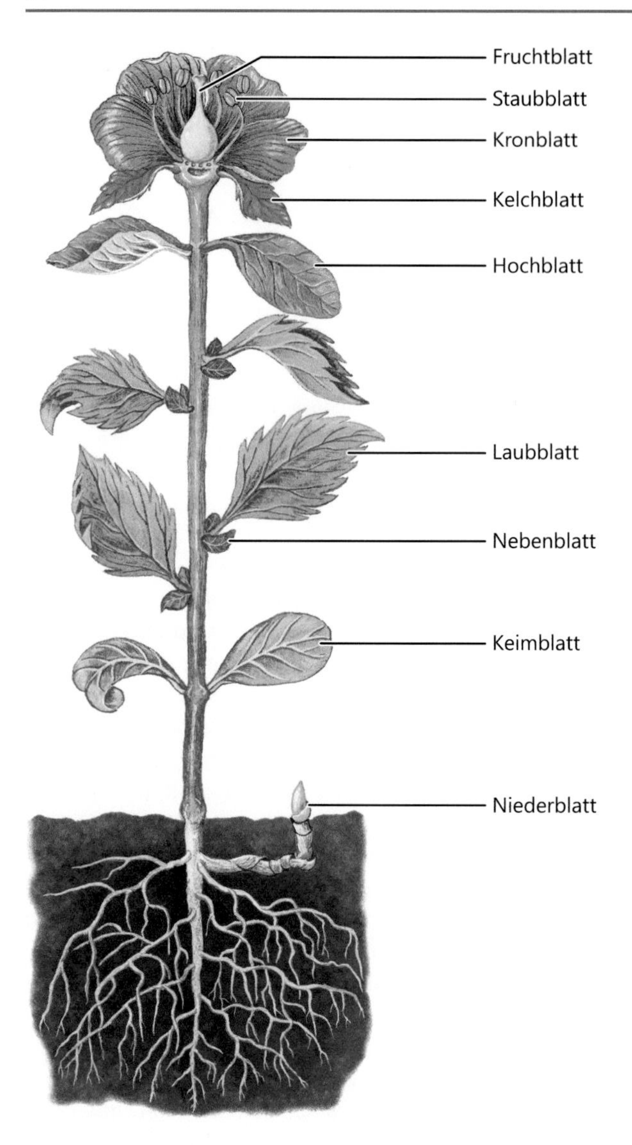

Abb. 3.2 Darstellung der typischen Blattfolge bei Blütenpflanzen. Ausgehend von dieser grundsätzlichen Abfolge gibt es vielfältige Varianten in der Natur

3.2 Anatomie des typischen Laubblattes

Der Blattaufbau ist durch verschiedene Begriffe gekennzeichnet (vgl. Abschn. 3.4). So weisen die Bezeichnungen bifazial bzw. unifazial auf die Herkunft und dorsiventral bzw. äquifazial auf die Anordnung der Blattgewebe hin.

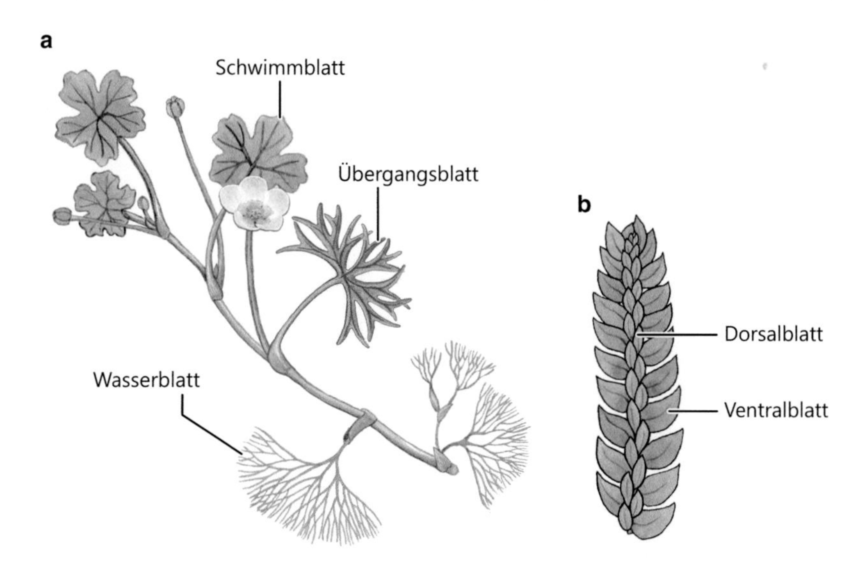

Abb. 3.3 Induzierte Heterophyllie beim Wasserhahnenfuß (*Ranunculus aquatilis*) (**a**). Die Wasserblätter sind zerschlitzt, sodass aufgrund der größeren Oberfläche eine verbesserte O_2-Aufnahme gewährleistet wird. Habituelle Anisophyllie bei dem Moosfarn *Selaginella willdenowii* (**b**). Die Blättchen eines Knotens sind aufgrund genetisch determinierter Entwicklungsprinzipien verschieden groß gestaltet. (Nach Troll 1967, verändert)

Die Mehrzahl der Laubblätter ist in ihrem Aufbau in eine Blattober- und eine Blattunterseite gegliedert, die morphologisch unterschiedlich gestaltet sind (dorsiventrales Blatt) und aus den entsprechenden anatomischen Seiten der Blattanlage hervorgegangen sind (bifaziales Blatt). Der Aufbau der Gewebeschichten des bifazialen, dorsiventralen Laubblattes und ihre Funktionen spiegeln die Grundform eines weit verbreiteten Laubblatttypus wider.

Obere und untere Epidermis mit der aufliegenden Cuticula schützen und stabilisieren das dazwischenliegende Blattmesophyll aufgrund des interzellularenfreien Aufbaus und der Verzahnung der Einzelzellen. Die Epidermiszellen enthalten meist keine Chloroplasten, außer in den Schließzellen der Spaltöffnungen. Die Stomata sind häufig nur auf der Blattunterseite zu finden (hypostomatische Blätter). Bei Schwimmblättern von Wasserpflanzen oder Rollblättern von Gräsern liegen sie aber auf der Blattoberseite (epistomatische Blätter). Bei manchen Blättern sind auch an Blattober- und Blattunterseite Stomata vorhanden (amphistomatische Blätter), wie z. B. bei Mais, Erbse und Kartoffel.

Das zwischen den Epidermen liegende Mesophyll gliedert sich typischerweise in das ventrale einschichtige Palisadenparenchym und das dorsale mehrschichtige Schwammparenchym. Die säulenförmigen Zellen des Palisadenparenchyms enthalten etwa 60–80 % der Chloroplasten des Blattes und sind damit Hauptort der photosynthetischen Assimilation. Das interzellularenreiche Schwammparenchym vergrößert die innere Oberfläche des Blattes, sodass Gasaustausch und Transpiration über Interzellularen und Stomata effizienter möglich sind.

Die Leitbündel des ausgewachsenen Blattes sind in der Regel kollateral geschlossen und nach außen als „Blattadern" sichtbar. Sie biegen aus der Sprossachse in den Blattstiel aus, sodass in der Lamina das Xylem ventral (oben, adaxial) und das Phloem dorsal (unten, abaxial) angeordnet sind. Da sie sich im Blatt immer weiter verzweigen, werden die Leitbündel im Bau einfacher und enden schließlich im Mesophyll, sind aber stets von einer Leitbündelscheide umgeben. Die Leitbündelscheide kann der Stabilisierung dienen, wenn sie als Sklerenchymscheide ausgebildet ist. Daneben wird in den Bündelscheidenzellen häufig Stärke gespeichert, bevor sie in Form löslicher Kohlenhydrate über das Phloem des Leitbündels in andere Bereiche der Pflanze transportiert wird.

Praktikum

OBJEKT: *Helleborus niger*, Ranunculaceae, Ranunculales
ZEICHNUNG: zelluläre Zeichnung des Blattquerschnittes

Im Querschnitt des Laubblattes von *Helleborus niger* lässt sich schnell die charakteristische Gliederung der Blattgewebe erkennen. Die obere, großzellige Epidermis ist frei von Interzellularen und Chloroplasten und von einer Cuticula bedeckt. Die äußere Zellwand der Epidermiszellen ist leicht verdickt. Das innen liegende Mesophyll setzt sich aus dem einschichtigen Palisadenparenchym und dem mehrschichtigen Schwammparenchym zusammen. Die Zellen des Palisadenparenchyms sind etwa parallel angeordnet und länglich gestreckt, zwischen ihnen sind wenige, schmale Interzellularen ausgebildet. Deutlich ist die große Zahl der Chloroplasten im Cytoplasma zu sehen. Im Schwammparenchym ist die Zellgestalt weniger einheitlich, es werden eine Vielzahl recht großer Interzellularen entwickelt, um den Gasaustausch im Blatt zu erleichtern (Abb. 3.4a, c). Sind Leitbündel angeschnitten, so ist das Phloem unten und das Xylem oben angeordnet, wie dies aus der Entstehung des Blattes und der Lage der Leitbündel in der Sprossachse abzuleiten ist. Die untere Epidermis ist ähnlich gestaltet wie die obere Epidermis, aber durch das Vorhandensein von Spaltöffnungen deutlich zu differenzieren (Abb. 3.4a–c). Diese stehen mit dem Interzellularensystem des Blattes in enger Verbindung und werden im folgenden Abschnitt genauer beschrieben.

3.3 Aufbau von Spaltöffnungen

Durch Teilung epidermaler Meristemoide entstehen Spaltöffnungen (Stomata), die für den regelbaren Gasaustausch und die Transpiration des Blattes und der Sprossachse verantwortlich sind. Die Zahl der Stomata schwankt zwischen 20 und über 1000 pro mm^2 Blattfläche.

Der Spaltöffnungsapparat setzt sich aus den Schließzellen und evtl. den Nebenzellen zusammen, die sich im Bau von den übrigen Epidermiszellen unterscheiden. Die Spaltöffnung besteht aus dem Porus (Zentralspalt), der von zwei chloroplas-

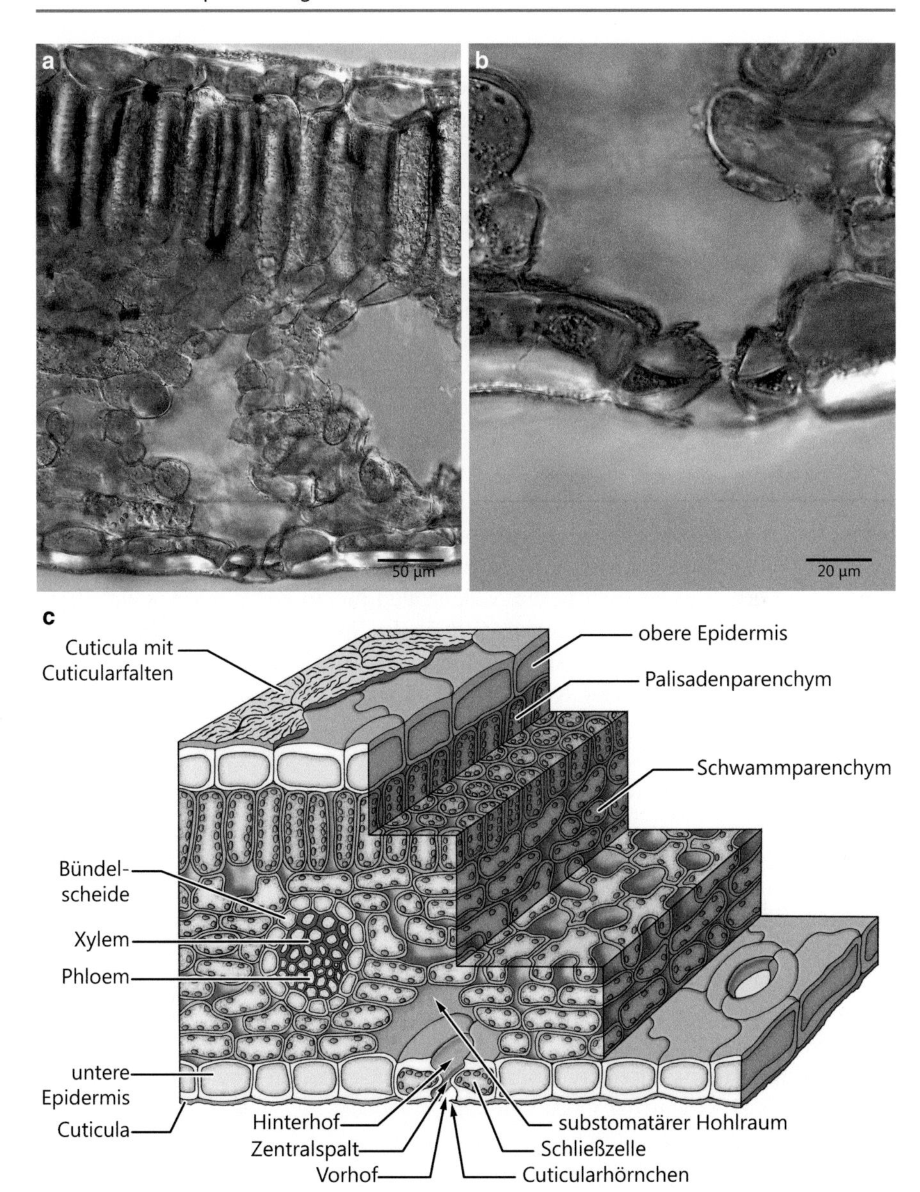

Abb. 3.4 Schnitt durch das Laubblatt von *Helleborus niger*. Querschnitt durch das Blatt im mikroskopischen Bild (**a**) und Detail der Spaltöffnung (**b**). Räumliche Darstellung (**c**). Frontal ist der Querschnitt zu sehen, der Längsschnitt erstreckt sich zum Bildhintergrund. Durch den treppenförmigen Aufbau der Zeichnung ist auch die Aufsicht ermöglicht worden. Das Blatt zeigt die charakteristische Gewebeabfolge von ventral nach dorsal, obere Epidermis, Palisadenparenchym, Schwammparenchym, untere Epidermis mit Spaltöffnungen. Die genaue Beschreibung des Spaltöffnungsapparates erfolgt im nächsten Abschnitt. (Nach Mägdefrau aus Nultsch 1996, verändert)

tenhaltigen Schließzellen umgeben ist. Der Porus erweitert sich nach außen zum Vorhof und nach innen zum Hinterhof, welcher über den substomatären Hohlraum mit dem Interzellularensystem des Blattes in Verbindung steht. Die Zellwände der Schließzellen sind auf charakteristische Weise verdickt bzw. unverdickt, sodass über eine Veränderung des Zellturgors (vgl. Osmose) in den Schließzellen eine Bewegung dieser Zellen und damit ein Öffnen oder Schließen des Zentralspaltes bewirkt werden kann.

Aufgrund der unterschiedlichen Zellwandverdickungen und des damit auftretenden Bewegungsmechanismus können drei weit verbreitete Typen von Stomata klassifiziert werden, der *Mnium*-, der Gramineen- und der *Helleborus*-Typ (Abb. 3.5). Der *Mnium*-Typ (Abb. 3.5a, b, g), der bei Niederen Pflanzen wie z. B. den Moosen oft anzutreffen ist, zeichnet sich durch gleichmäßig verdickte Zellwände aus. Durch Turgorerhöhung runden sich die Zellen ab, sodass aufgrund des Gegendrucks des umliegenden Gewebes die Ausweichbewegung vorwiegend senkrecht zur Oberfläche verläuft. Der Gramineen-Typ (Abb. 3.5e, f, i), der bei Gräsern verbreitet ist, zeichnet sich durch besonders gestaltete Schließ- und Nebenzellen aus: Die Zellwandverdickungen der Schließzellen bewirken, dass sich diese Zellen bei einer Turgorerhöhung seitlich in die Nebenzellen hinein verschieben, sodass eine Bewegung parallel zur Oberfläche zur Öffnung des Spaltes führt. Beim *Helleborus*-Typ (Abb. 3.5c, d, h), der bei zweikeimblättrigen Pflanzen weit verbreitet ist, dehnt sich vor allem die unverdickte Rückenwand bei Turgorerhöhung aus. Da die Zellwand der benachbarten Epidermiszelle aufgrund spezifischer Verdickungen wie ein Gelenk fungiert, erfolgt die Bewegung zur Öffnung des Spaltes sowohl parallel als auch senkrecht zur Oberfläche (Abb. 3.5c, d, h).

Praktikum

OBJEKT: *Polypodium* spec., Polypodiaceae, Polypodiales
ZEICHNUNG: zelluläre Zeichnung des Querschnittes

Die Wedel des Tüpfelfarns (*Polypodium* spec.) zeigen ein einheitliches, zwischen den Epidermen liegendes Mesophyll. Die Spaltöffnungen des *Mnium*-Typus zeichnen sich durch gleichmäßig verdickte Zellwände aus. Sie erscheinen rundlich im Querschnitt und sind etwas größer als die benachbarten Epidermiszellen. Der substomatäre Hohlraum ist indes deutlich größer als die anderen Interzellularen im Mesophyll und erleichtert so das Erkennen der außen liegenden Schließzellen (Abb. 3.5b, g). Erhöht sich der Turgor in den Schließzellen, so zeigen diese eine Tendenz zur weiteren Abrundung und der Spalt öffnet sich.

OBJEKT: *Helleborus niger*, Ranunculaceae, Ranunculales
ZEICHNUNGEN: zelluläre Zeichnung des Querschnittes, zelluläre Zeichnung der Aufsicht

In der unteren Epidermis des hypostomatischen Laubblattes der Nieswurz (*Helleborus niger*) befinden sich die Spaltöffnungen, die im Querschnitt und in der Aufsicht betrachtet werden sollen. Im Querschnitt lassen sich die Schließzellen an ihrer spezifischen Verdickung der Zellwände leicht erkennen. Die äußeren und inneren Zellwände erscheinen verdickt, während die Rückenwand dünn ist. Die benachbarte Epidermiszelle ist zur Nebenzelle ausdifferenziert, da ihre äußere Zellwand in direkter Nähe zur Schließzelle geringer verdickt ist und so Gelenkfunktion aufweist. Die Bauchwand der Schließzelle ist nur im Bereich des Zentralspaltes unverdickt. Die Cuticula bildet am äußeren Rand des Spaltes Hörnchen aus, sie setzt sich bis in den Bereich des substomatären Hohlraumes fort und bildet am Rande des Spaltes auch dort Cuticularhörnchen aus. Der Porus ist demzufolge in einen äußeren Bereich und den Zentralspalt unterteilt (Abb. 3.4b, c, Abb. 3.5d, h). Die Turgorerhöhung in den Schließzellen bewirkt ein Ausdehnen der unverdickten Zellwände, sodass aufgrund der Gelenkfunktion der Nebenzelle die Schließzellen eine Bewegung parallel und senkrecht zur Blattoberfläche ausführen und sich der Zentralspalt öffnet. In der Aufsicht erscheinen die Schließzellen bohnenförmig um den Bereich des Spaltes gebogen, der im Präparat meist dunkel wirkt. Die Nebenzellen besitzen in der Aufsicht keine besonderen Kennzeichen. Wie bei den anderen Epidermiszellen sind ihre Zellwände wellig, sodass die Zellen miteinander verzahnt sind (Abb. 3.5c, h).

OBJEKT: *Zea mays*, Poaceae, Poales
ZEICHNUNG: zelluläre Zeichnung der Aufsicht

Die Spaltöffnungen des Gramineen-Typus werden bei *Zea mays* in der Aufsicht untersucht. Der Flächenschnitt der Blattunterseite des amphistomatischen Blattes zeigt, dass die Spaltöffnungen in Reihen parallel zur Mittelrippe des Blattes liegen. Die Wände der Epidermiszellen zeigen einen welligen Verlauf und sind so fest miteinander verzahnt. Die Schließzellen sind lang gestreckt und an den Enden keulig verdickt. Sie sind im Längsteil von dreieckigen Nebenzellen benachbart. Es handelt sich demnach um einen Spaltöffnungsapparat (Abb. 3.5e, f). Das Lumen der Schließzellen ist im mittleren, lang gestreckten Bereich sehr klein, in den keulig verdickten Enden hingegen erweitert. Erhöht sich der Turgor in den Schließzellen, so dehnen sich die Endbereiche aus und die starren Mittelteile rücken auseinander, sodass sich der Spalt öffnet.

3.4 Herkunft und Anordnung der Blattgewebe

Grundsätzlich können Blätter abhängig von der Herkunft und der Anordnung der Blattgewebe in verschiedene Typen gruppiert werden. Bei bifazialen Blättern gehen Blattober- und Blattunterseite aus der jeweils entsprechenden anatomischen Seite der Blattprimordie hervor. Unifaziale Blätter entstehen hingegen aus der Unterseite der Blattanlage. Bei der Anordnung der Blattgewebe zeichnen sich dorsiventrale Blätter durch verschieden aufgebaute Blattober- und Blattunterseiten aus, während äquifaziale Blätter gleich gestaltete Seiten besitzen.

Das Laubblatt von *Helleborus niger* ist ein typisch dorsiventrales und bifaziales Blatt (Abb. 3.6). Bifaziale Blätter sind meist dorsiventral aufgebaut, sie können aber auch gleich gestaltete Ober- und Unterseiten aufweisen und werden dann als bifazial äquifazial bezeichnet. Dies ist bei einigen Pflanzen sonniger Standorte wie

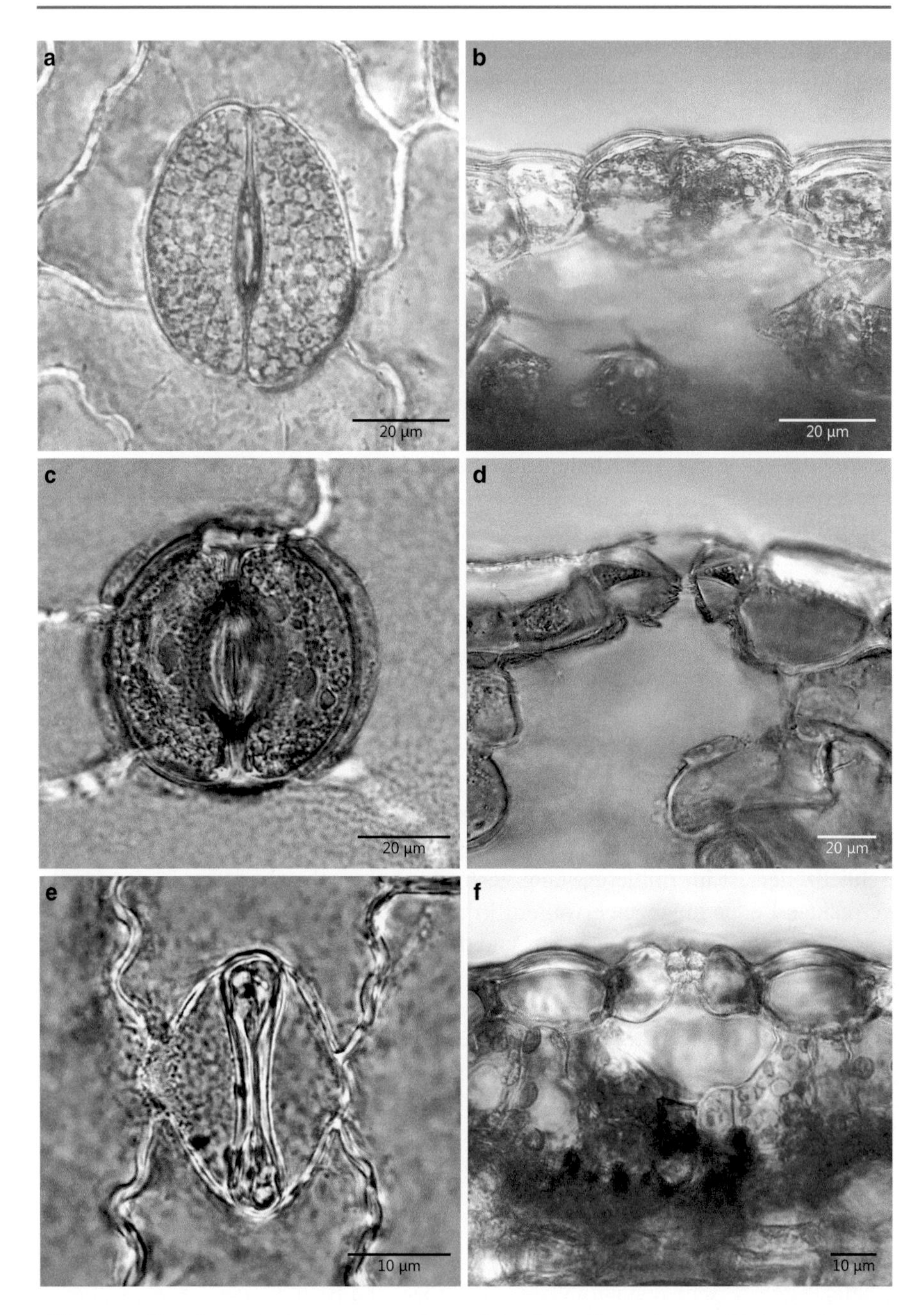

Abb. 3.5 Mikroskopische Aufnahmen und räumliche Darstellung der verschiedenen Spaltöffnungstypen. Die Fotos zeigen jeweils Aufsicht (**a**, **c**, **e**) und Querschnitt durch den mittleren Teil der Spaltöffnung (**b**, **d**, **f**). Bei Moosen und Farnen wird häufig der *Mnium*-Typ angetroffen (**a**, **b**, **g**). Die bohnenförmigen Schließzellen sind im Querschnitt nur schwer von den Epidermiszellen zu unterscheiden. Der *Helleborus*-Typ ist bei vielen Dikotylen verbreitet (**c**, **d**, **h**).

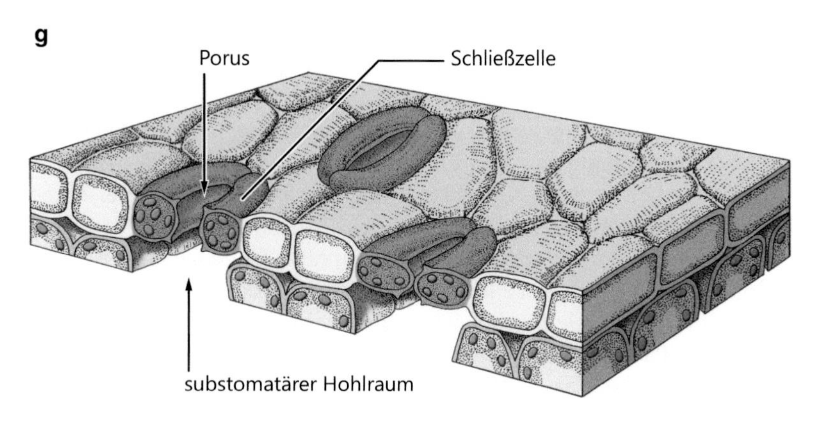

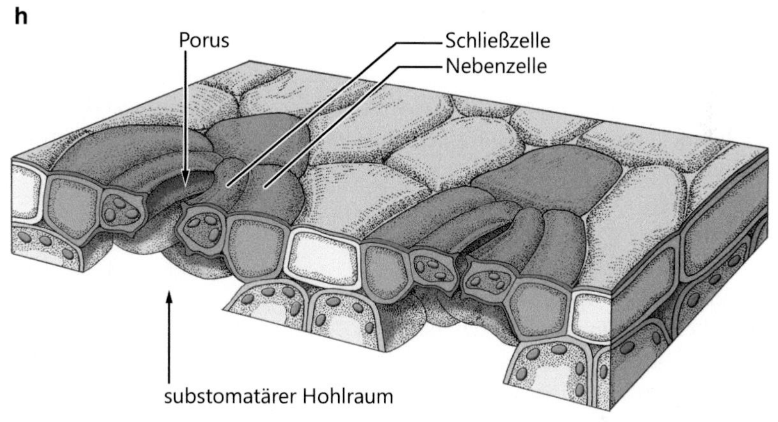

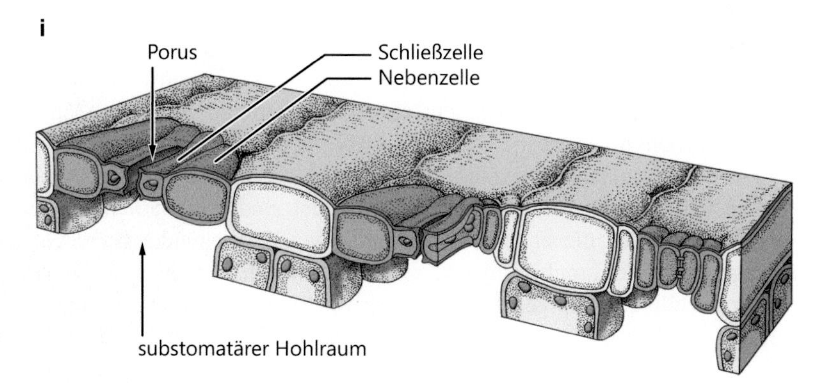

Abb. 3.5 *Fortsetzung*
Der Gramineen-Typ ist charakteristisch für Gräser (**e**, **f**, **i**). Bei *Helleborus*- und Gramineen-Typ wird der Öffnungsmechanismus über besonders gestaltete Nebenzellen erleichtert. (Nach Eschrich 1995, verändert)

z. B. *Eucalyptus*-Arten oder dem einheimischen Kompasslattich (*Lactuca serriola*) der Fall: Das Palisadenparenchym ist an beiden Seiten des Blattes vorhanden und umgibt das Schwammparenchym (Abb. 3.6). Bei der Ausbildung eines zentralen Wasserspeichergewebes und der Reduktion auf ein Leitbündel erhält man das sukkulente äquifaziale Rundblatt vieler Crassulaceen (z. B. *Sedum album*). Eine Besonderheit sind die Nadelblätter der Koniferen (z. B. Fichte, Tanne, Kiefer), die einen xeromorphen Bau mit reduzierter Blattspreite bei fehlendem Blattstiel, eingesenkte Spaltöffnungen und eine ausgeprägte Cuticula aufweisen. Das äquifaziale Nadelblatt der Kiefer *Pinus nigra* wird später noch ausführlich beschrieben.

Das invers bifaziale Flachblatt des Bärlauchs (*Allium ursinum*) weist ein dorsal orientiertes Palisadenparenchym und ein ventral orientiertes Schwammparenchym auf. Das nahezu unifaziale Rundblatt des Knoblauchs (*Allium sativum*) erhält man ausgehend von der Vorstellung, dass der blattbildende Anteil der Oberseite der Blattanlage zunehmend reduziert wird und ein Einrollen des wachsenden Blattes erfolgt (Abb. 3.6). Die Leitbündel des Blattes liegen ringförmig angeordnet, wobei das Xylem aufgrund der Genese des Blattes nach innen weist. Bei den unifazial, äquifazialen Flachblättern der Schwertlilien, z. B. bei *Iris germanica*, bilden die Leitbündel gegenüberliegende Reihen in einem interzellularenreichen Gewebe aus, das von einem mehrschichtigen Assimilationsparenchym umgeben ist.

Praktikum

OBJEKT: *Iris germanica*, Iridaceae, Asparagales
ZEICHNUNG: Querschnitt schematisch, Ausschnitt mit Leitbündel und Spaltöffnungen schematisch

Bei den Blättern der Deutschen Schwertlilie (*Iris germanica*) ist die Oberseite der Blattprimordie in der Entwicklung reduziert, sodass die gesamte Blattfläche aus der Unterseite der Primordien hervorgeht: Es handelt sich um ein unifaziales Flachblatt. Dies lässt sich an der Anordnung der Leitbündel erkennen. Zwei übereinanderliegende Reihen (ein flachgedrückter Ring) von Leitbündeln sind im Querschnitt schon in der Übersicht zu erkennen, deren außen liegendes Phloem von Sklerenchymkappen geschützt ist (Abb. 3.7a, c). Das nach innen weisende Xylem liegt in einem interzellularenreichen, lockeren Parenchym, dessen Zellen wenige Chloroplasten besitzen. Die Leitbündel sind von stärkehaltigen Bündelscheiden umgeben, die sich manchmal zum gegenüberliegenden Bündel erstrecken. Die Epidermis des amphistomatischen Blattes umschließt das drei- bis vierschichtige, interzellularenhaltige Assimilationsparenchym, dessen Zellen im Querschnitt rund bis länglich-oval erscheinen und stark chloroplastenhaltig sind (Abb. 3.7b, d).

OBJEKT: *Zea mays*, Poaceae, Poales
ZEICHNUNG: Querschnitt schematisch, Ausschnitt mit Leitbündel und Spaltöffnungen schematisch

Viele Gräser besitzen weitgehend äquifazial aufgebaute Flachblätter, deren Mesophyll nicht wie bei den dorsiventralen Blättern in Schwamm- und Palisadenparenchym gegliedert ist. Das Mesophyll besteht bei den Gräsern meist aus einem

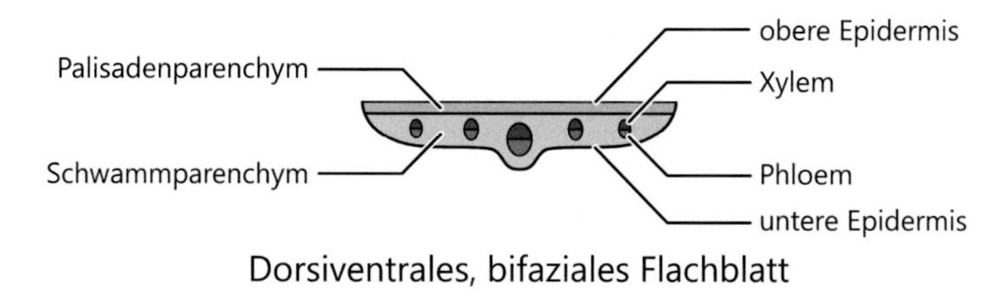

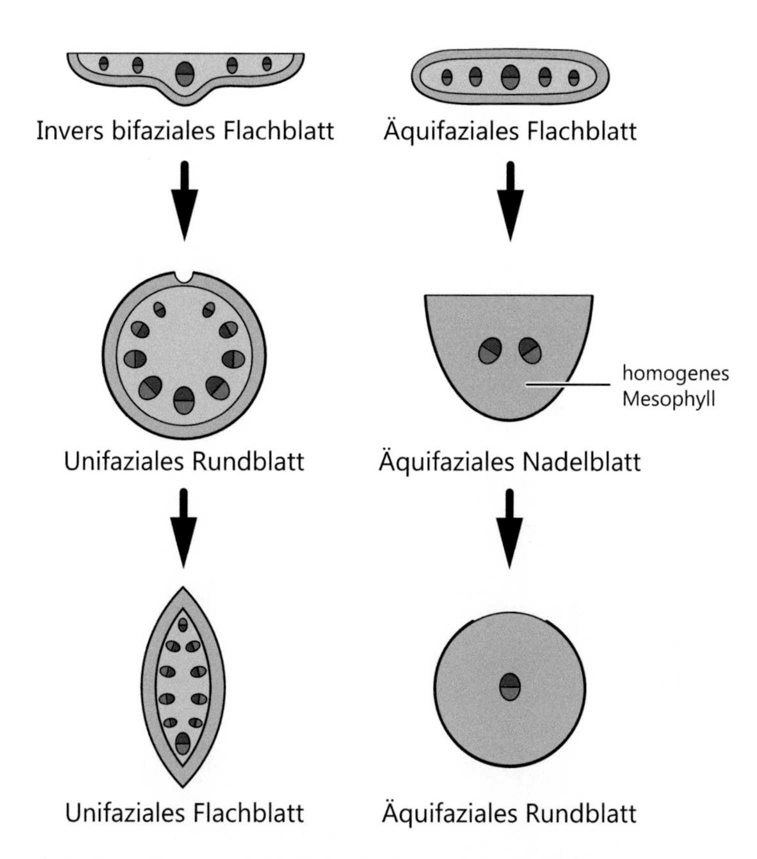

Abb. 3.6 Schematische Darstellung unterschiedlicher Laubblatt-Typen und ihrer möglichen Ableitung aus anderen Blattformen. Bei den unifazialen Blättern ist die kreisförmige Anordnung der Leitbündel zu beachten. Die verschiedenen Blatt-Typen sind beispielsweise bei den folgenden Pflanzen anzutreffen: dorsiventrales, bifaziales Flachblatt: *Helleborus niger*; invers bifaziales Flachblatt: *Allium ursinum*; unifaziales Rundblatt: *Allium sativum*; unifaziales Flachblatt: *Iris germanica*; äquifaziales Flachblatt: *Eucalyptus* spec.; äquifaziales Nadelblatt: *Pinus nigra*; äquifaziales Rundblatt: *Sedum acre*. (Nach Troll u. Rauh, aus Sitte et al. 1998, verändert)

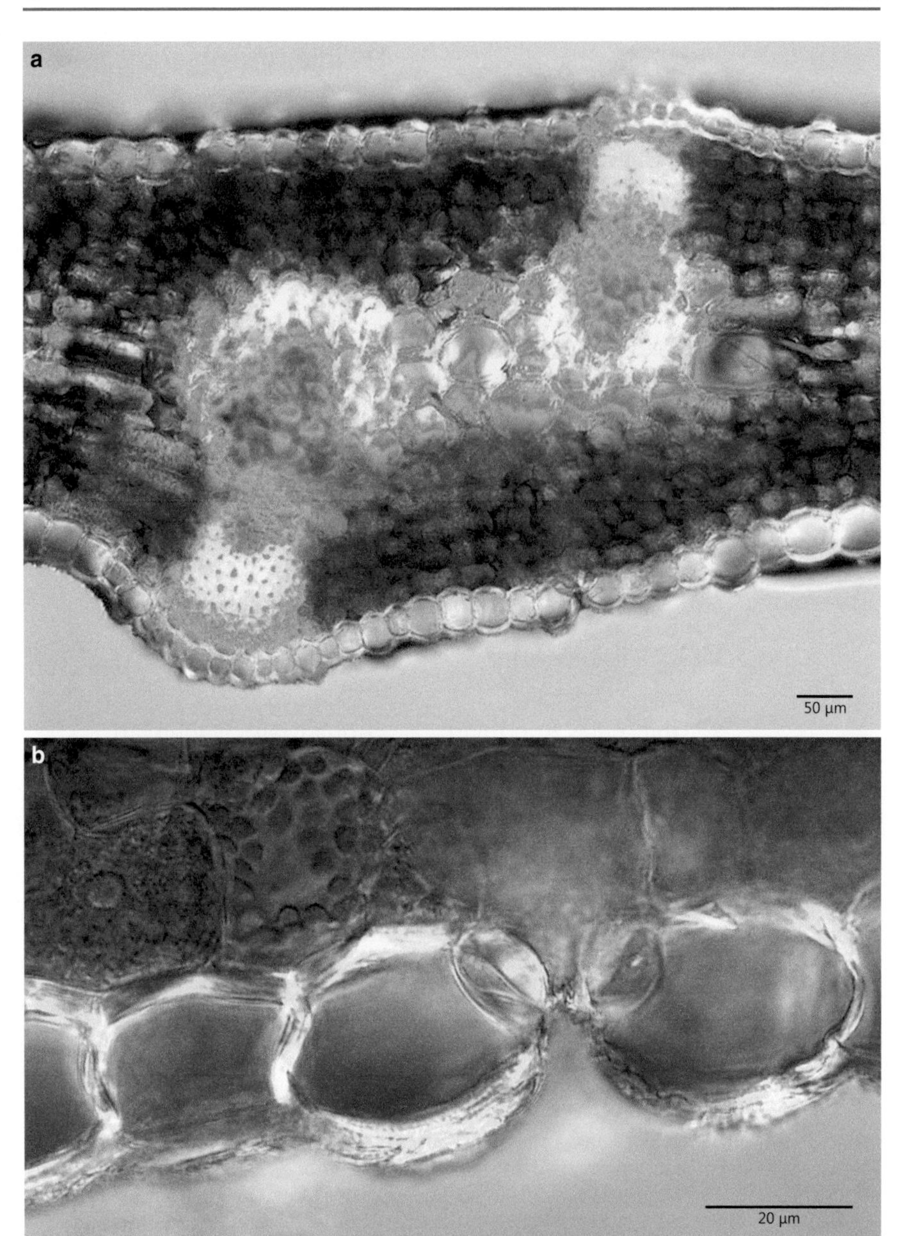

Abb. 3.7 Querschnitt durch das unifaziale Blatt von *Iris germanica*. In der Übersicht sollte besonders die Anordnung der Leitbündel und des Assimilationsparenchyms beachtet werden (**a**, **c**). Die Detailzeichnung zeigt typische Zellen aus den verschiedenen Geweben des unifazialen Flachblattes (**d**). Die Schließzellen des amphistomatischen Blattes sind gut zu erkennen (**b**). (Nach Eschrich 1995, verändert)

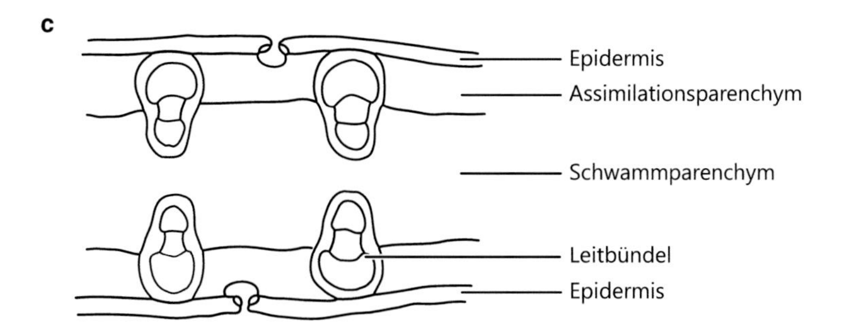

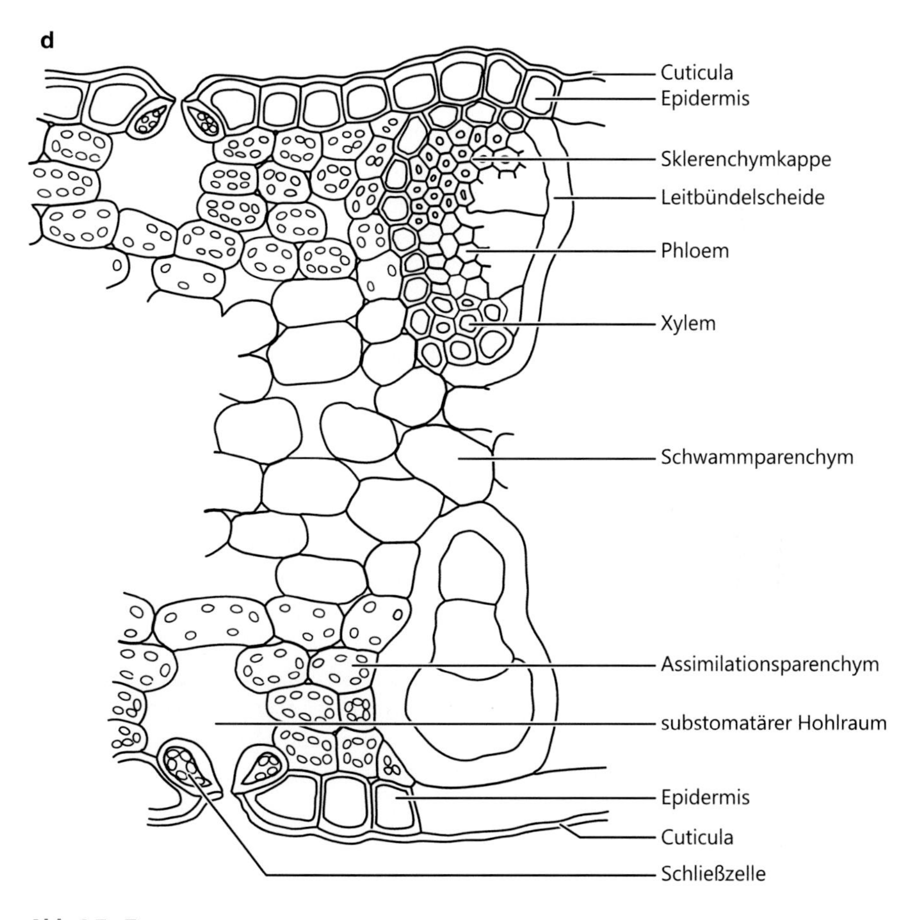

Abb. 3.7 *Fortsetzung*

lockeren Verband polymorpher Zellen, der insbesondere in der Nähe der Stomata von Interzellularen durchzogen ist. Beim Mais lässt sich dieser Blattaufbau in abgewandelter Form wiedererkennen (Abb. 3.8a, b). Die chloroplastenfreie Epidermis besitzt auf der Blattober- und der Blattunterseite Spaltöffnungen, es handelt sich demnach um ein amphistomatisches Blatt. Die in Reihen angeordneten Stomata liegen sich gegenüber, dazwischen verlaufen die Leitbündel des Blattes (Abb. 3.8a, b). Die substomatären Hohlräume sind als große Interzellularen deutlich ausgeprägt und werden von wenigen länglichen Zellen begrenzt. Die Durchlüftung des Mesophylls wird durch weitere, kleinere Interzellularen gewährleistet. Die geschlossenen Leitbündel sind in großlumige Zellen des Xylems und kleinere Phloemzellen gegliedert, am Blattrand weisen sie einen vereinfachten Bau im Vergleich zu den Leitbündeln der Sprossachse auf. Umgeben wird das Leitbündel mit einem Kranz von rundlichen Zellen, die mit hell erscheinenden Chloroplasten angefüllt sind und als Bündelscheidenzellen vom Kranztyp (Kranzzellen) bezeichnet werden. Das darum liegende Mesophyll besteht aus Zellen unregelmäßiger Gestalt, die zahlreiche dunkelgrüne Chloroplasten enthalten (Abb. 3.8a).

Physiologisch unterscheiden sich die Kranzzellen von den übrigen Mesophyllzellen in Bezug auf ihre photosynthetische Aktivität. Mais gehört zu den C_4-Pflanzen, bei denen eine Kohlenstoffdioxid(CO_2)-Vorfixierung in den Mesophyllzellen unter Bildung von Malat, ein C_4-Körper, erfolgt. Dieser Vorgang läuft auch bei geringer CO_2-Konzentration effizient ab. Die Decarboxylierung von Malat und die Freisetzung von CO_2 findet dann in den Kranzzellen räumlich und zeitlich getrennt von der Vorfixierung statt. Dadurch werden dort hohe lokale CO_2-Konzentrationen erzeugt. So können auch bei fast geschlossenen Stomata optimale Bedingungen für die Reaktion der Ribulose-1,5-bisphosphat-Carboxylase (Rubisco) geschaffen werden, die dann die endgültige CO_2-Fixierung vornimmt.

In den Chloroplasten des Mesophylls, die Grana- und Stromathylakoide aufweisen, finden die Lichtreaktion und die Vorfixierung des CO_2statt. Ihnen fehlt aber die Rubisco, sodass kein vollständiger Calvin-Zyklus ablaufen und keine Stärke gebildet werden kann. In den Chloroplasten der Bündelscheidenzellen hingegen fehlen Granathylakoide und das Photosystem II, sodass bei Zufuhr geeigneter Substrate zwar Calvinzyklus und Stärkebildung erfolgen können, aber keine vollständige Lichtreaktion möglich ist. Bündelscheidenzellen und Mesophyllzellen zeigen einen Chloroplastendimorphismus, der sich auf morphologischer und physiologischer Ebene widerspiegelt.

OBJEKT: *Pinus nigra*, Pinaceae, Pinales
ZEICHNUNG: Querschnitt schematisch; Details zellulär

Die Nadelblätter der Kiefer *Pinus nigra* stehen in zweifacher Anzahl an Kurztrieben und weisen mit der flachen Seite zueinander, der Blattstiel ist stark reduziert. Die Blattspreite weist eine plan-konvexe Gestalt im Querschnitt auf: Die Oberseite ist plan, die Unterseite konvex gestaltet.

Bei schwacher Vergrößerung wird zunächst der Gesamtaufbau untersucht. Die außen liegenden sklerenchymatischen Abschlussgewebe (Epidermis und Hypoder-

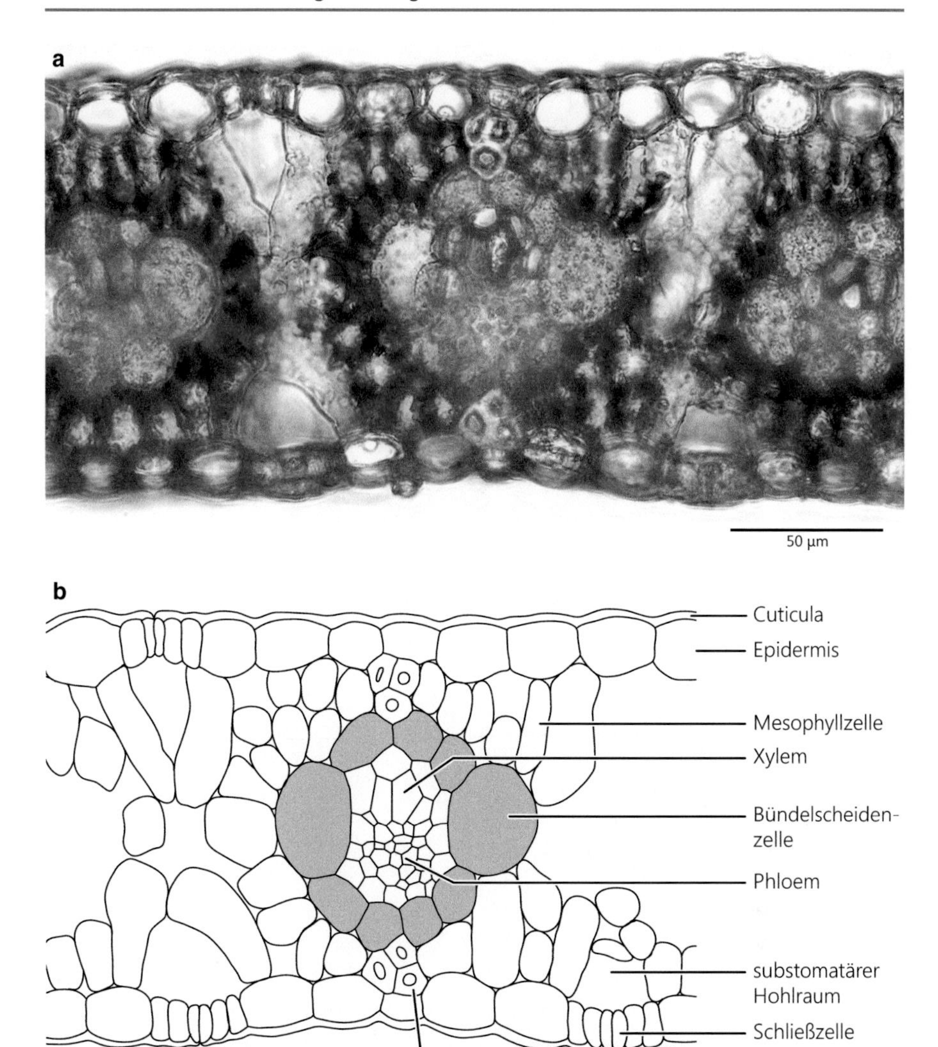

Abb. 3.8 Querschnitt durch das amphistomatische Blatt einer Maispflanze (*Zea mays*) (**a, b**). Obere und untere Epidermis weisen Spaltöffnungen auf, die in Reihen liegend gegenüber angeordnet sind. Zwischen den Spaltöffnungsreihen finden sich die geschlossen kollateralen Leitbündel, die von hellgrünen Bündelscheidenzellen (Kranzzellen) umgeben sind (grau unterlegt in (**b**)). Deutlich heben sich die dunkelgrünen Zellen des Mesophylls davon ab. Weitere Erläuterungen im Text

mis) umschließen ein Assimilationsparenchym, in dem Harzgänge eingebettet sind. Die beiden offen kollateralen Leitbündel liegen in dem Zentralzylinder, das Phloem weist zur konvexen, das Xylem zur planen Seite der Nadel. Das Blatt ist bifazialen Ursprungs, aber äquifazial aufgebaut (Abb. 3.9a, d).

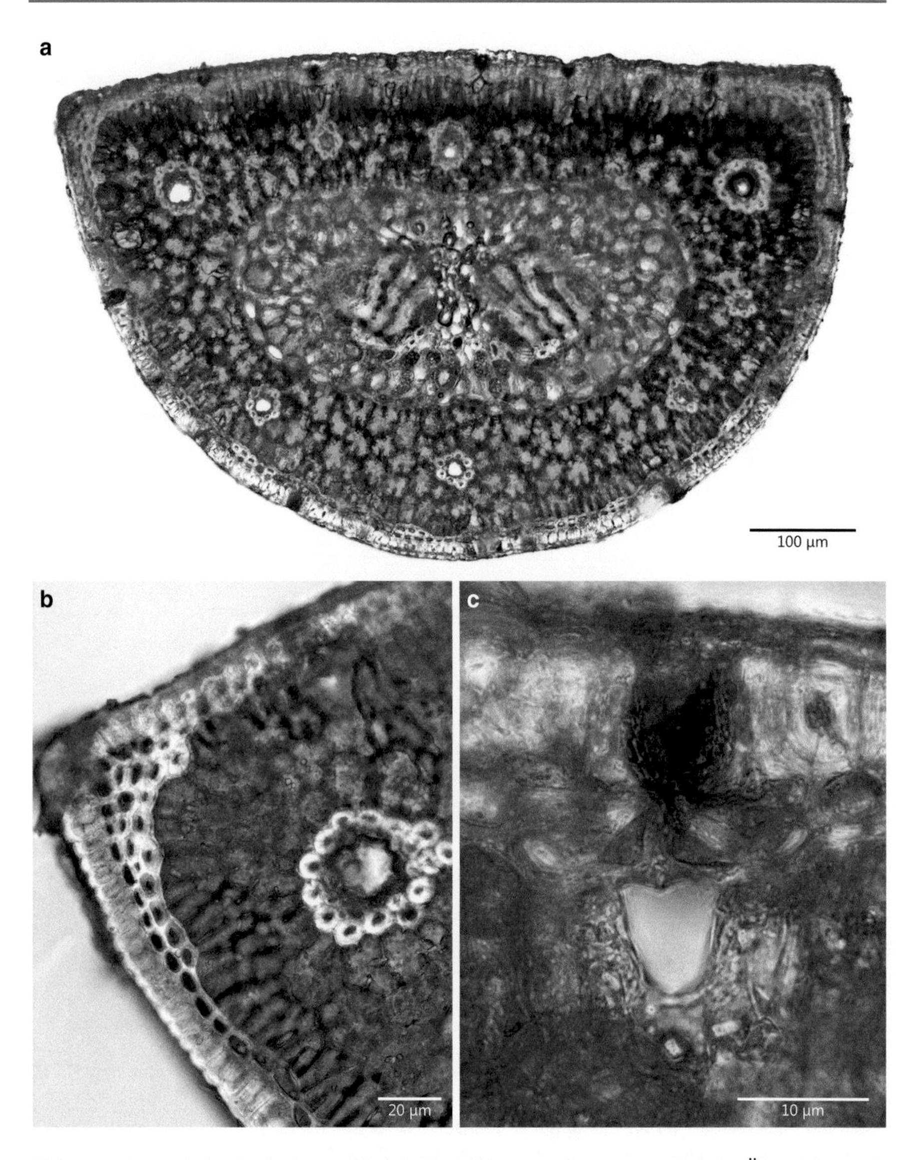

Abb. 3.9 Querschnitt durch das äquifaziale Nadelblatt von *Pinus nigra*. Bei der Übersicht (**a**, **d**) ist die Ventralseite die obere, flache Seite der Nadel; die Dorsalseite ist gerundet. Die Abfolge der Gewebe sollte schon in der Übersicht angegeben werden. Im Zentralzylinder sind zwei leicht zueinander geneigte Leitbündel zu erkennen, die zum offen kollateralen Typ gehören. Ventral liegt das Xylem, dorsal nach außen weisend ist das Phloem angeordnet. Eine Sklerenchymkappe schützt das Phloem. Von außen nach innen sollen die einzelnen Gewebe im Detail betrachtet werden. Die stark sklerenchymatische Epidermis ist von einer dicken Cuticula umgeben, außerdem sind einige Bereiche ihrer Zellwand zusätzlich cutinisiert. Die subepidermale

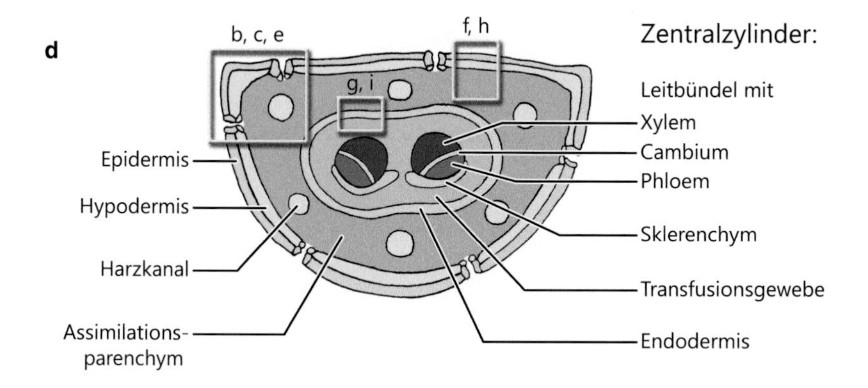

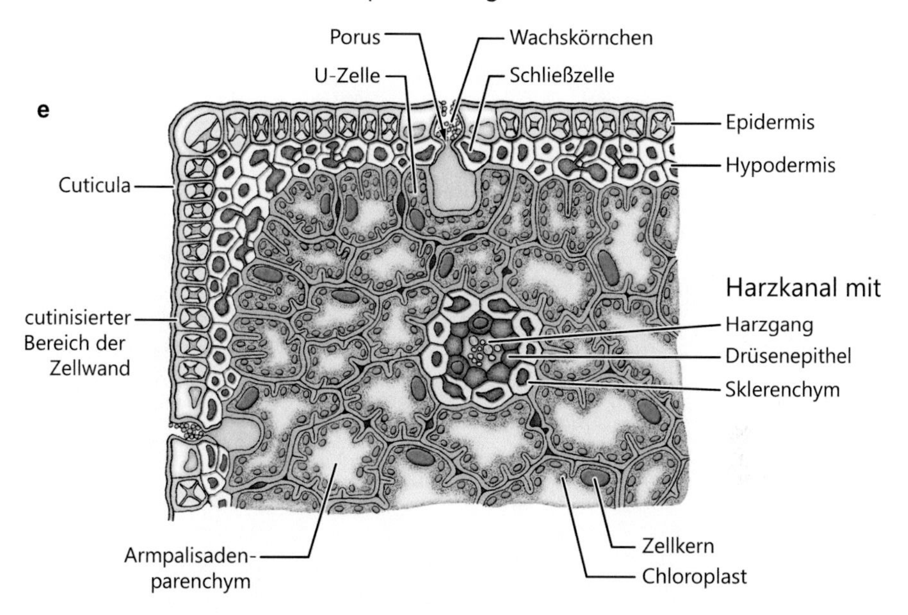

Abb. 3.9 *Fortsetzung*
Hypodermis zeigt ebenfalls sklerenchymatischen Charakter (**b**, **e**, **f**, **h**). Das Assimilationsparenchym ist als Armpalisadenparenchym ausgebildet und vergrößert die innere Oberfläche (**f**, **h**). Eingesenkte Spaltöffnungen, deren Vorhof mit Wachskörnchen gefüllt ist, vermindern die Transpiration. Eine besonders gestaltete U-Zelle kleidet den substomatären Hohlraum aus (**c**). Die Harzkanäle sind von Sklerenchym umgeben und mit einem Drüsenepithel versehen (**b**, **e**). Der Zentralzylinder ist durch eine Endodermis vom Mesophyll getrennt. Transfusionstracheiden, die Hoftüpfel besitzen, und Transfusionsparenchymzellen vermitteln die Wasser- und Nährstoffleitung zwischen Leitbündeln und übrigem Blattgewebe (**g**, **i**). ((**e**) Nach Kny aus Troll 1973, verändert)

Abb. 3.9 *Fortsetzung*

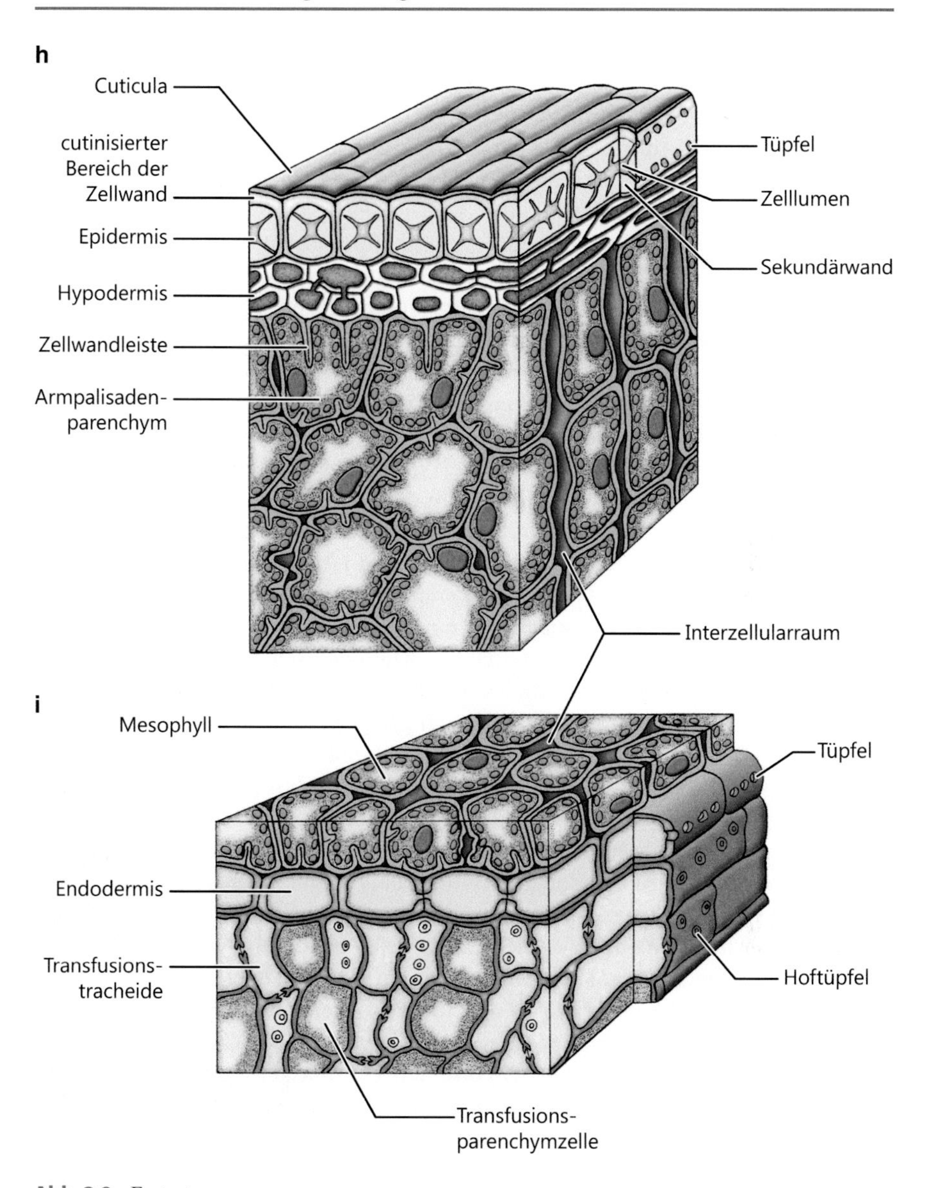

Abb. 3.9 *Fortsetzung*

Bei stärkerer Vergrößerung werden die einzelnen Gewebe und Zelltypen des Nadelblattes von außen nach innen detailliert untersucht.

Die einschichtige Epidermis besitzt eine Cuticula, die noch von einer dicken cutinisierten Schicht funktionell unterstützt wird. Die Sekundärwand der Epidermiszellen ist deutlich verstärkt, das kleine Lumen steht über röhrenförmige Tüpfel mit den anderen Zellen in Kontakt (Abb. 3.9f, h). Die Spaltöffnungen sind bis in die Hypodermis eingesenkt, die außen liegende urnenförmige Höhle ist mit Wachskörnchen gefüllt (Abb. 3.9b, c, e). Auch die ein- bis mehrschichtige Hypodermis weist verdickte Zellwände auf, an den Nadelkanten unterstützen Sklerenchymfasern die Festigungsfunktion der Abschlussgewebe. Der xeromorphe Bau der Kiefernnadel zeigt sich durch die Reduktion der Blattspreite, verdickte Epidermiswände, sklerenchymatische Hypodermis und eingesenkte Spaltöffnungen, sodass ein optimaler Verdunstungsschutz gewährleistet ist.

Das Assimilationsparenchym zwischen Hypodermis und Zentralzylinder besteht aus besonders gebauten Mesophyllzellen. In das Lumen der polyedrischen Zellen ragen Zellwandleisten hinein, sodass die innere Oberfläche der chloroplastenreichen Armpalisadenzellen deutlich vergrößert wird (Abb. 3.9e, f, h). Damit kann die Reduktion der äußeren Oberfläche kompensiert werden. Die Harzkanäle im Assimilationsparenchym sind außen von einer Sklerenchymscheide umgeben, innen kleidet ein Drüsenepithel den Kanal aus. Die unter der Spaltöffnung liegende Mesophyllzelle (U-Zelle) lässt durch ihre hufeisenförmige Gestalt einen großen substomatären Hohlraum frei, der mit dem im Längsschnitt erkennbaren Interzellularensystem des Armpalisadenparenchyms in Verbindung steht (Abb. 3.9c, e).

Die Endodermis grenzt als einschichtige, lückenlose Zellscheide das Mesophyll vom chloroplastenfreien Zentralzylinder ab. Die Zellen erscheinen im Querschnitt oval, sie sind parallel zur Nadelachse gestreckt. Durch Suberineinlagerung sind die Zellwände abgedichtet, die Endodermis bildet ein primäres inneres Abschlussgewebe (Abb. 3.9g, i). Im Zentralzylinder vermittelt das Transfusionsgewebe den Stofftransport zwischen Leitbündeln und Mesophyll. Es handelt sich um ein Mischgewebe aus plasmahaltigen Transfusionsparenchymzellen und toten, wasserführenden Transfusionstracheiden (Abb. 3.9g, i). Die offen kollateralen Leitbündel grenzen an ihren Außenflanken im Bereich des Xylems an Transfusionstracheiden, im Bereich des Phloems an Transfusionsparenchymzellen. Die übrigen Seiten des Leitbündels sind beim Phloem-Anteil durch eine Schicht dickwandiger Sklerenchymfasern und beim Xylem-Anteil durch einen Saum kleinerer, verkorkter Zellen gegen das Transfusionsgewebe abgedichtet. Die Elemente des Phloems und Xylems sind als Abkömmlinge des Cambiums in dem offen kollateralen Leitbündel nach ihrer Genese in entsprechenden Reihen angeordnet. Nach 2–3 Jahren stellt das Cambium seine Tätigkeit ein, die Lebensdauer der Kiefernnadel beträgt 3–6 Jahre.

3.5 Blattmetamorphosen

Das typische flächige Laubblatt kann in Ober- und Unterblattbereich vielfältige Metamorphosen zeigen, die zu einer noch größeren Variationsbreite der Blattgestalt führen (Tab. 3.1).

Tab. 3.1 Blattmetamorphosen

Bezeichnung	Funktion	Merkmal	Beispiel
Phyllodien	Reduktion der transpirierenden Oberfläche	Blattspreite zurückgebildet, Blattstiel blattähnlich verbreitert und abgeplattet	*Acacia*-Arten
Blattdornen	Fraßschutz, Reduktion der Blattfläche	• Tragblätter oder Laubblätter zu sklerenchymatischen, ein- bis mehrstrahligen Dornen umgewandelt	*Berberis*-Arten, Cactaceae
		• Nebenblätter	Robinie
Blattranken	Kletterhilfe	• Blattspreite zu Rankorganen umgewandelt	Kürbis
		• Blattstiel	*Nepenthes* spec.
		• Teile des gefiederten Blattes	Erbse, Wicke
Blattsukkulenz	Wasserspeichergewebe, Reduktion der Blattspreite	verschiedene Gewebe des Blattes zu Wasserspeicherzellen mit großen Vakuolen umgeformt:	
		• subepidermale Schichten	Agaven, *Kalanchoe* spec., *Sedum* spec.
		• Gewebe im Blattinneren	*Lithops* spec.
Zwiebel	Speicherorgan, Überwinterungshilfe	• Blattgrund abgestorbener Laubblätter wird fleischig verdickt, Achse fast scheibenförmig	Küchenzwiebel, Knoblauch
		• Niederblätter	Narzisse, Hyazinthe

Die Anpassungen von Pflanzen an spezielle Standorte mit extremen Bedingungen betreffen oft die Ausbildung der Blätter, da vor allem Wassermangel direkt mit transpirationsreduzierenden Merkmalen der Pflanze gekoppelt ist. Zu den xeromorphen Umwandlungen bei Blättern zählt die Blattsukkulenz, bei der verschiedene Gewebe des Blattes fleischig ausgebildet werden und vakuolenreiche Zellen enthalten. Dies kann bei den Crassulaceae (z. B. *Sedum* spec.) oder den lebenden Steinen (*Lithops* spec.) beobachtet werden. In diesem Zusammenhang ist auch eine Umwandlung von Blättern zu sklerenchymatischen Elementen, den Blattdornen, zu erwähnen. Hierbei wird die transpirierende Oberfläche verringert und zudem ein Fraßschutz erreicht. Bei den Cactaceae sind die Tragblätter verkümmerter Seitenachsen betroffen und bilden die Areolen. Bei der Robinie (*Robinia pseudoacacia*) sind Nebenblätter zu Dornen umgewandelt.

Die Verbreiterung des Blattstiels zu einem blattartigen Organ kann bei den Phyllodien der *Acacia*-Arten beobachtet werden. Der Blattstiel der Fiederblätter wird abgeplattet, während die Fiederblättchen immer weiter reduziert werden.

Verschiedene Pflanzen verwenden Blätter, die an fast scheibenförmigen Achsen inserieren, als Speichergewebe von Nährstoffen für die sichere Überwinterung unter der Erde. Bei der Küchenzwiebel (*Allium cepa*) handelt es sich um den fleischigen Blattgrund abgestorbener Laubblätter, bei Hyazinthe (*Hyacinthus orientalis*) und Knoblauch (*Allium sativum*) werden Niederblätter verdickt. Bei den Nutzpflanzen Rhabarber (*Rheum rhabarbarum*) und Staudensellerie (*Apium graveolens*) sind die Blattstiele fleischig verdickt.

Die Umwandlung von Blättern zu Ranken ist bei vielen Kletterpflanzen verbreitet. Davon kann das Laubblatt betroffen sein, wie z. B. bei Vertreten der Kürbisgewächse, oder verschieden große Anteile des Fiederblattes wie bei Erbse und Wicke. Auch der Blattstiel kann zu einer Ranke verändert werden wie bei der Kannenpflanze (*Nepenthes* spec.), die wie andere Vertreter dieser Gruppe insectivorer Pflanzen durch erstaunliche Veränderungen von Blattspreite, Blattstiel und Unterblatt bemerkenswerte Tierfallen entwickelt hat (Abb. 3.10). Beim Sonnentau sind Tentakeln mit klebrigen Drüsensekreten als Emergenzen auf der rundlichen Blattspreite verteilt, das Unterblatt ist blattstielartig verlängert und der Blattstiel stark verkürzt (Abb. 3.10b). Die Venusfliegenfalle verfügt über eine Klappfalle, die aus der umgewandelten Blattspreite besteht (Abb. 3.10c). Der Blattstiel ist verkürzt, während der Blattgrund verlängert und verbreitert ist. Bei der Krugpflanze ist die Blattspreite röhrenförmig und bauchig zu einer Insektenfalle verwachsen. Die Blattspitze bildet eine Rutsche für angelockte Insekten, die dann in das Kruginnere fallen und verdaut werden (Abb. 3.10d). Ähnlich funktioniert das Prinzip der Kannenpflanze, bei der außerdem der Blattstiel zur Ranke und der Blattgrund zu einem abgeplatteten Assimilationsorgan umgebildet sind (Abb. 3.10e). Im Bereich der Blattspreite bilden diese tierfangenden Pflanzen sowohl Nektar- als auch Verdauungsdrüsen aus. Während die Nektardrüsen Lockstoffe für Insekten sekretieren, sondern die Verdauungsdrüsen Peptidasen (Eiweiß abbauende Enzyme) ab, die für den Abbau der tierischen Proteine und Polypeptide notwendig sind. Die dabei anfallenden Aminosäuren können als wichtige Stickstoffquelle von der Pflanze verwertet werden. Viele Vertreter dieser Insektivoren kommen als Ernährungsspezialisten auf stickstoffarmen Substraten vor, beispielsweise in Hochmooren.

3.6 Aufgaben

1. Welche Bestandteile des Blattes bilden Ober- und Unterblatt?
2. Was sind die Hauptfunktionen des typischen Laubblattes?
3. Wie sehen Niederblätter aus und wo kommen sie vor?
4. Nennen Sie ein typisches Beispiel einheimischer Pflanzen für Anisophyllie und Heterophyllie!
5. Zählen Sie die Gewebeschichten eines dorsiventral gebauten Laubblattes auf!
6. Worin besteht die Aufgabe der Cuticula?
7. Was versteht man unter hypostomatischen Blättern?
8. Woraus besteht eine Spaltöffnung?
9. Welche drei Spaltöffnungstypen werden unterschieden?

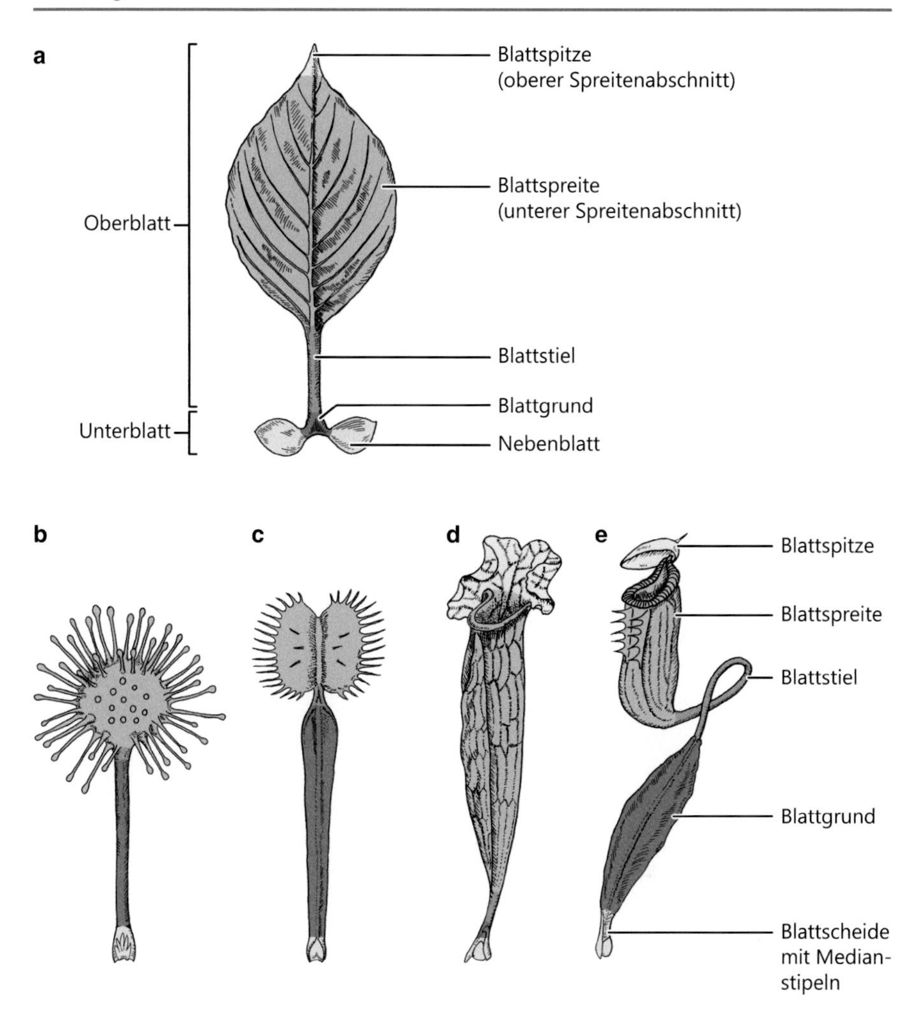

Abb. 3.10 Vergleichende Darstellung von Blattmetamorphosen bei tierfangenden Pflanzen (Insektivoren). Homologe Strukturen zu der Grundgestalt des Laubblattes (**a**) sind in gleichen Farben gezeichnet. Sekretierte Lockstoffe verleiten die Insekten zum Besuch der Fangblätter, wo sie entweder haften oder durch Klappfalle bzw. Becherfalle gefangen werden. Mittels sekretierter Enzyme wird die Verdauung der Insekten bewirkt, sodass der Pflanze nun eine tierische Stickstoffquelle zur Verfügung steht. Dargestellt sind: Tentakeln mit klebrigen Sekreten beim Sonnentau (*Drosera* spec.) (**b**); Klappfalle bei der Venusfliegenfalle (*Dionaea* spec.) (**c**); becherförmige Falle bei der Krugpflanze (*Sarracenia* spec.) (**d**); becherförmige Falle mit Deckel und blattartiger Verbreiterung des Blattgrundes bei der Kannenpflanze (*Nepenthes* spec.) (**e**)

10. Wie unterscheiden sich bifaziale und unifaziale Blätter?
11. Wie werden Blätter bezeichnet, deren Ober- und Unterseite morphologisch gleich gestaltet sind?
12. Nennen Sie drei typische Merkmale für den xeromorphen Bau des Nadelblattes bei der Kiefer!
13. Wodurch wird eine Vergrößerung der photosynthetisierenden Oberfläche im Nadelblatt erreicht?
14. Nennen Sie Blattmetamorphosen mit entsprechenden Beispielen!

Die Wurzel

4

Die Wurzel dient typischerweise der Verankerung im Boden sowie der Wasser- und Nährsalzaufnahme. Da die Wurzeln vor allem durch Zugkräfte stark beansprucht werden und zudem biegsam sein müssen, sind zentral angeordnete Festigungselemente zur ausreichenden Stabilisierung wesentlich. Die typischen radialen Leitbündel enthalten in ihrem Xylemteil Tracheiden, die stärker als die Tracheen zur Festigung beitragen. Um der Aufgabe der kontrollierten Wasser- und Nährsalzleitung gerecht zu werden, muss zunächst die wasseraufnehmende Oberfläche vergrößert werden. Dies wird durch die Ausbildung zahlreicher Wurzelhaare ermöglicht. Zudem benötigt die Wurzel äußere Abschlussgewebe (Hypodermis, Exodermis) zum Schutz vor unerwünschter Wasserabgabe. Der physiologisch kontrollierte Übertritt der Wasser- und Nährsalzlösung zum Leitsystem der Pflanze wird über ein inneres Abschlussgewebe (Endodermis) vermittelt.

Wurzeln sind außerdem Syntheseort für verschiedene Metaboliten, wie z. B. pflanzliche Hormone, und speichern Reservestoffe wie Saccharose, Stärke oder Inulin. In den nächsten Abschnitten werden der primäre und der sekundäre Bau der Wurzel behandelt.

4.1 Primärer Bau

Die Bewurzelung von Pflanzen ist häufig hierarchisch aufgebaut: Eine pfahlförmig nach unten wachsende Hauptwurzel verzweigt sich in Seitenwurzeln verschiedener Ordnung. Dies wird als allorrhize Bewurzelung bezeichnet und ist charakteristisch für dikotyle Pflanzen. Bei der primär homorrhizen Bewurzelung ist schon die erste Wurzel seitlich angelegt und die einzelnen Wurzeln gleichrangig gestaltet. Dies ist typisch für die Wurzeln der Farnpflanzen, deren Embryo keine Keimwurzel ausbildet. Eine sekundär homorrhize Bewurzelung findet man bei vielen Monokotylen wie den Gräsern oder bei Zwiebelgewächsen: Die primär angelegte Keimwurzel wird von Seitenwurzeln und vor allem von sprossbürtigen Wurzeln verdrängt, sodass ebenfalls ein System gleichrangiger Wurzeln entsteht. Die Oberflächenvergrößerung der Wurzel wird durch die Ausbildung von Wurzelhaaren erreicht, sie

U. Kück, G. Wolff, *Botanisches Grundpraktikum*, DOI 10.1007/978-3-642-53705-9_4,

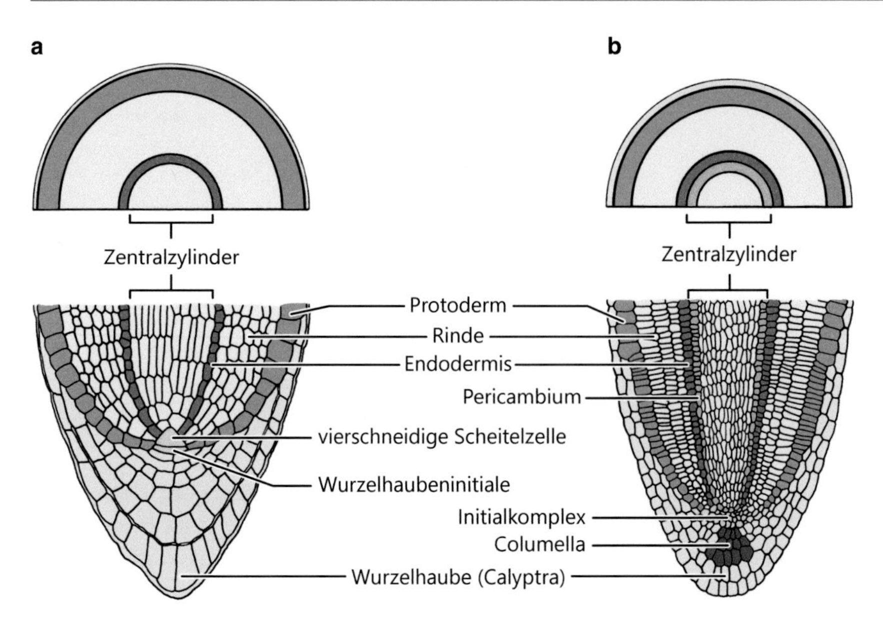

Abb. 4.1 Frühes Entwicklungsstadium der Wurzelspitze bei der Farnpflanze *Pteris cretica* (**a**) und der Blütenpflanze *Brassica napus* (**b**) in Quer- und Längsschnitt dargestellt. Die Farnwurzel wächst durch die Aktivität einer vierschneidigen Scheitelzelle, bei der Wurzel der Blütenpflanze bildet ein subapikaler Initialkomplex die Gewebe aus. Die Wurzelhaube schützt die Wurzelspitze und erleichtert das Vordringen im Erdreich. Die Columella liegt innerhalb der Calyptra und kann die Erdanziehung wahrnehmen (Gravitropismus). (Nach Sitte et al. 1998, verändert)

sind die eigentlichen Organe der Wasser- und Nährsalzaufnahme. Das Protoderm der Wurzelspitze geht in eine nicht cutinisierte Rhizodermis über, deren Zellen (Trichoblasten) durch seitliche, röhrenförmige Auswüchse die Wurzelhaare ausbilden. Obwohl die Wurzelhaarzone jeder Wurzelspitze meist nur 1–2 cm lang ist, wird die wasseraufnehmende Oberfläche durch die immense Zahl der Wurzelhaare beträchtlich vergrößert.

Die Wurzelspitze ist bei ihrem Vordringen in den Boden während des Wachstums durch eine Wurzelhaube (Calyptra) aus verschleimenden, sich leicht ablösenden Zellen gegen Beschädigungen geschützt. Die Calyptra geht bei den Farnpflanzen neben den anderen Geweben der Wurzelspitze aus einer vierschneidigen Scheitelzelle hervor, während bei Samenpflanzen ein Initialkomplex embryonaler Zellen für die Ausbildung der Calyptra und der restlichen Gewebe verantwortlich ist (Abb. 4.1). Die Calyptra umgibt die zentral gelegene Columella, welche die Statocyten enthält. Dabei handelt es sich um Amyloplasten-führende Zellen. Die Plastiden wirken als Statolithen, die es der Pflanze ermöglichen die Richtung der Erdanziehung wahrzunehmen (Gravitropismus). Dadurch wird ein zielgerichtetes Wachstum nach unten gewährleistet (Abb. 4.1b).

Die Wurzelspitze besitzt ein einschichtiges Protoderm, das sich zur Rhizodermis differenziert. Die Zellen der Rhizodermis sind in der Lage Wurzelhaare auszubil-

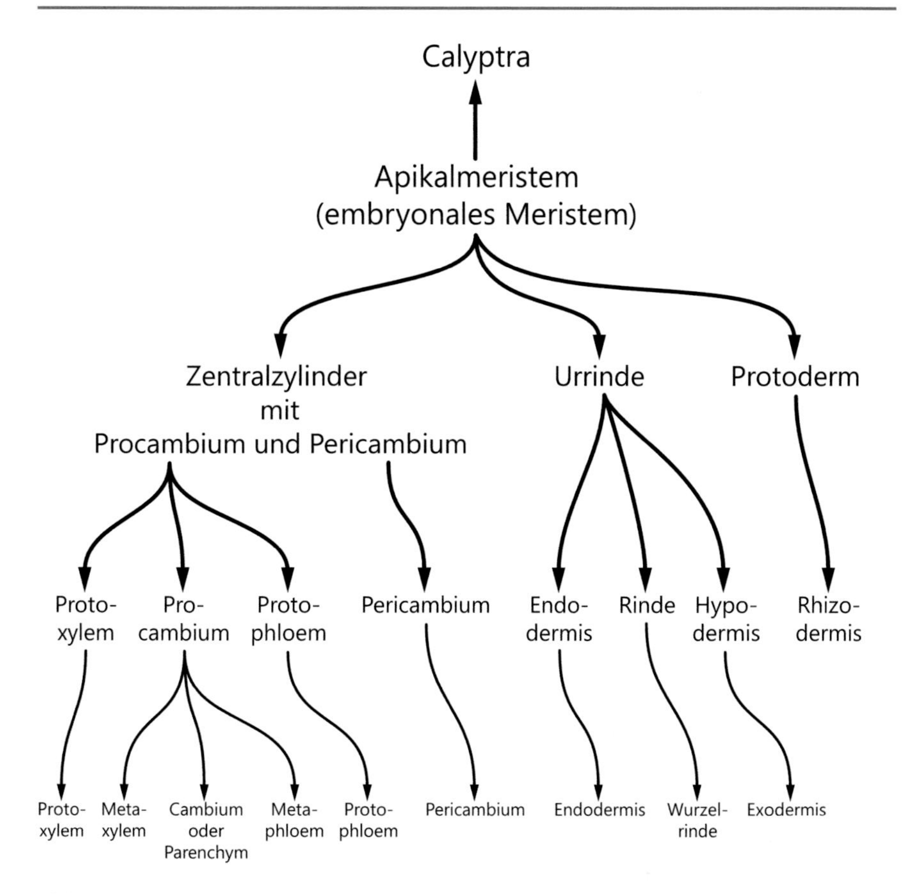

Abb. 4.2 Abfolge der Gewebe in der typischen primären Wurzel bei Samenpflanzen. Die Rhizodermis als primäres Abschlussgewebe wird später durch die Exodermis ersetzt. Bei vielen Holzpflanzen mit sekundärem Dickenwachstum der Wurzel bleibt das Procambium im radialen Leitbündel zwischen Phloem und Xylem erhalten, ansonsten sind Phloem und Xylem durch parenchymatische Streifen getrennt. Vergleiche auch Abb. 2.1 zur Gewebeabfolge in der Sprossachse

den. Da ihre Lebensdauer aber begrenzt ist, wird später ein anderes Abschlussgewebe benötigt. Subrhizodermal liegt eine Hypodermis, welche als Exodermis die degenerierte Rhizodermis ersetzt und die Wurzel nach außen schützt. Die Zellen der Exodermis sind meist verkorkt, sodass eine unerwünschte Wasserabgabe vermieden wird. Es folgt eine massive, parenchymatische und oft interzellularenreiche Wurzelrinde, deren innerste Schicht als Endodermis bezeichnet wird. Sie schließt die Wurzelrinde gegen den Zentralzylinder ab, der die Festigungs- und Leitelemente der Wurzel umfasst. Die äußere Schicht des Zentralzylinders wird von einem Restmeristem eingenommen, dem Perizykel oder Pericambium (Abb. 4.2). Im Zentralzylinder der primären Wurzel liegt bei den Samenpflanzen ein radiales Leitbündel vor, dessen Xylem zwei-, drei-, vier- oder vielstrahlig sein kann (di-, tri-, tetra- oder polyarches Leitbündel). Die Xylempole oder Xylemstrahlen reichen meist bis an den Perizykel heran. Das Phloem liegt in den Einbuchtungen zwischen den Xylemstrahlen angeordnet und ist von diesen oft durch einen Streifen parenchymatischen Gewebes abgegrenzt (Abb. 2.3). Bei Pflanzen mit sekundärem Dickenwachstum der Wurzel (viele Dikotyle und Gymnospermen) bleibt das Procambium zwischen Phloem und Xylem im radialen Leitbündel erhalten. Die Xylempole stoßen aber auch in diesen Fällen meist direkt an den Perizykel (das Pericambium).

Eine Wurzel kann man anhand einiger Merkmale von einer unterirdisch wachsenden Sprossachse unterscheiden: Die Wurzel besitzt eine Calyptra, Wurzelhaare und ein radiales Leitbündel. Ihr fehlen hingegen Blätter oder Blattanlagen und meistens auch eine Cuticula und Spaltöffnungen (vgl. Tab. 4.1).

Praktikum

OBJEKT: *Lepidium sativum*, Brassicaceae, Brassicales
ZEICHNUNG: Detail Wurzelspitze mit Calyptra, Wurzelhaarbildung (Totalpräparat)

Bei Keimlingen der Kresse *Lepidium sativum* können der Aufbau der Wurzelspitze und verschiedene Entwicklungsstadien der Wurzelhaare leicht im Detail beobachtet werden. Die Calyptra an der Wurzelspitze umgibt die Columella (Gravitropismus) und schützt das weiter innen gelegene Apikalmeristem, welches Hauptort mitotischer Zellteilungen in der Wurzel ist. Durch Verschleimen der Mittellamellen der außen gelegenen Zellen lösen sich diese voneinander und erleichtern das Vordringen im Erdreich (Abb. 4.3a, c). Auf eine Zone der Zellstreckung folgt die Wurzelhaarzone, in der die verschiedenen Stadien der Wurzelhaarbildung erkennbar sind. Bei der Kresse bildet jede Rhizodermiszelle ein Wurzelhaar aus. Zunächst sind diese als kleine Vorwölbungen zu sehen, die sich dann durch Spitzenwachstum, bei dem der Zellkern in die Wurzelhaarspitze einwandert, fingerartig weiter ausstülpen (Abb. 4.3b, d). Die Rhizodermis wird nach Absterben der Wurzelhaarzellen durch eine Exodermis aus meist verkorkten Zellen ersetzt, die aus der subrhizodermalen Hypodermis hervorgeht.

OBJEKT: *Zea mays*, Poaceae, Poales
ZEICHNUNG: Querschnitt im Bereich der Wurzelhaare, Wurzelhaarbildung

Im Querschnitt zeigen die Wurzelhaare radial nach außen. Beim Mais wechseln sich Trichoblasten und Atrichoblasten (wurzelhaarfreie Zellen) ab, da nicht jede Rhizodermiszelle ein Wurzelhaar ausbildet (Abb. 4.4b, d). Oft kann beobachtet werden, dass die Zellkerne in die Spitze der Wurzelhaare einwandern. In der Wurzelhaarzone setzt auch die Differenzierung der inneren Gewebe des Wurzelkörpers ein, sodass die sich ausbildende Rhizodermis, Rinde und der Zentralzylinder mit den Leitbündelinitialen zu erkennen sind (Abb. 4.4a, b). Protophloem und Metaphloem liegen zwischen den Strahlen des Proto- und Metaxylems, beide Bereiche sind durch parenchymatische Streifen getrennt. Auch das Pericambium (äußere Schicht des Zentralzylinders) und die Endodermis (innerste Rindenschicht) sind in diesem frühen Stadium schon zu erkennen (Abb. 4.4c). Durch weitere Ausdifferen-

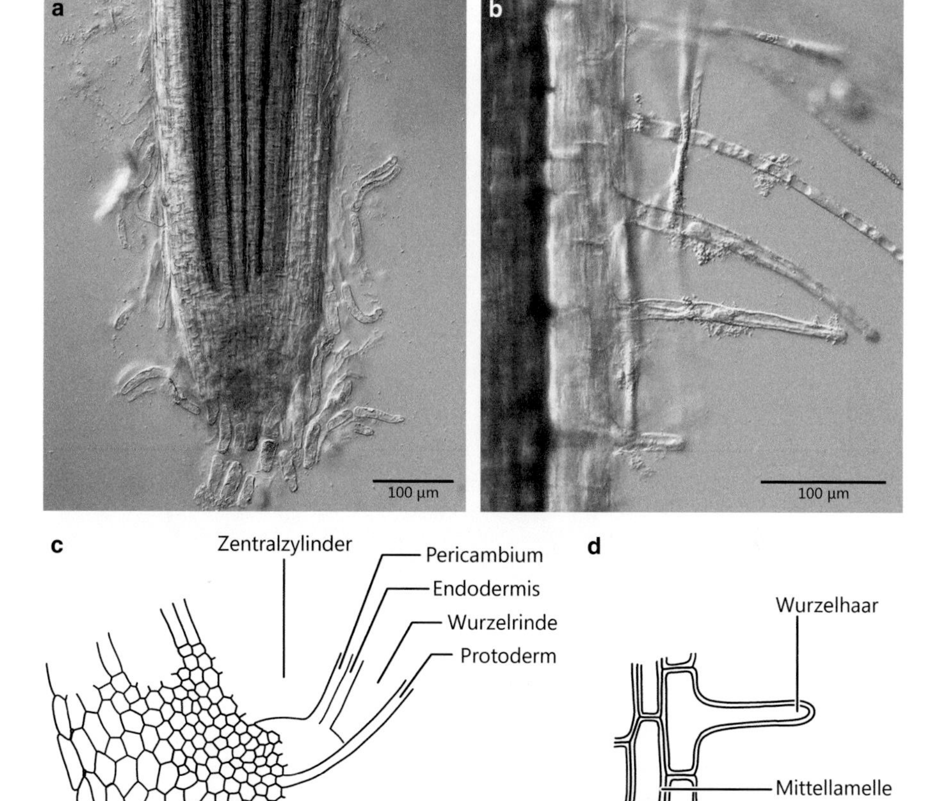

Abb. 4.3 Wurzelspitze der Kresse *Lepidium sativum* in der Gesamtansicht (**a**, **c**). Die Calyptra umgibt schützend das subapikale Meristem. Die beginnende Differenzierung zu den einzelnen Geweben der Wurzel ist zu erkennen: Das Protoderm (entwickelt sich zur Rhizodermis), die Wurzelrinde, die Endodermis, der Zentralzylinder mit Pericambium (Perizykel) und den Leitbündelinitialen. In der Wurzelhaarzone ist das Auswachsen der Wurzelhaare aus den Trichoblasten gut zu verfolgen (**b**, **d**). Bei der fingerartigen Vorwölbung der Zellwand kommt es zu einem ausgeprägten Spitzenwachstum, bei dem der Zellkern typischerweise in das Wurzelhaar einwandert

a

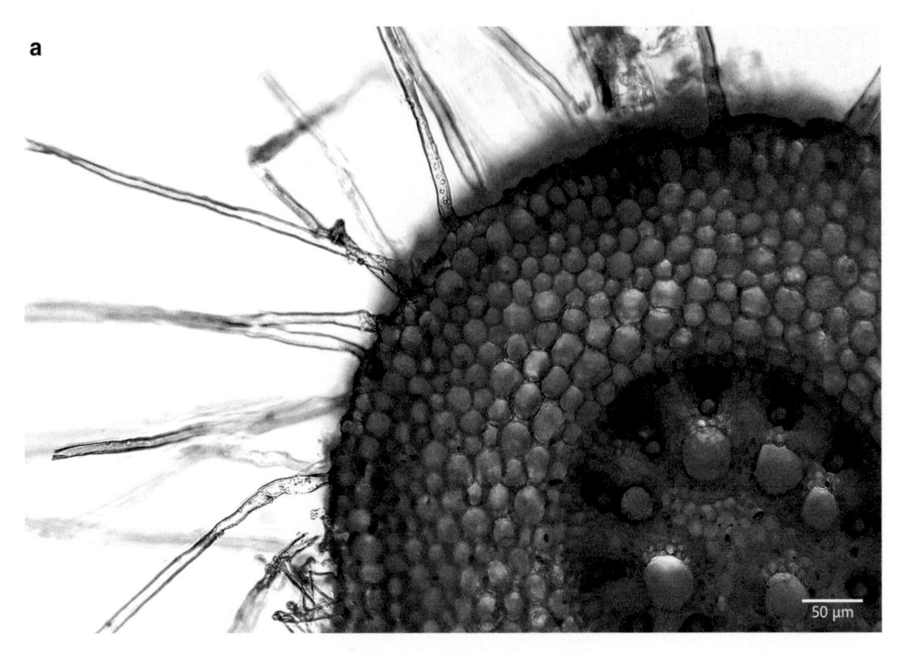

b

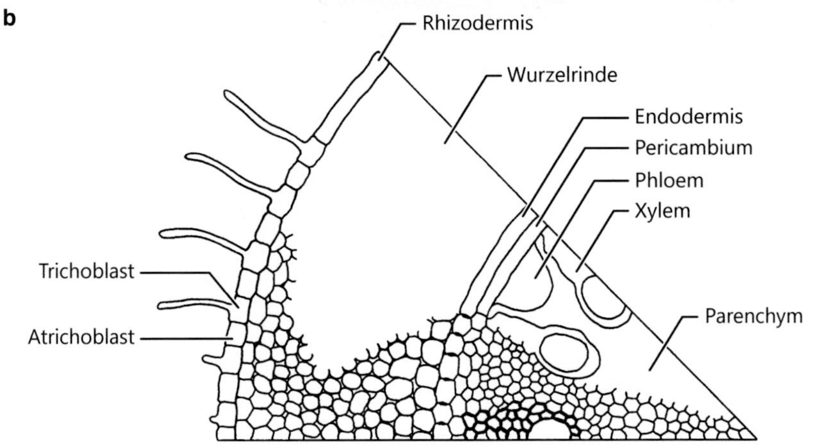

Abb. 4.4 Querschnitt durch die junge Wurzel der Maispflanze (*Zea mays*) im Bereich der Wurzelhaarzone (**a, b**). Beim Mais wechseln sich Trichoblasten und Atrichoblasten in der Rhizodermis ab (**d**). Deutlicher als bei der Kresse ist jetzt die typische Abfolge der Wurzelgewebe zu erkennen: Unter der Rhizodermis liegt die Wurzelrinde, deren innerste Schicht die Endodermis ist. Im Zentralzylinder folgt dann das Pericambium. Auch die beginnende Differenzierung in Phloem und Xylem, getrennt durch parenchymatisches Gewebe, ist zu sehen. Das Xylem reicht nicht bis zum Zentrum des radialen Leitbündels, dort liegt beim Mais parenchymatisches Gewebe (**c**)

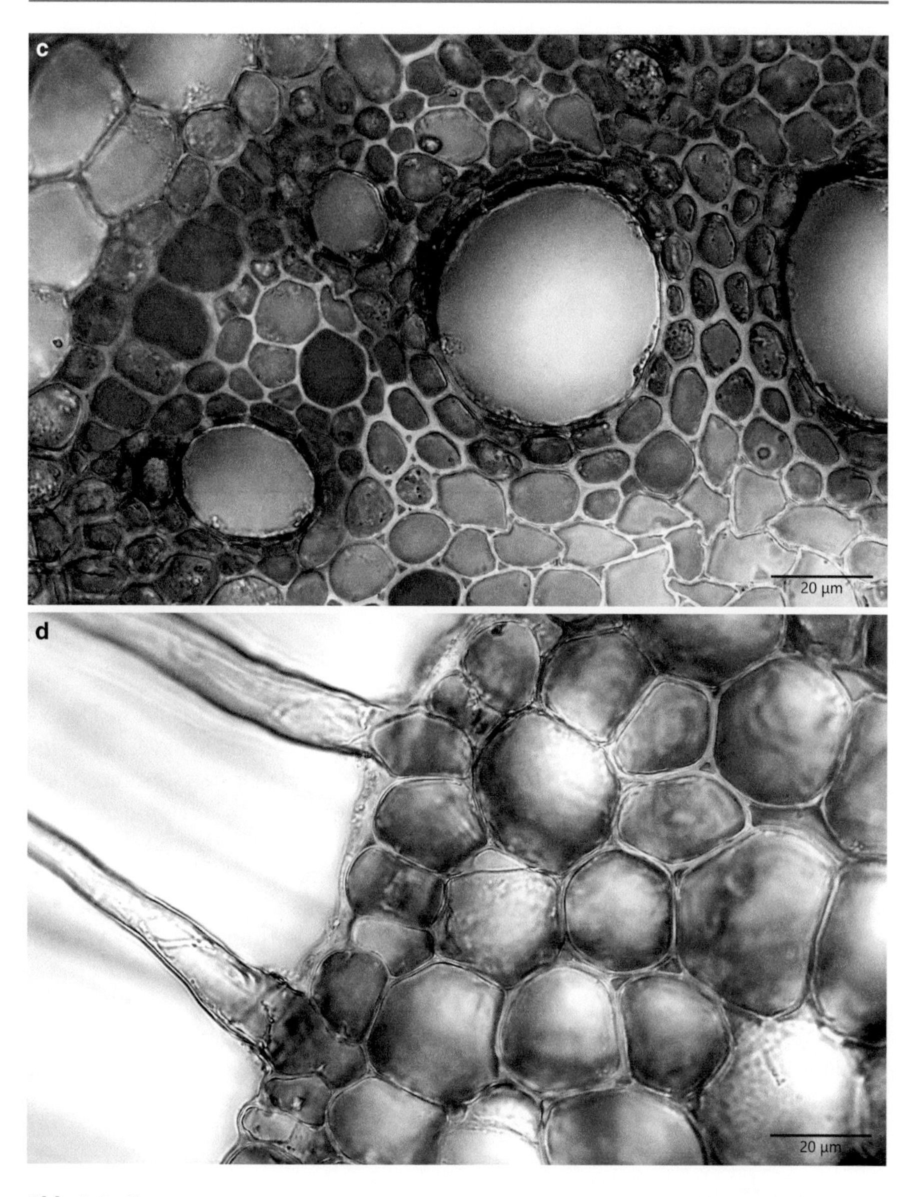

Abb. 4.4 *Fortsetzung*

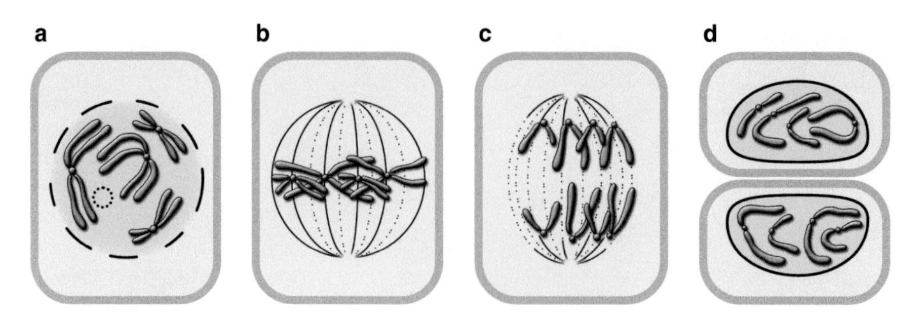

Abb. 4.5 Schematische Darstellung ausgewählter Mitosestadien im Vegetationspunkt der Wurzel von *Allium cepa*. In der Prophase (**a**) verkürzen sich die Chromosomen und sind in der Metaphase (**b**) in der Äquatorialebene angeordnet. Die Trennung der Chromatiden und ihre Bewegung zu den unterschiedlichen Zellpolen erfolgt in der Anaphase (**c**). Die Ausbildung einer neuen Zellwand trennt die Tochterzellen mit den eigenen Zellkernen in der Telophase voneinander (**d**)

zierung führt dies dann später zur typischen Gewebeabfolge beim primären Aufbau der Wurzel (Abb. 4.2).

OBJEKT: *Allium cepa*, Alliaceae, Asparagales
ZEICHNUNG: Mitosen im Vegetationspunkt

Die rege Zellteilungsaktivität im Vegetationspunkt der Wurzel kann in Dauerpräparaten von Längsschnitten durch die Wurzelspitze der Küchenzwiebel (*Allium cepa*) beobachtet werden. Bei entsprechender Anfärbung der Chromosomen sind verschiedene typische Stadien der Mitose erkennbar und können dargestellt werden (Abb. 4.5). In der Prophase werden die Chromosomen durch schraubiges Aufrollen kompakter und beginnen, sich zur Äquatorialebene der Zelle auszurichten. In der Metaphase hat sich die Äquatorialplatte ausgebildet, die Chromosomen sind maximal verkürzt (Abb. 4.5a, b). In der Anaphase erfolgt dann die Wanderung der nun getrennten Einzelchromatiden zu den Zellpolen, gleichzeitig setzt die Ausbildung der Zellplatte ein. Die Chromatiden entspiralisieren sich in der Telophase und die Tochterzellen werden durch die neue Querwand voneinander getrennt, da die fertig ausgebildete Zellplatte nun an die Seitenwände anschließt (Abb. 4.5c, d).

4.2 Seitenwurzeln

Die Bildung von Seitenwurzeln erfolgt bei den Samenpflanzen – anders als die Anlage von Seitensprossen – ausschließlich endogen und zwar aus dem Perizykel (Pericambium) hinter der Wurzelhaarzone (subapikal). Bei Samenpflanzen entstehen aus dem Restmeristem des Perizykels durch perikline und antikline Zellteilungen Wurzelvegetationspunkte, die echte Neubildungen sind. Dies steht im Gegensatz zu der Meristemfraktionierung des Apikalmeristems bei der seitlich axillären Verzweigung der Sprossachse: Hier werden keine eigentlich neuen Vegetationspunkte angelegt. Auch die Bildung von sprossbürtigen Wurzeln erfolgt aus dem Rindengewebe der Sprossachse heraus. Somit hat das Leitgewebe der Seitenwurzeln direkten Anschluss an die entsprechenden Gewebe von Achse oder Wurzel. Die Seitenwurzeln wachsen von innen durch Endodermis, Wurzelrinde und Exodermis bzw. Sprossrinde heraus und sind an der Austrittsstelle oft von dem durchbrochenen Gewebe wie von einem Kragen umgeben (Abb. 4.8). Bei Farnpflanzen erfolgt die Bildung der Seitenwurzeln ausgehend von der Endodermis.

Äußerlich erkennbar erscheinen die Wurzelaustrittspunkte in geraden Reihen (Rhizostichen) angeordnet. Dies hängt mit der Bildung der Vegetationspunkte zusammen, die jeweils über den Xylempolen des radialen Leitbündels erfolgt. Demnach lässt sich an der Anzahl der Rhizostichen die Zähligkeit des radialen Leitbündels feststellen.

4.3 Endodermis

Die Endodermis bildet die innerste Schicht der Rinde und besteht aus lückenlos aneinander schließenden, lebenden Zellen, die den Wasser- und Nährsalzdurchtritt zwischen Zentralzylinder und Rinde kontrollieren. Sie bildet eine physiologische Scheide zwischen Rinde und Zentralzylinder. Die Zellen der Endodermis sind mit besonders gestalteten Zellwänden ausgestattet, die einen primären, sekundären und tertiären Entwicklungszustand erreichen können (Abb. 4.6). In der primären Endodermis ist in die elastischen Radial- und Horizontalwände der Zellen ein suberinähnliches Polymer (Endodermin) eingelagert, das als Casparyscher Streifen bei Aufsicht auf die Zelle sichtbar wird. Dadurch wird die Wasserleitfähigkeit der Zellwand in radialer Richtung stark vermindert, sodass der Wassertransport hier durch den Protoplasten erfolgen muss (Abb. 4.6a). Bei Angiospermen mit sekundärem Dickenwachstum der Wurzel wird die Endodermis nach diesem Entwicklungsstadium bereits abgesprengt.

Im Entwicklungszustand der sekundären Endodermis erfolgt eine allseitige Auflagerung von Suberin (Abb. 4.6b). Damit wird der Wassertransport durch den Protoplasten so eingeschränkt, dass einzelne Durchlasszellen in der Endodermis für diese Aufgabe spezialisiert sein müssen. Bei Koniferen bleibt die Endodermis in diesem Zustand erhalten, während sonst ein tertiäres Entwicklungsstadium erreicht wird. Bei der Ausbildung der tertiären Endodermis lagern die noch lebenden Protoplasten auf die Suberinlamellen dicke Schichten aus Cellulose auf, die auch verholzen können (Abb. 4.6c). Erfolgt die Verdickung allseitig, entstehen O-Endodermen, bei Aussparung der tangentialen Außenwand bei der Zellwandverdickung erfolgt die Ausbildung von U-Endodermen. Die Durchlasszellen bleiben von dieser Entwicklung ausgenommen, sie finden sich meist über den Xylempolen des radialen Leitbündels. Diese Ausprägung der Endodermis ist ein typischer Endzustand der Entwicklung bei monokotylen Pflanzen.

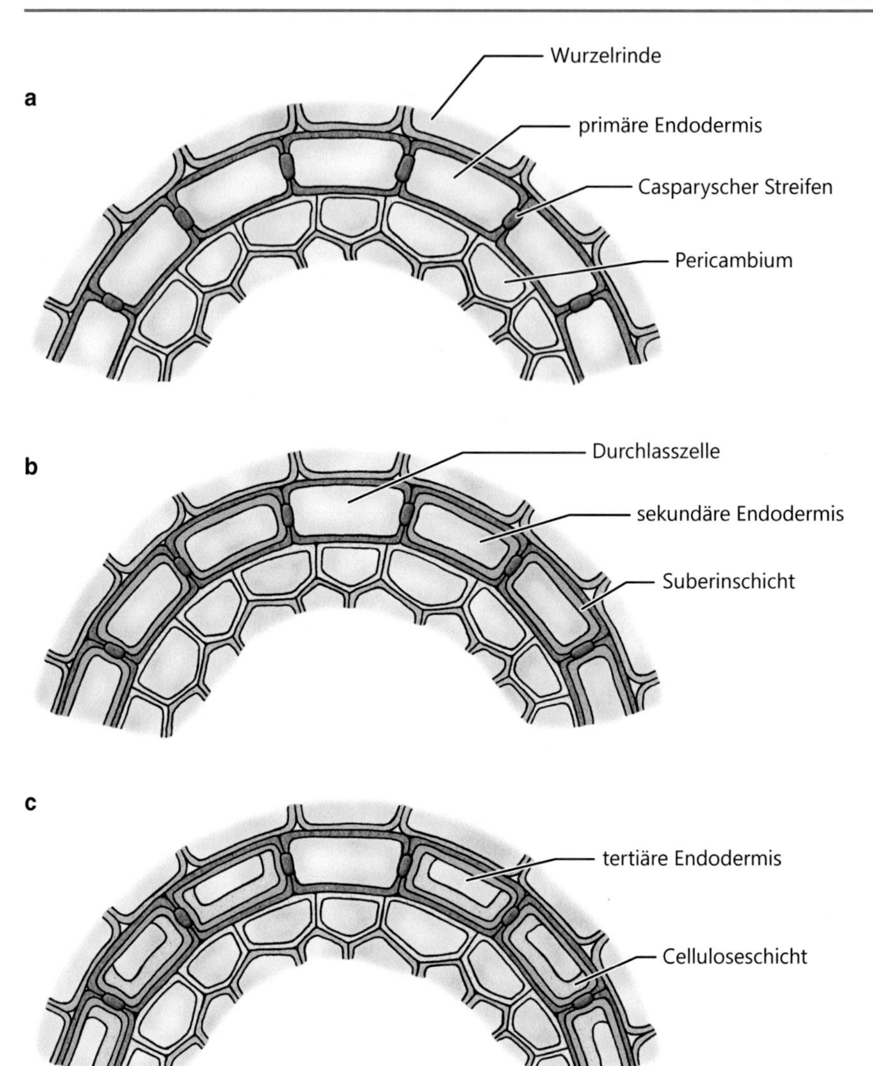

Abb. 4.6 Querschnitte der Wurzelendodermis im primären (**a**), sekundären (**b**) und tertiären (**c**) Entwicklungszustand. Im primären Zustand erfolgt eine Abdichtung der Endodermiszellen durch den Casparyschen Streifen, eine bandförmige Einlagerung von Endodermin in die Radial- und Horizontalwände (**a**). Im sekundären Zustand wird allseitig eine Suberinschicht aufgelagert (**b**). Bei der tertiären Endodermis können U-Endodermen entstehen, indem unter Aussparung der tangentialen Außenwand dicke Celluloseschichten zusätzlich aufgelagert werden (**c**). (Nach Lüttge et al. 1988, verändert)

Praktikum

OBJEKT: *Clivia miniata*, Amaryllidaceae, Asparagales
ZEICHNUNG: Querschnitt durch die Wurzel mit Velamen radicum in der Übersicht, Detail der primären Endodermis

Bei den Luftwurzeln der Clivie (*Clivia miniata*) lässt sich das primäre Entwicklungsstadium der Endodermis gut untersuchen. Im Querschnitt durch diese Wurzel fällt in der Übersicht das mächtige, den Zentralzylinder umgebende Rindengewebe auf, das parenchymatisch und interzellularenreich gestaltet ist. Außen folgt die Exodermis, der ein mehrschichtiges Wasserspeichergewebe aus toten, verkorkten und verholzten Zellen (Velamen radicum) aufgelagert ist. Dieses Gewebe dient der Wasseraufnahme aus Tau oder Niederschlag und gibt das Wasser dann nach Durchtritt durch die Exodermis an die weiter innen liegenden Schichten der Wurzel weiter.

Im Zentralzylinder, der durch den Perizykel nach außen begrenzt wird, liegt ein polyarches radiales Leitbündel, das 12- bis 15-strahlig ist (Abb. 4.7a, c). Die Endodermis, als innerste Rindenschicht zu erkennen, weist Casparysche Streifen in ihren Zellwänden auf. Im Querschnitt durch die vertikalen Radialwände erscheinen diese im Bereich der Endodermin-Inkrustation etwas verdickt, sodass der Casparysche Streifen hier als dunkler Punkt oder Bereich zu sehen ist, der wie ein bandartiger Gürtel um die Zelle herumläuft (Abb. 4.7b, d).

OBJEKT: *Iris germanica*, Iridaceae, Asparagales
ZEICHNUNG: Querschnitt durch die Wurzel mit Seitenwurzelbildung in der Übersicht, Detail der tertiären Endodermis

Bei der Deutschen Schwertlilie (*Iris germanica*) ist in Wurzelquerschnitten die tertiäre Endodermis und die Bildung von Seitenwurzeln gut erkennbar. Ein mächtig entwickeltes Rindenparenchym wird nach außen von einer Exodermis abgeschlossen, deren Zellwände verkorkt und verholzt sind. Der Zentralzylinder enthält ein polyarches radiales Leitbündel, das 10–12 Xylemstrahlen besitzt. Er wird nach außen durch das Pericambium begrenzt, aus dem heraus die Seitenwurzelbildung erfolgt. Die auswachsende Seitenwurzel durchbricht Endodermis, Rindenparenchym und Exodermis, sodass sie mit einem Kragen aus durchbrochenem Gewebe aus der Hauptwurzel austritt (Abb. 4.8a, b).

Die Endodermiszellen erscheinen im typischen tertiären Entwicklungsstadium. Bei der Auflagerung der Celluloseschichten wurde die tangentiale Außenwand ausgespart, sodass eine U-Endodermis entstanden ist. Die Zellwände dieser Zellen sind verkorkt und verholzt (Abb. 4.8c–e). Bei den Durchlasszellen erscheinen die Zellwände unverdickt, sie sind zudem weder verkorkt noch verholzt, sodass ein kontrollierter Wasser- und Stofftransport gewährleistet ist.

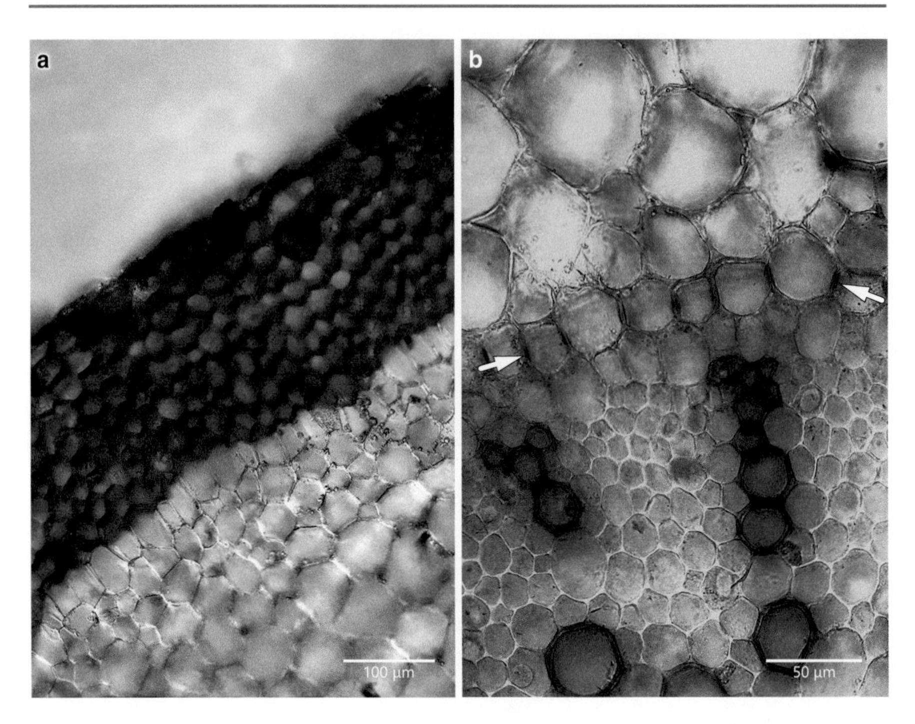

Abb. 4.7 Querschnitt durch die Luftwurzel der Clivie (*Clivia miniata*). In der Übersicht fällt das mächtige Velamen radicum auf, ein Wasserabsorptions- und Speichergewebe, das außerhalb der Exodermis liegt. Es folgt ein stark entwickeltes Rindenparenchym, dessen innerste Schicht als primäre Endodermis ausgebildet ist. Nach innen wird dann der Zentralzylinder erkennbar (**a**, **c**). In der Detailansicht der Endodermis ist der Casparysche Streifen zu sehen, der wie ein Gürtel die Zelle umgibt (**b**, **d**). Die *Pfeile* in (**b**) weisen auf den Verlauf der primären Endodermis hin

4.4 Sekundäres Dickenwachstum

Bei Pflanzen mit sekundärem Dickenwachstum unterliegt auch die Wurzel einer ähnlich massiven Umfangserweiterung wie die Sprossachse. Ausdauernde Holzgewächse der Dikotylen und Gymnospermen nehmen schon im ersten Jahr das sekundäre Dickenwachstum auf, selten findet man es auch bei baumförmigen Monokotylen (z. B. beim Drachenbaum (*Dracaena* spec.)). Auch bei einigen Stauden (z. B. *Caltha palustris*, *Vicia faba*, *Urtica dioica*) ist ein beginnendes Dickenwachstum der Wurzel zu beobachten, das meistens recht bald wieder beendet wird. Gerade die frühen Stadien der Cambiumentwicklung sind aber bei diesen Pflanzen besonders gut zu erkennen, sodass sie als Objekte geeignet erscheinen.

Ausgehend von dem radialen Leitbündel der Wurzel erfolgt die Bildung des Cambiums natürlich anders als in der Sprossachse der Holzpflanzen. Die Zellen des Procambiums, welche bei Holzpflanzen primäres Xylem und primäres Phloem voneinander trennen, nehmen ihre Teilungsaktivität wieder auf. Weiterhin betei-

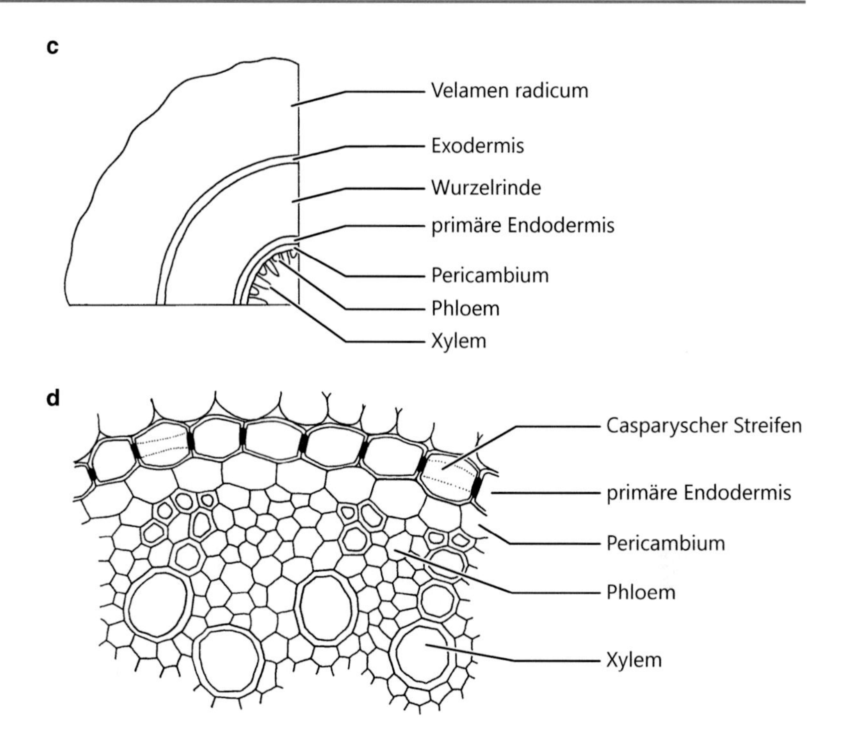

Abb. 4.7 *Fortsetzung*

ligen sich die Bereiche des inzwischen mehrschichtigen Perizykels, die über den Xylempolen liegen, an der Ausbildung eines im Querschnitt zunächst nahezu sternförmig erscheinenden Cambiums (Abb. 4.9a, b). Setzt nun die Bildung sekundären Xylems ein, so erfolgt im Bereich der Einbuchtungen des Cambiums eine erhöhte Holzproduktion, sodass sich ein im Querschnitt rund erscheinendes Wurzelcambium nach außen schiebt. Innen liegen die radialen Strahlen des primären Xylems, die Buchten sind durch sekundäres Xylem (Holz) gefüllt (Abb. 4.9b). Das primäre Phloem wird durch die Cambiumtätigkeit nach außen geschoben, darunter entsteht bald sekundäres Phloem (Bast). Holzstrahlen werden im sekundären Xylem und immer über den Polen des primären Xylems gebildet. Es handelt sich hier nicht um Markstrahlen, da das Zentrum der Wurzel aufgrund des Vorhandenseins des radialen Leitbündels nicht von Mark angefüllt ist und die Holzstrahlen zudem vor den Polen des primären Xylems enden. Im Bast werden diese Strahlen weitergeführt (Abb. 4.9c). Im Verlauf des weiteren Dickenwachstums werden weitere Holz- und Baststrahlen ausgebildet. Die zarte Rhizodermis ist meist schon vor Beginn des sekundären Dickenwachstums durch die Exodermis abgelöst worden, aber weder dieses Abschlussgewebe noch Wurzelrinde und Endodermis machen die starken Umfangserweiterungen mit. Es wird ein tertiäres Abschlussgewebe, das Periderm, gebildet, welches die Rhizodermis (primäres) und Exodermis (sekundäres

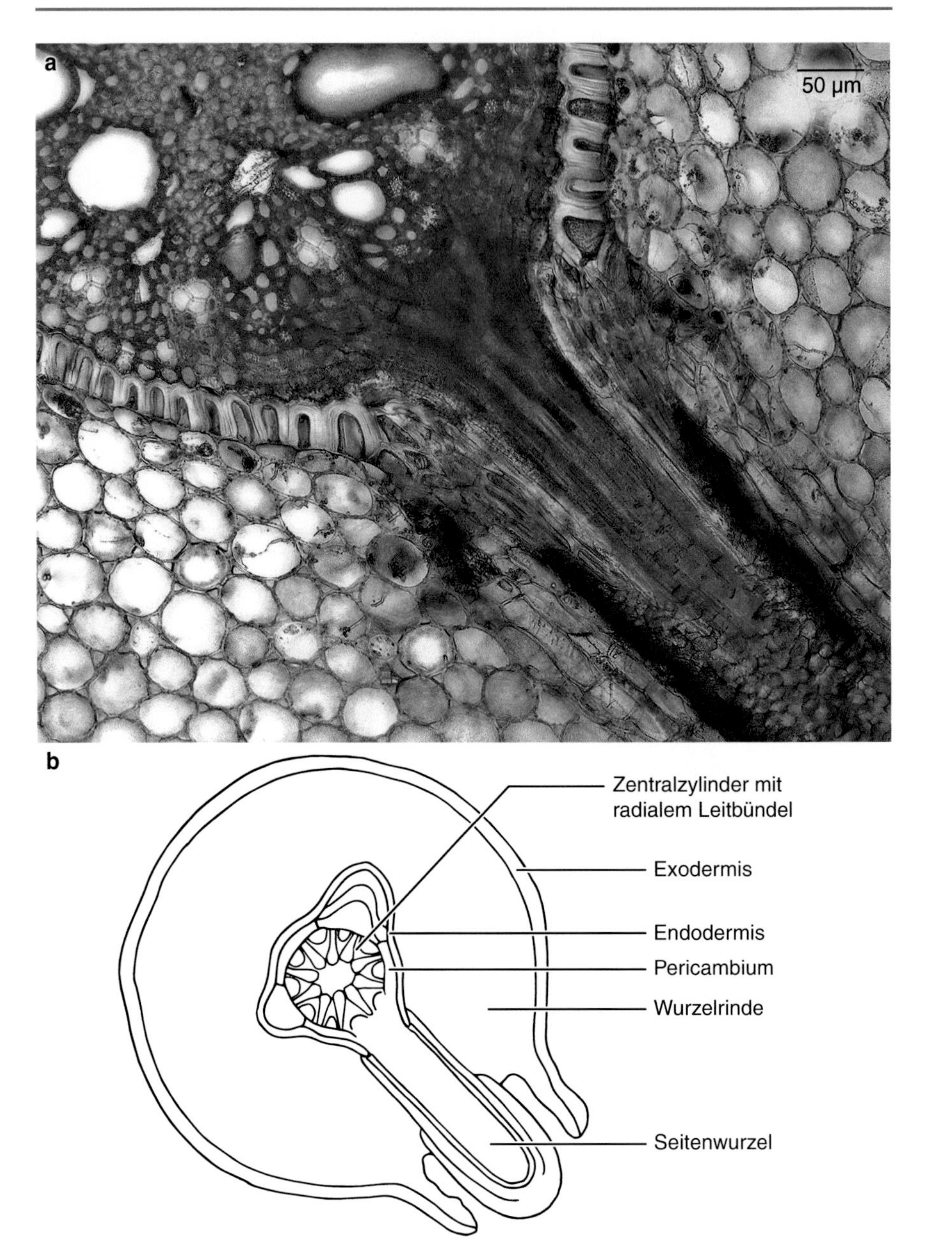

Abb. 4.8 Querschnitt durch die Wurzel von *Iris germanica*. In der Übersicht ist die Ausbildung von Seitenwurzeln dargestellt (**a**, **b**). Das Pericambium nimmt lokal seine Teilungsaktivität wieder auf und bildet konische Vorwölbungen aus. Diese wachsen durch die weiter außen liegenden Gewebe hindurch und treten dann seitlich aus. Die Endodermis der Hauptwurzel nimmt an dem Wachstum eine Zeit lang teil, sodass sie direkt an die sich differenzierende Endodermis der Seitenwurzel Anschluss findet. Die vollständig ausdifferenzierte Endodermis ist im tertiären Zustand

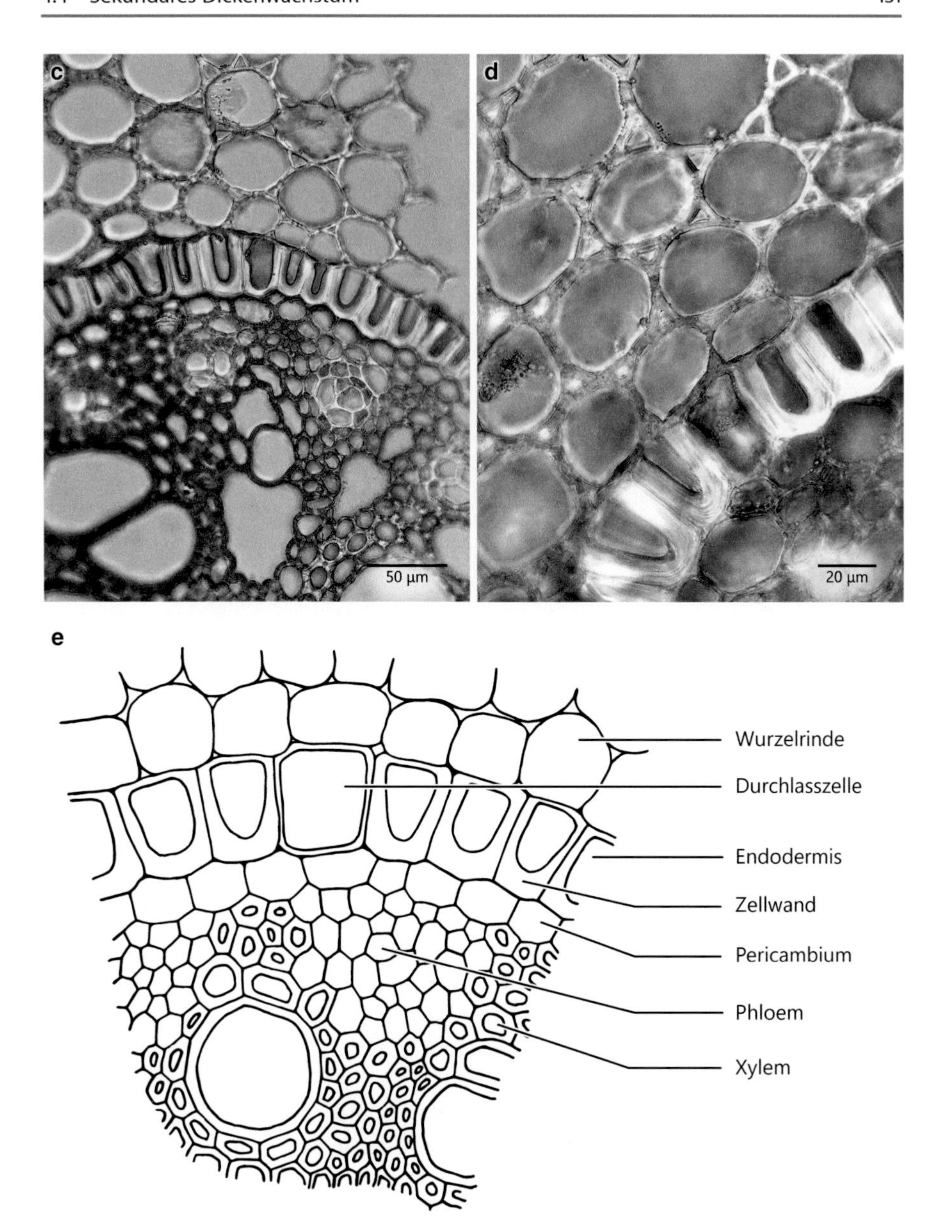

Abb. 4.8 *Fortsetzung*
(**c**–**e**). Bei der Auflagerung der Celluloseschichten wurde die tangentiale Außenwand ausgespart, sodass eine U-Endodermis entstanden ist Deutlich können Durchlasszellen erkannt werden, deren Zellwände unverdickt erscheinen (**d**, **e**). Sie liegen in der Regel vor den Xylempolen des Leitbündels

Tab. 4.1 Vergleich ausgewählter Strukturen von Sprossachse und Wurzel

Struktur	Sprossachse	Wurzel
Apikalmeristem	An der Sprossspitze, geschützt von Blattanlagen (Knospe)	Hinter der eigentlichen Wurzelspitze, geschützt von Calyptra
Seitenorgane	Seitliche axilläre Verzweigung, durch Meristemfraktionierung Bildung von Vegetationspunkten	Endogene Entstehung der Seitenwurzeln, Neubildung von Vegetationspunkten aus Pericambium
Blattanlagen	Vorhanden, zumindest als Blattnarben erkennbar	Keine
Leitsystem	Meistens kollaterale Leitbündel	Meistens radiale Leitbündel
Zentrales Gewebe	Meistens Markparenchym	Meistens Xylem
Abschlussgewebe	• Epidermis • Periderm • Borke	• Rhizodermis • Exodermis • Periderm
Periderm	Phellogen entsteht meist subepidermal in primärer Rinde als sekundäres Meristem	Phellogen entsteht aus Pericambium (Restmeristem), der äußeren Schicht des Zentralzylinders
Holz und Bast	Ähnlich aufgebaut, Cambium von Anfang an kreisförmig	Ähnlich aufgebaut, Cambium zu Beginn sternförmig

Abschlussgewebe) ersetzt. Die Peridermbildung bei der Wurzel geht vom Perizykel (Pericambium) aus, der als geschlossener Ring erhalten geblieben ist. Das Pericambium wird als Korkcambium (Phellogen) tätig und bildet nach innen das Phelloderm und nach außen das Phellem (Kork). Alle außenliegenden Gewebe reißen auf und werden später abgesprengt (Abb. 4.9c).

Eine jahrelang in die Dicke gewachsene Wurzel ist histologisch einem Stamm sehr ähnlich. Im zentralen Bereich, in dem die Reste des radialen Leitbündels noch zu erkennen sind, lässt sich der Unterschied feststellen. Die unterschiedliche Struktur und Entwicklung von Sprossachse und Wurzel bei Holzpflanzen ist in Tab. 4.1 vergleichend zusammengefasst.

Praktikum

OBJEKT: *Caltha palustris*, Ranunculaceae, Ranunculales
ZEICHNUNG: Querschnitt der Wurzel in der Übersicht, Detail der beginnenden Cambiumtätigkeit

Bei der Sumpfdotterblume (*Caltha palustris*) lässt sich zwar nur ein geringes Dickenwachstum der Wurzel erkennen, aber die Stadien der Ausbildung und beginnenden Aktivitäten des Cambiums können gut untersucht werden. Betrachtet man den primären Bau der Wurzel im Querschnitt, so entspricht dies dem typischen Gewebeaufbau, wobei das radiale Leitbündel oligoarch erscheint, also z. B. tetrarch ist (Abb. 4.10a, b). In älteren Bereichen der Wurzel setzt zunächst die meristematische Tätigkeit des Cambiums an den Einbuchtungen des primären Xylems ein. Die Zellen des Phloem und Xylem trennenden Parenchyms werden hier sekundär meristematisch und beginnen sich tangential zu teilen. Die Teilungen erfolgen in der

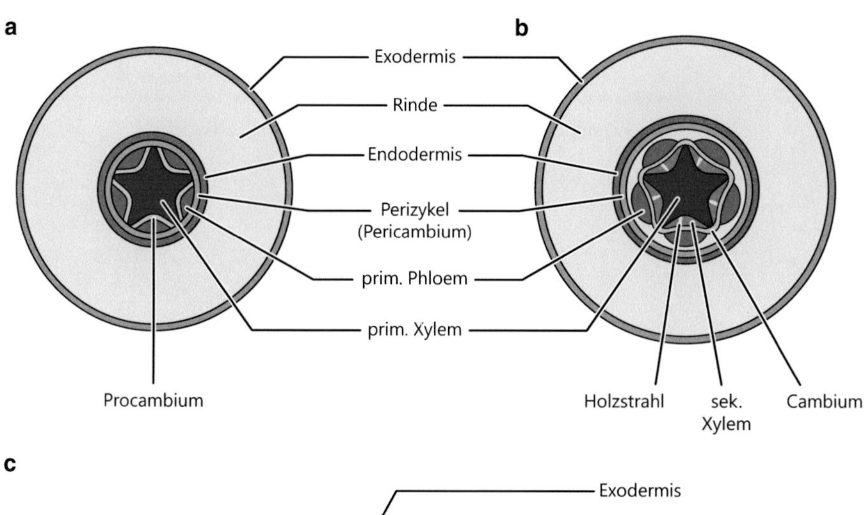

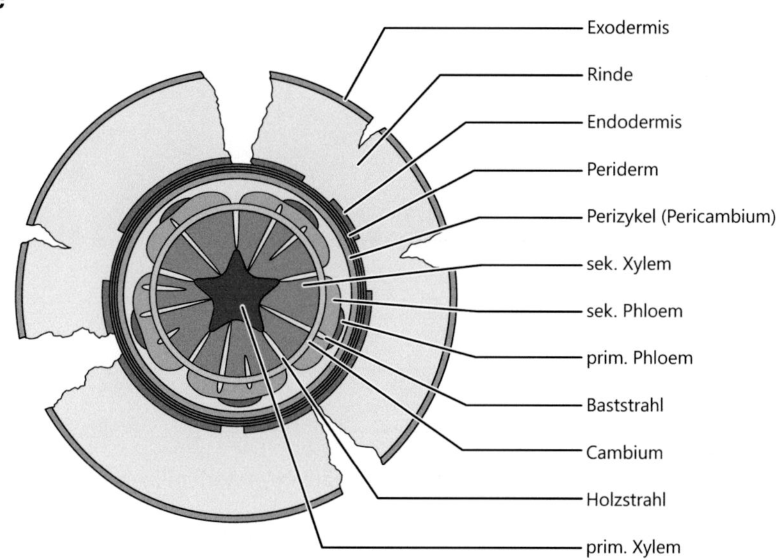

Abb. 4.9 Schematische Darstellung des sekundären Dickenwachstums der Wurzel. Der primäre Zustand mit einem offen radialen, pentarchen Leitbündel ist in (**a**) gezeigt. Im Cambium setzt an den Einbuchtungen rege Teilungstätigkeit ein, sodass durch Ausbildung sekundären Xylems ein annähernd ringförmiges Cambium entsteht, woran das über den Xylempolen liegende Pericambium beteiligt wird (**b**). Weitere Teilungsaktivität des Cambiums führt zur Bildung von sekundärem Phloem, breiten Bast- und Holzstrahlen über den ehemaligen Xylempolen, weiteren Bast- und Holzstrahlen und sekundärem Xylem. Durch das Dilatationswachstum zerreißen alle außerhalb des Periderms liegenden Schichten und werden abgesprengt. Als tertiäres Abschlussgewebe der Wurzel wird ausgehend vom Pericambium das Periderm entwickelt (**c**). (Nach Sitte et al. 1998, verändert)

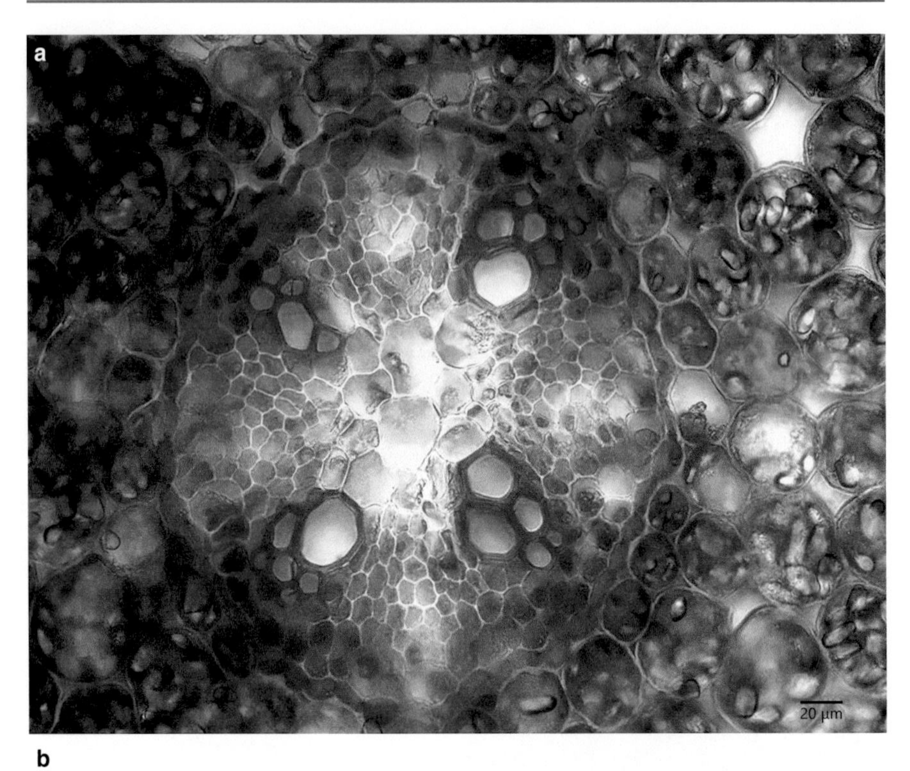

b

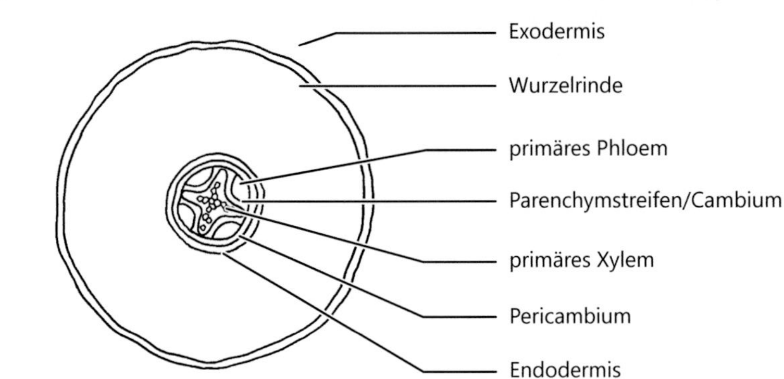

Abb. 4.10 Querschnitt durch die Wurzel der Sumpfdotterblume (*Caltha palustris*). In der Übersicht ist der typische Aufbau der primären Wurzel zu erkennen (**a**, **b**). Der Zentralzylinder mit tetrarchem Leitbündel ist von einem stärkehaltigen Rindenparenchym umgeben. In der Detailansicht ist die Ausbildung des Wurzelcambiums zu beachten, das sich aus den parenchymatischen Streifen zwischen Phloem und Xylem entwickelt (**c**, **d**). Die *Pfeile* zeigen auf die ausgebildeten Zellwände des sich entwickelnden Wurzelcambiums

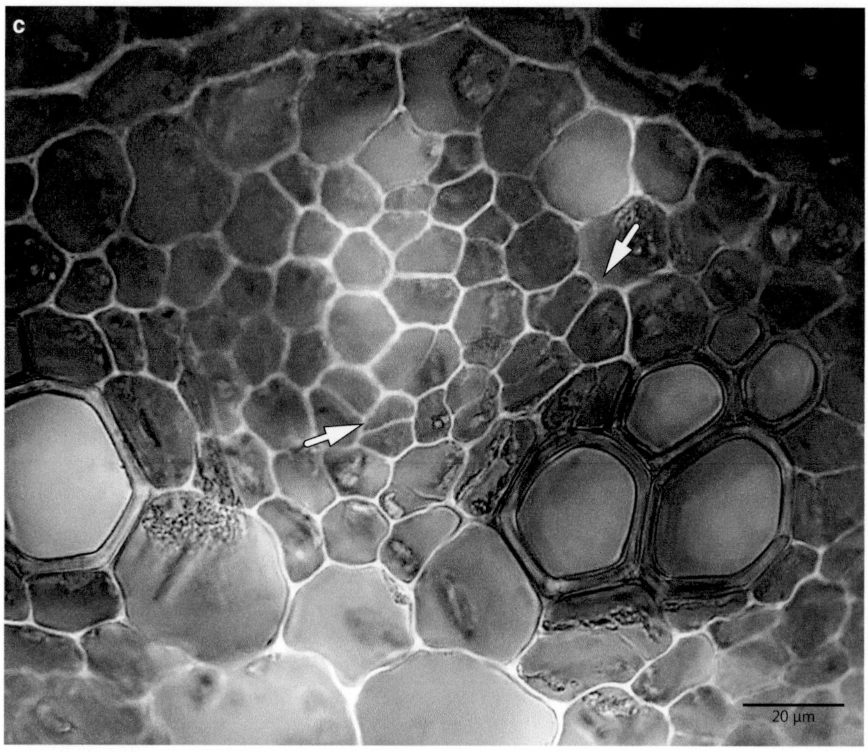

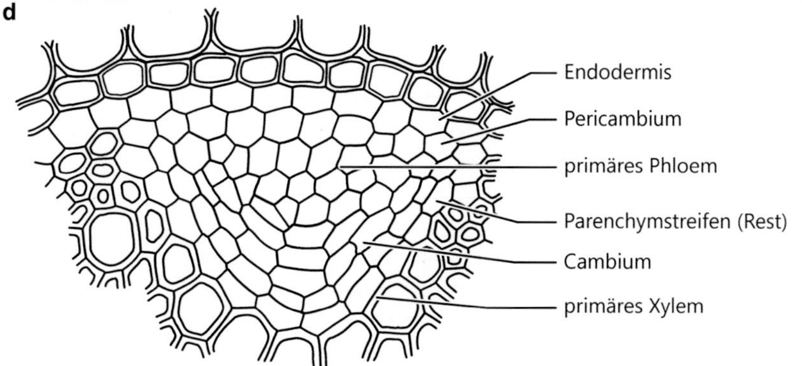

Abb. 4.10 *Fortsetzung*

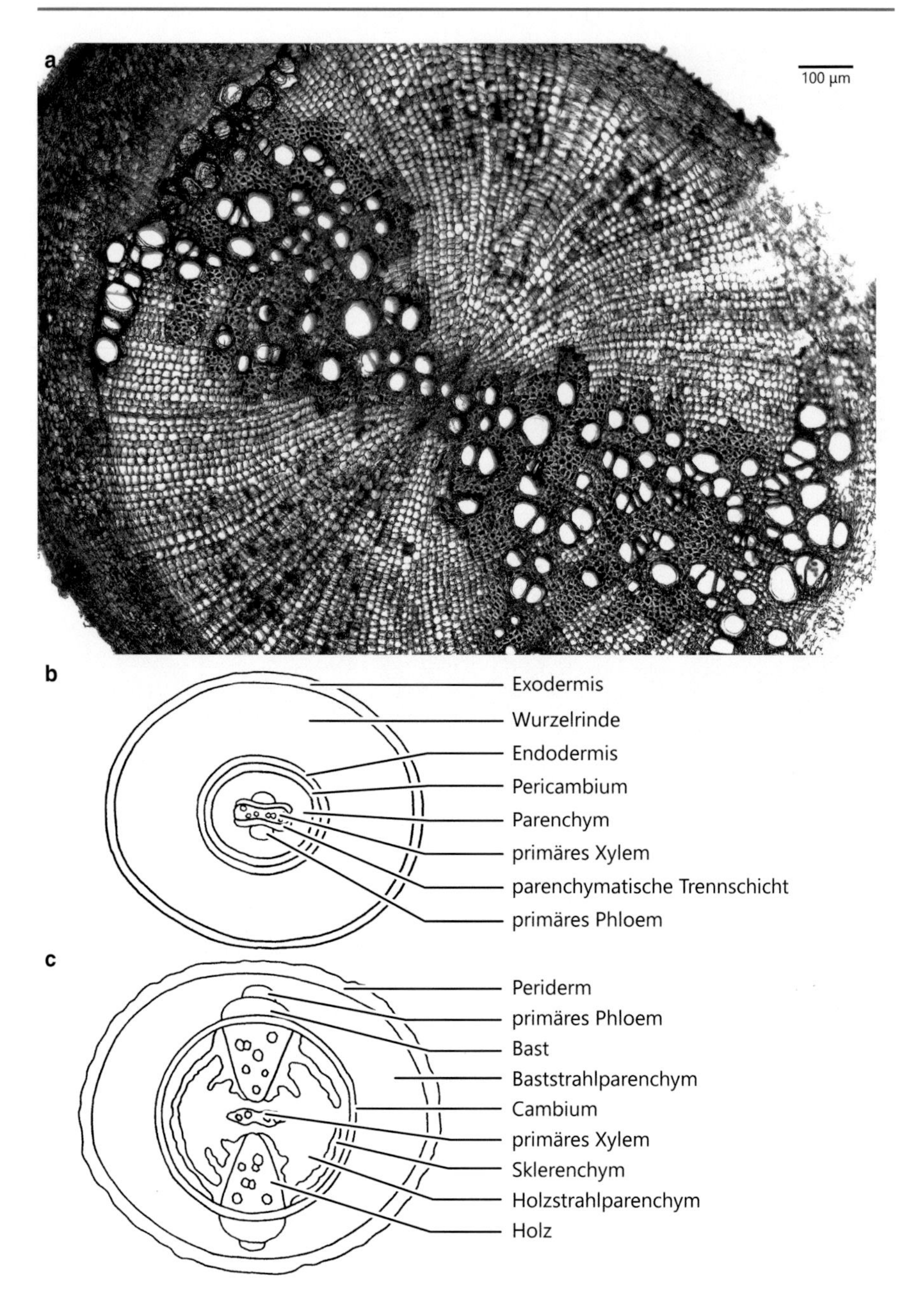

Abb. 4.11 Querschnitt durch die Wurzel der Brennnessel (*Urtica dioica*). In der jungen Wurzel ist die primäre Abfolge der Gewebe zu erkennen, das radiale Leitbündel ist diarch gebaut und eine parenchymatische Trennschicht liegt zwischen Phloem und dem hantelförmigen Xylem (**b**). Die Abfolge der Gewebe in der älteren Wurzel wurde durch das sekundäre Dickenwachstum verändert (**a**, **c**). Das Cambium umgibt zunächst hantelförmig das primäre Xylem und nimmt dann einen nahezu kreisförmigen Umriss an, da es vorwiegend an den Einbuchtungen sekundäres Xylem

Abb. 4.11 *Fortsetzung*
abgibt (**a**, **c**, **e**). Die *Pfeile* in (**e**) weisen auf den Verlauf des Wurzelcambiums hin. Breite Holz- und Baststrahlen werden über den Polen des primären Xylems gebildet, sie sind von sklerenchymatischen Bereichen durchzogen (**a**, **c**). In der Mitte der Wurzel sind noch die Reste des ursprünglichen diarchen Xylems zu erkennen (*Pfeile* in (**d**)). Das Periderm ersetzt die ursprünglichen Abschlussgewebe

gesamten Einbuchtung des primären Xylems (Abb. 4.10c, d). Bei *Caltha palustris* bleibt dieser Zustand des Dickenwachstums dann stehen, einige neu entstandene Zellen differenzieren sich zu sekundären Leitelementen aus.

OBJEKT: *Urtica dioica*, Urticaceae, Rosales
ZEICHNUNG: Querschnitt einer jungen und einer älteren Wurzel in der Übersicht

Bei der Brennnessel (*Urtica dioica*) kann in den älteren Wurzeln ein sekundäres Stadium der Wurzelentwicklung beobachtet werden. Bei der Präparation sollte beachtet werden, dass tatsächlich Wurzelquerschnitte angefertigt werden und nicht versehentlich das Rhizom der Pflanze verwendet wird, aus dem die sprossbürtigen Wurzeln hervortreten.

In den Einbuchtungen des primären Xylems des diarchen Leitbündels der Brennnessel entwickelt sich ein Cambium, das unter Beteiligung von Zellen des Perizykels eine zunächst hantelförmige Gestalt erhält (Abb. 4.11b). Durch vermehrte Holzproduktion im Bereich der Cambiumeinbuchtungen kommt es zur Ausbildung eines im Querschnitt nun rund aussehenden Wurzelcambiums. Das primäre Phloem wird nach außen geschoben, und die Bildung des darunter liegenden Bastes setzt ein (Abb. 4.11a, c, e). Sehr ausgeprägt sind die Bereiche der ersten Holz- und Baststrahlen, die vor den Polen des primären Xylems des diarchen Leitbündels entstehen (Abb. 4.11a, d). Sie werden von Streifen sklerenchymatischer Festigungselemente durchzogen, die auch das Holz nach innen umgeben (Abb. 4.11a, c–e). Das Periderm ersetzt als Abschlussgewebe bereits Rhizodermis bzw. Exodermis.

OBJEKT: *Vicia faba*, Fabaceae, Fabales
ZEICHNUNG: Querschnitt einer jungen und einer älteren Wurzel in der Übersicht, Detail des Cambiums zellulär im Bereich eines Holzstrahls

Die Wurzeln der Saubohne (*Vicia faba*) besitzen meist pentarche radiale Leitbündel, deren Xylempole direkt an das Pericambium stoßen. Das Zentrum der jungen Wurzel wird von parenchymatischem Gewebe eingenommen, dessen Zellen außerdem die Bereiche des Phloems vom Xylem abgrenzen. Das interzellularenreiche Rindenparenchym wird durch eine primäre Endodermis vom Zentralzylinder getrennt (Abb. 4.12a, b).

Bei Einsetzen des sekundären Dickenwachstums findet im Bereich des Perizykels vor den Xylempolen eine rege Zellteilung statt und außerdem teilen sich die Zellen in den parenchymatischen Streifen, die zwischen Phloem und Xylem liegen. Diese Zellen gleichen durch lokal vermehrte Abgabe von Gewebe nach innen die Einbuchtungen des Wurzelcambiums aus, sodass dies bei der älteren Wurzel ringförmig erscheint (Abb. 4.12c–e). Das primäre Phloem wird mit den begleitenden Sklerenchymsträngen nach außen geschoben und die Bildung des darunter liegenden sekundären Phloems beginnt. Die Holzstrahlen zeigen eher langgestreckte Zellen und liegen vor den ehemaligen Xylempolen. Sie werden außerhalb des Cambiums in den Baststrahlen fortgesetzt, die sich im nun geschlossenen Ring des Bastes befinden (Abb. 4.12c–g). Bei weiterem Zuwachs reißen Exodermis, Wurzelrinde und Endodermis ein und werden als Abschlussgewebe durch ein Periderm

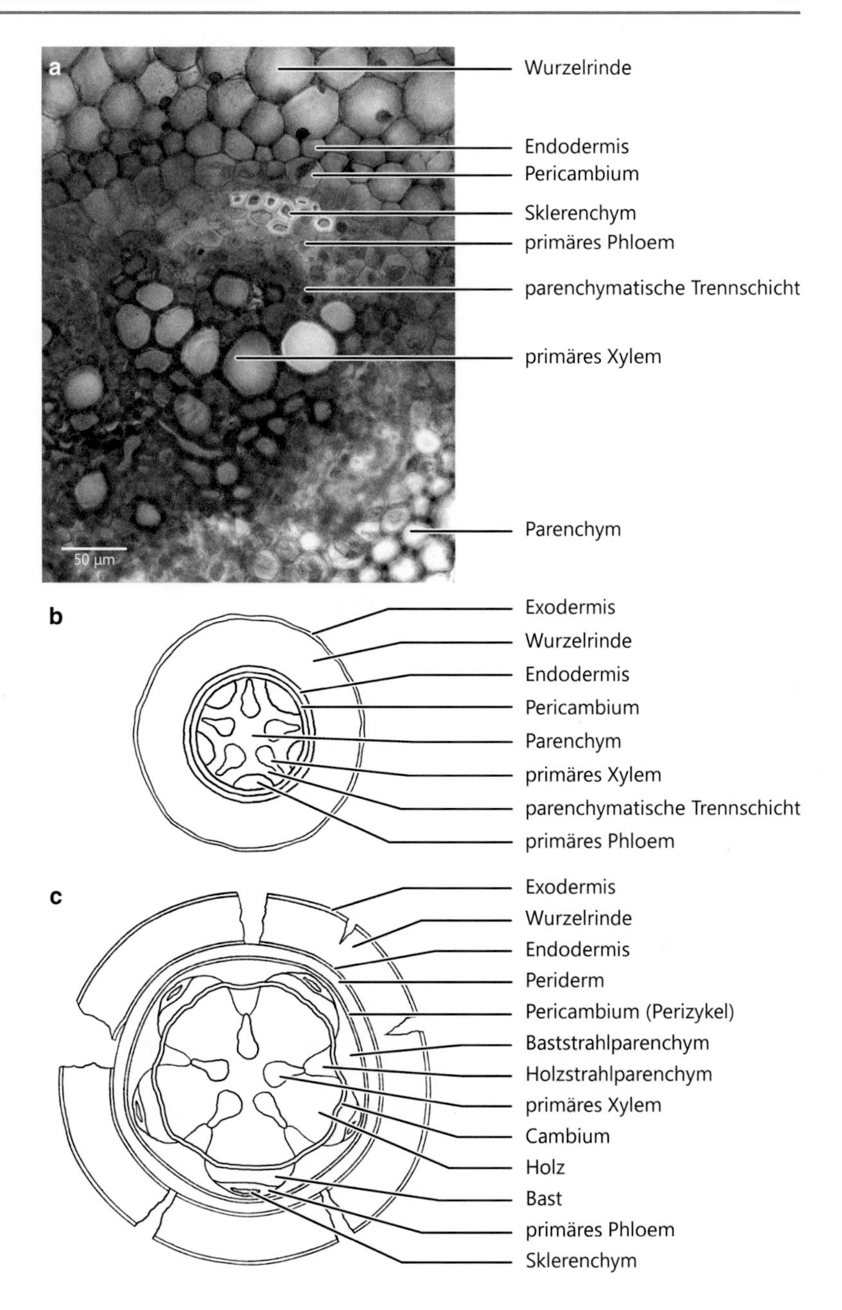

Abb. 4.12 Querschnitt durch die Wurzel der Saubohne (*Vicia faba*). In der jungen Wurzel ist die primäre Abfolge der Gewebe zu erkennen. Im Zentrum des pentarchen Leitbündels liegt Parenchym, das auch als recht breiter Streifen Phloem und Xylem voneinander trennt (**a**, **b**). Bei Einsetzen des sekundären Dickenwachstums erhält das Wurzelcambium durch lokal verstärkte Gewebeabgabe nach innen einen annähernd ringförmigen Umriss (**c**, **d**). Seine Lage zwischen Holzkörper und Bastmantel wurde zur leichteren Orientierung mit *Pfeilen* markiert (**e**–**g**). Vor den

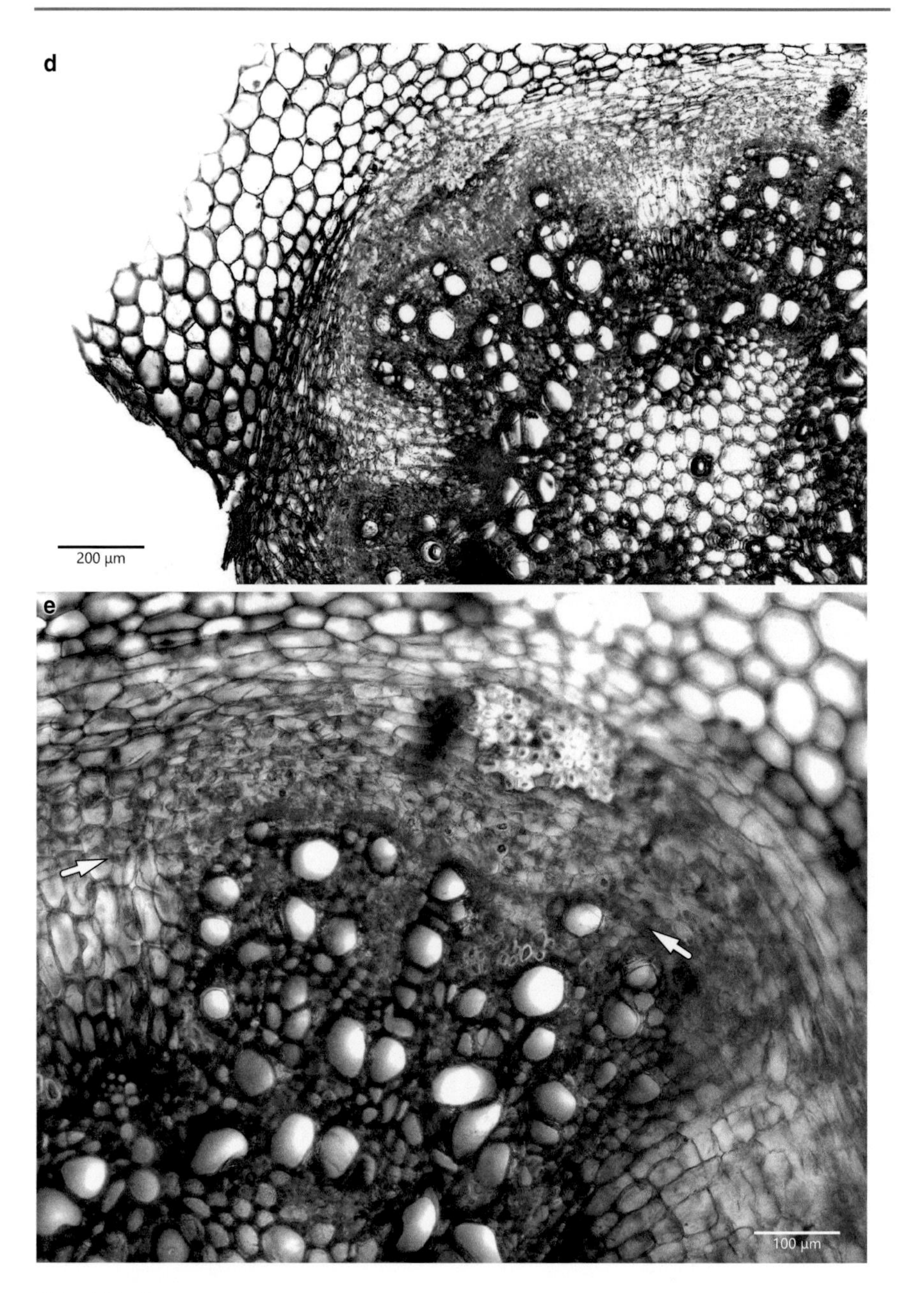

Abb. 4.12 *Fortsetzung*
Polen des primären Xylems werden die Holzstrahlen angelegt, deren Zellen deutlich langgestreckt erscheinen (**c–g**). Nach außen finden die Holzstrahlen ihre Entsprechung in den Baststrahlen, deren parenchymatisches Gewebe nach außen an Umfang zunimmt. Durch die Bildung des sekundären Phloems wird das primäre Phloem mit den begleitenden Sklerenchymsträngen nach außen

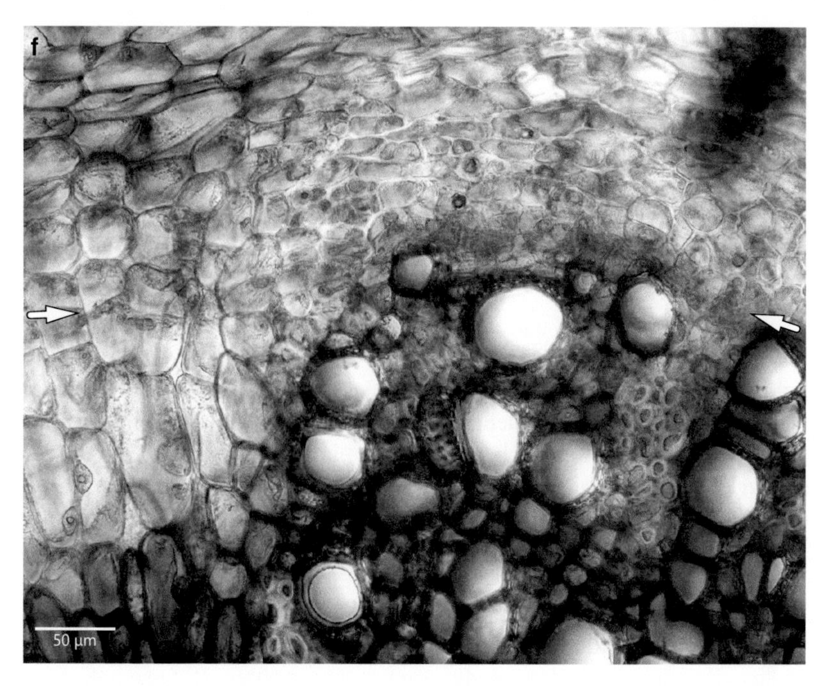

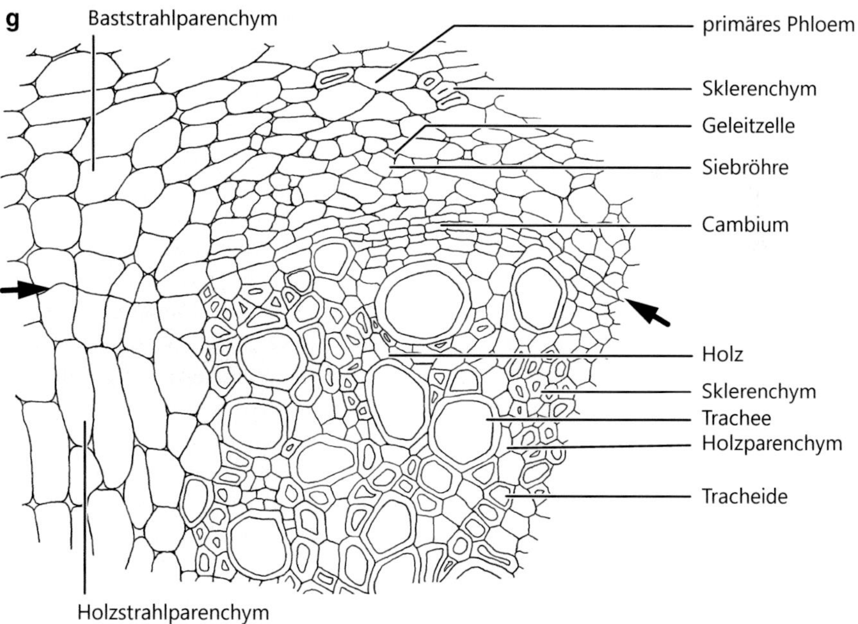

Abb. 4.12 *Fortsetzung*
geschoben und zusammengedrückt (**c–g**). Bei genauer Betrachtung wird deutlich, dass die Zellen des Cambiums im Bereich der Holz- bzw. Baststrahlen rundlicher erscheinen als im Bereich zwischen sekundärem Xylem und sekundärem Phloem (**f**, **g**). In der sekundären Wurzel sind alle Zelltypen vertreten, die auch in der sekundären Sprossachse anzutreffen sind (**f**, **g**). Das Periderm ersetzt die ursprünglichen Abschlussgewebe

ersetzt. Dieses wird aus dem Korkcambium gebildet, das aus dem Perizykel hervorgeht.

In der älteren Wurzel entstehen durch die jahresrhythmische Tätigkeit des Wurzelcambiums ein Holzkörper mit Jahresringen und nach außen ein Bastmantel, der durch ein Wurzelperiderm geschützt wird.

4.5 Metamorphosen der Wurzel

Auch die Wurzel kann ähnlich wie Sprossachse oder Blatt durch starke Veränderungen ihres ursprünglichen Baues an besondere Anforderungen angepasst sein.

Wurzeln können als Speicherorgane mit massiv erweitertem Rindenparenchym zur Rübe verändert werden. Sind neben der Hauptwurzel auch Bereiche des Hypokotyls in die Bildung des Speicherorgans mit einbezogen, so ergibt sich der Übergang zur Hypokotylknolle, eine Metamorphose der Sprossachse (Abb. 4.13). Bei der Zuckerrübe (Abb. 4.13a) ist fast ausschließlich die Hauptwurzel an der Bildung der Rübe beteiligt, bei der Futterrübe nimmt der Anteil des Hypokotyls sehr zu (Abb. 4.13b) und die Rote Rübe ist schließlich eine reine Hypokotylknolle (Abb. 4.13c). Diese Beta-Rüben kommen durch abnormes sekundäres Dickenwachstum zu Stande: Im Rindenparenchym entstehen wiederholt Cambiumringe, die sekundäres Phloem und Xylem produzieren, sodass mehrere Ringe aus Xylem, Cambium und Phloem hintereinander liegen. Andere Wurzelknollen, die auch aus sprossbürtigen Wurzeln entstehen können, dienen neben der Speicherung auch der vegetativen Vermehrung. Dies trifft beispielsweise für das Scharbockskraut (*Ficaria verna*) und die Dahlie (*Dahlia* spec.) zu (Abb. 4.14b).

Als Kletterhilfen dienen dem Efeu sprossbürtige Haftwurzeln (Abb. 4.14a), bei der Vanille sind Wurzeln sogar zu Rankorganen umgewandelt worden. Die Luftwurzeln bei Epiphyten (Aufsitzerpflanzen) dienen der Wasseraufnahme, indem ein stark entwickeltes Absorptionsgewebe außerhalb der Exodermis wie ein Schwamm verfügbare Feuchtigkeit aufnimmt und allmählich durch die Exodermis weiterleitet. Dieses Gewebe wird als Velamen radicum bezeichnet und kommt z. B. bei der Clivie vor (vgl. Abb. 4.7). Bei manchen epiphytischen Orchideen sind die Wurzeln bandartig, flächig verbreitert und ergrünen, da sie photosynthetisch aktiv sind.

An spezielle Ansprüche der Verankerung auf problematischen Substraten sind die Stelzwurzeln und die Brettwurzeln angepasst. Die Bäume der Mangrovenwälder wurzeln im Treibschlick und werden durch sprossbürtige, bogenförmig wachsende Stelzwurzeln zusätzlich stabilisiert (Abb. 4.14c). Der ständig durchnässte Boden bedingt wegen der geringen Sauerstoff-Löslichkeit im Wasser eine schlechte O_2-Versorgung des Wurzelsystems. Negativ gravitrop (nach oben) wachsende Atemwurzeln ermöglichen, dass Wurzelanteile über die Bodenoberfläche bzw. den Wasserspiegel reichen und Kontakt zum Luftsauerstoff bekommen, der über das Interzellularensystem der Rinde weitergeleitet werden kann. Bei verschiedenen Bäumen der tropischen Regenwälder geben die Brettwurzeln, die durch extrem starkes Dickenwachstum der oberflächennahen Schicht einer horizontal wachsenden Wurzel entstehen, den benötigten Halt auf dem humusarmen Substrat (Abb. 4.14d).

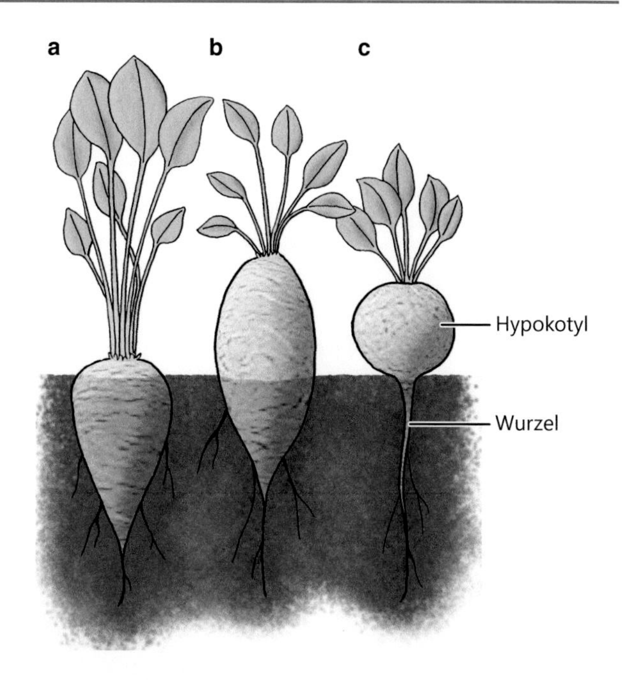

Abb. 4.13 Beteiligung von Wurzel und Hypokotyl bei der Ausbildung von Rüben, dargestellt bei verschiedenen Varietäten der Art *Beta vulgaris*. Die Zuckerrübe zeigt eine Wurzelrübe unter geringer Beteiligung des Hypokotyls (**a**). Bei der Futterrübe sind Wurzel und Hypokotyl gleichermaßen beteiligt (**b**). Die Rote Rübe ist schließlich eine Hypokotylknolle und zählt demnach zu den Sprossmetamorphosen (**c**). (Nach Lüttge et al. 1988, verändert)

Bei einigen Palmen sind Seitenwurzeln an sprossbürtigen Luftwurzeln zu Wurzeldornen zum Schutz des Palmenstammes verwandelt worden. Wurzelhaustorien sind spezialisierte Saugorgane von parasitisch lebenden Pflanzen, die damit die Leitgewebe der Sprossachse oder der Wurzel ihrer Wirte anzapfen. Bei dem epiphytisch wachsenden Hemiparasiten Mistel (*Viscum album*) werden Senker in das Xylem des Wirtes ausgebildet (Abb. 4.14e). Holoparasiten wie die Schuppenwurz (*Lathraea squamaria*) führen keine eigene Photosynthese mehr durch und müssen auch Nährstoffe vom Wirt erhalten. Die Schuppenwurz zieht diese aus dem Blutungssaft des Wurzelxylems ihres Wirtes. Die Sommerwurz (*Orobanche* spec.) parasitiert am Phloem ihrer Wirtspflanze.

Die Zusammenstellung verschiedener Wurzelmetamorphosen in der Tab. 4.2 umfasst Funktionen, Merkmale und typische Beispiele.

Wurzeln können außerdem Symbiosen mit verschiedenen Organismen eingehen, deren Vorteil für die Pflanze meist in einer Verbesserung der Ionen- insbesondere der Stickstoff-Versorgung besteht. Bei den Wurzelknöllchen wandern Stickstoff fixierende Bakterien in Rindenparenchymzellen ein, diese werden polyploid und vergrößern sich. Die Symbionten überleben in besonderen Vakuolen als Bakteroide. Von großer Bedeutung ist die Ausbildung einer Mykorrhiza (Pilzwurzel). Die

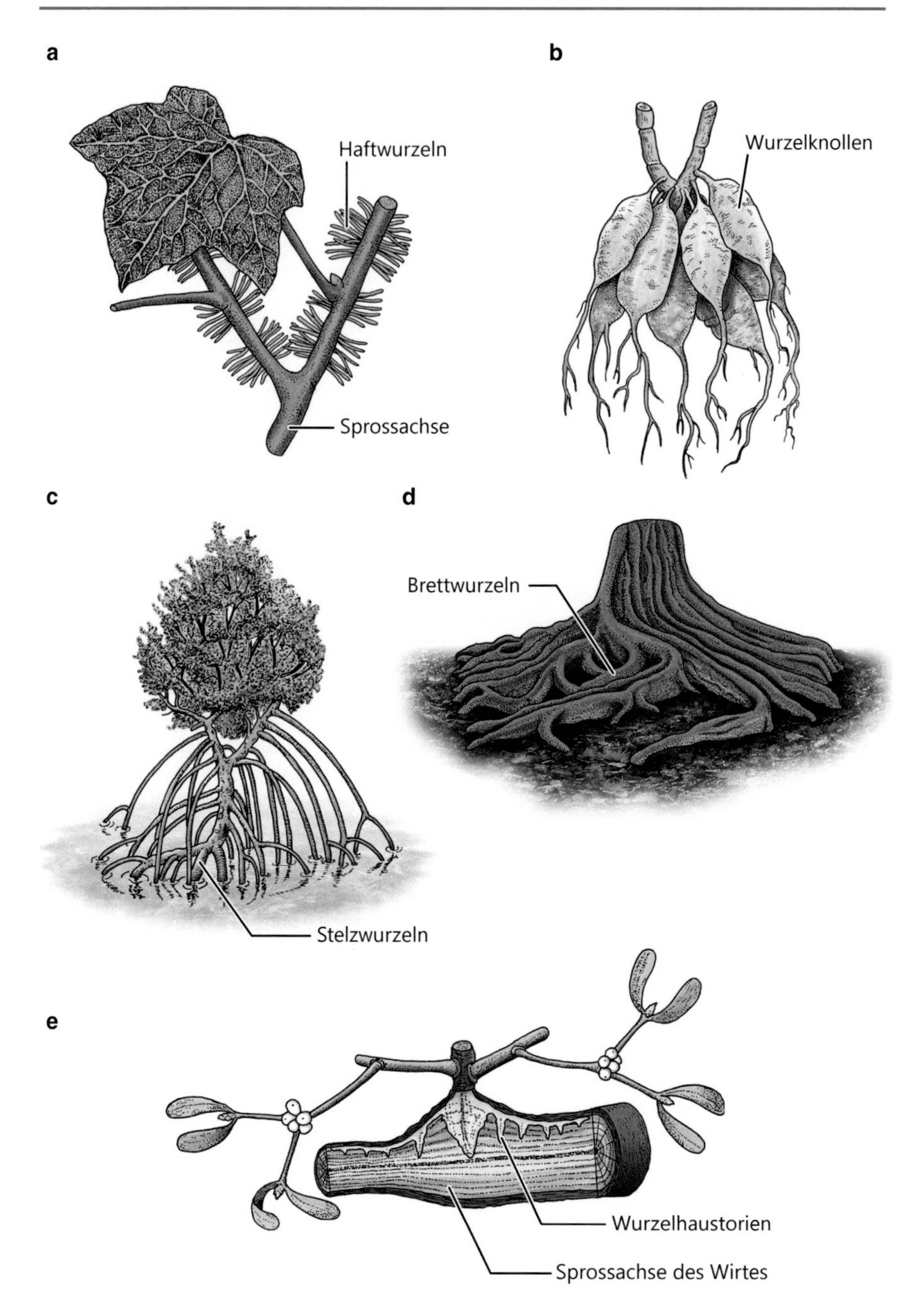

Abb. 4.14 Darstellung ausgewählter Wurzelmetamorphosen bei verschiedenen Pflanzen: Haftwurzeln beim Efeu (**a**), sprossbürtige Wurzelknollen der Dahlie (**b**), Stelzwurzeln bei *Rhizophora* spec. aus Mangrovenvegetation (**c**), Brettwurzeln bei vielen Bäumen des tropischen Regenwaldes (**d**) und Wurzelhaustorien der Mistel (**e**)

Tab. 4.2 Wurzelmetamorphosen

Bezeichnung	Funktion	Merkmal	Beispiel
Wurzelranke	Kletterhilfe	Wurzeln zu Ranken umgewandelt	*Vanilla* spec.
Haftwurzeln	Kletterhilfe	Sprossbürtige Wurzeln zu kurzen Haftorganen umgebildet	Efeu
Luftwurzeln von Epiphyten	• Wasseraufnahme • Blattfunktion (Photosynthese)	Wasserabsorptionsgewebe (Velamen radicum) flächige Ausbildung, bandartig verbreitert	Clivie, *Dendrobium* spec. *Taeniophyllum* spec.
Wurzelknollen	Speicherung, vegetative Vermehrung	Vermehrung und Vergrößerung des Rindenparenchyms, tragen keine Seitenwurzeln mehr	Dahlie, Scharbockskraut
Rüben	Speicherung	• Hauptwurzel knollig verdickt • Hauptwurzel und Hypokotyl knollig verdickt	Möhre, Zuckerrübe Futterrübe, Rettich
Zugwurzeln	Verlagerung der Erdsprosse in die Tiefe	Längstextur der Rindenzellwände ermöglicht Wurzelkontraktion bei Turgorerhöhung	Aronstab
Stelzwurzeln	Befestigung im Treibschlick der Gezeitenzone	Gebogene, pfahlförmige, sprossbürtige Wurzeln, z. T. oberirdisch wachsend	Bäume der Mangroven
Atemwurzeln	Verbesserung der O_2-Versorgung	Negativ gravitrop wachsende Wurzel	Bäume der Mangroven und der tropischen Sumpfwälder
Brettwurzeln	Stützorgane	Extremes sekundäres Dickenwachstum der Oberseite von Wurzeln, die unmittelbar unter der Erdoberfläche horizontal verlaufen	Bäume des tropischen Regenwaldes
Wurzeldornen	Schutz des Stammes	Kurze, völlig verholzte, spitze Seitenwurzeln an sprossbürtigen Luftwurzeln	Einige Palmen
Wurzelhaustorien	Saugorgane von Parasiten	Spezialisierte Wurzeln können Gewebe der Sprossachse oder der Wurzel der Wirtspflanzen anzapfen: • Hemiparasiten am Xylem der Wirte • Holoparasiten am Xylem der Wirte • Holoparasiten am Phloem der Wirte	 Augentrost, Mistel Schuppenwurz Sommerwurz

Pilzhyphen umwachsen die pflanzlichen Wurzeln (Ausbildung eines „Hartigschen Netzes") und nehmen physiologisch engen Kontakt auf, sodass die Wurzelhaarbildung beteiligter Wurzeln unterbleibt (Ektomykorrhiza), oder aber die Pilzzellen dringen sogar in die Wurzelzellen ein (Endomykorrhiza, arbuskuläre Mykorrhiza). Viele einheimische Waldbäume und Orchideen bilden Mykorrhizen aus. Einige Vertreter der Orchideen (z. B. Vogelnestwurz, Korallenwurz) und der Fichtenspargel sind zu Holoparasiten des ehemaligen Pilzsymbionten geworden, sie entwickeln keine Chloroplasten mehr und nehmen auch die Nährstoffe über den beteiligten Pilz auf.

4.6 Aufgaben

1. Nennen Sie drei wichtige Aufgaben der Wurzel!
2. Was versteht man unter der Rhizodermis?
3. Zählen Sie die Gewebeschichten der typischen primären Wurzel von außen nach innen auf!
4. Welchen Leitbündeltyp findet man in der Wurzel dikotyler Pflanzen?
5. Aus welchem Gewebe erfolgt die Anlage der Seitenwurzeln bei Samenpflanzen?
6. Welche Aufgabe hat die Calyptra?
7. Welche Ausbildungsstadien der Endodermis lassen sich wie voneinander unterscheiden?
8. Welche Funktion hat die Endodermis?
9. Was ist ein Velamen radicum und bei welcher Pflanze kommt es vor?
10. Wie heißt das sekundäre Abschlussgewebe der Wurzel?
11. Woraus bildet sich das Phellogen der Wurzel?
12. Wie kann man unterirdisch wachsende Sprossachsen von einer Wurzel unterscheiden? Nennen Sie drei Merkmale!
13. Nennen Sie verschiedene Metamorphosen der Wurzel mit entsprechenden Beispielen!
14. Beschriften Sie die folgende Abbildung!

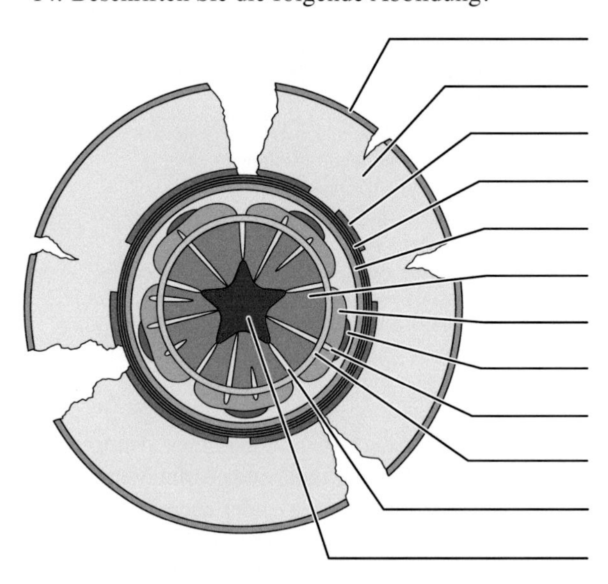

Abb. 4.15 Abbildung zu Aufgabe 14

5 Fortpflanzung und Entwicklung

Grundsätzlich können vegetative und sexuelle Fortpflanzung voneinander unterschieden werden. Bei der sexuellen Fortpflanzung kommt es durch Meiose und Karyogamie zu einem Wechsel der Kernphase, wobei haploide und diploide Phase verschieden stark ausgeprägt sein können. Findet in der haploiden bzw. der diplоden Phase mindestens eine mitotische Zellteilung statt, so hat sich eine Generation entwickelt. Im Verlaufe der Meiose kommt es zur Rekombination des genetischen Materials, es entstehen genetisch verschiedene haploide Zellen. In der Regel werden im Verlauf der Meiose vier Zellen gebildet, die auch als Tetrade bezeichnet werden. Die vegetative Fortpflanzung dient oft lediglich der Vermehrung der Individuenzahl und läuft ohne Kernphasenwechsel ab. In der Regel wird hier keine Rekombination des Erbmaterials erreicht. Im Pflanzenreich ist insbesondere bei den Pilzen eine große Variabilität in der Ausbildung der sexuellen und vegetativen Vermehrung zu beobachten. Im Rahmen des Praktikums beschränken wir uns auf eine Zusammenfassung der typischen Zyklen bei Laubmoosen, Farnen und Samenpflanzen.

Bei pflanzlichen Generationswechseln bringt ein haploider Gametophyt in charakteristischen Fortpflanzungszellenbehältern (Gametangien) die Gameten hervor, die gleich gestaltet sein können (Isogameten) oder aber verschieden aussehen (Aniso- oder Heterogameten). Oft werden kleine Mikrogameten (Spermatozoide oder unbegeißelte Spermazellen) und Makrogameten (auch unbewegliche Eizellen) gebildet. Die Gametangien sind ebenfalls differenzierbar in Mikrogametangien (Antheridien) und Makrogametangien (Archegonien).

Die Karyogamie von Mikro- und Makrogamet führt zur Bildung der diploiden Zygote, die sich zum diploiden Sporophyten entwickelt. Bei den Embryophyten bildet sich ein junger Sporophyt (Embryo) aus, der vor der weiteren Entwicklung eine Ruhephase durchmacht.

Der ausdifferenzierte Sporophyt bildet im Laufe seines Wachstums Meiosporangien aus, in denen Meiosporen-Mutterzellen die Reduktionsteilung durchführen und so haploide Meiosporen entstehen. Sind diese Sporen bzw. Sporangien gleich gestaltet, wird dies als Isosporie bezeichnet. Bei unterschiedlichem Aussehen (Heterosporie) können Sporangien und Sporen wie folgt differenziert werden: In Mikrosporangien entstehen Mikrosporen und in Makrosporangien werden Makrosporen

U. Kück, G. Wolff, *Botanisches Grundpraktikum*, DOI 10.1007/978-3-642-53705-9_5,

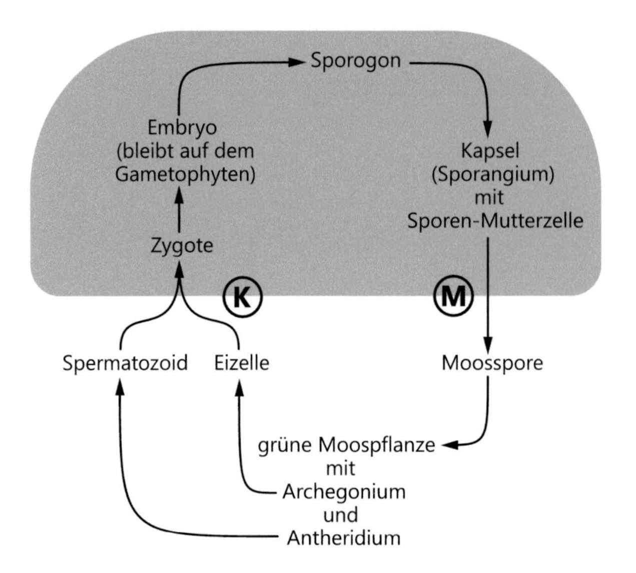

Abb. 5.1 Schematische Darstellung des Generationswechsels der Laubmoose. Die diploide Kernphase ist *grau* unterlegt. Die grüne Moospflanze entspricht dem Gametophyten. Der Sporophyt entwickelt sich als Sporogon auf dem Gametophyten und bildet die Sporenkapsel (Sporangium) aus. Die Sporen-Mutterzellen führen die Meiose durch, die entstandenen Moossporen keimen aus und bilden das Moospflänzchen. *K*: Karyogamie; *M*: Meiose

gebildet. Aus den Meiosporen entwickeln sich bei der Heterosporie dann Mikrogametophyt und Makrogametophyt.

Bei Laubmoosen, isosporen und heterosporen Farnpflanzen sowie den Samenpflanzen wird dieser oben allgemein beschriebene Generationswechsel auf verschiedene Weise realisiert. Ein zusammenfassender Vergleich der schematisierten Abläufe ist in den Abb. 5.1–5.5 dargestellt.

Bei den Laubmoosen dominiert der Gametophyt, dem die grüne Moospflanze entspricht. Auf dem Moospflänzchen verbleibt der Sporophyt, das Sporogon mit der Sporenkapsel (Abb. 5.1). Die Farnpflanzen zeigen isospore und heterospore Generationswechsel, bei denen die Sporophyten dominieren und die Gametophyten zunehmend reduziert werden (Abb. 5.2 und 5.3). Eine weitere Reduktion der Gametophyten ist bei den Samenpflanzen zu finden. Die Nacktsamer (Gymnospermen) bilden eine Samenanlage, die für den Pollen frei zugänglich ist. Sie zeigen in der Entwicklung der Gametophyten eine gewisse Variationsbreite, die hier vereinfacht dargestellt werden muss (Abb. 5.4). Bei den Bedecktsamern (Angiospermen) sind die Samenanlagen vom schützenden Fruchtblatt umgeben, sodass der Pollen auf steriles Gewebe (Narbe) trifft und der Pollenschlauch zum inneren Bereich der Samenanlage einwachsen muss.

Um die homologen Strukturen der einzelnen Generationswechsel besser zu verstehen, sollen die Prozesse bei Angiospermen im Vergleich zu den anderen Gruppen betrachtet werden (Abb. 5.5). Die Mikrosporophylle (Staubblätter) bringen Mikro-

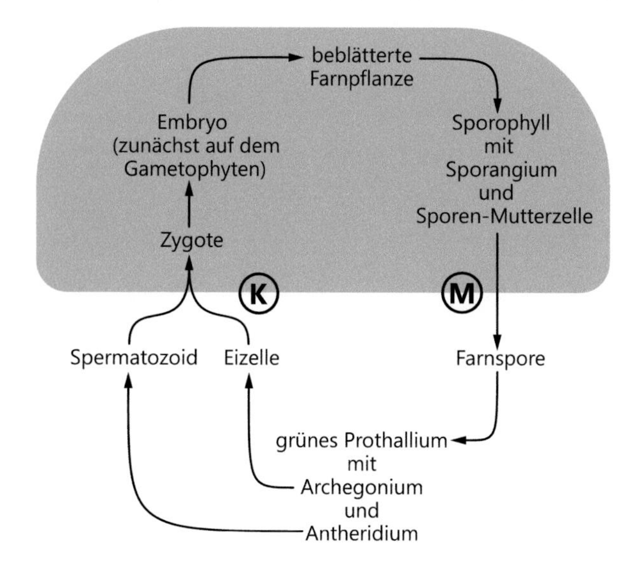

Abb. 5.2 Schematische Darstellung des Generationswechsels bei isosporen Farnpflanzen. Die diploide Kernphase ist *grau* unterlegt. Der Gametophyt ist als grünes Prothallium entwickelt, das Archegonien (Makrogametangien) und Antheridien (Mikrogametangien) ausbildet. Die beblätterte Farnpflanze entspricht dem Sporophyten, der Sporophylle mit Sporangien aufweist. Nach der Meiose der Sporen-Mutterzellen entstehen aus den Farnsporen wieder Prothallien. *K*: Karyogamie; *M*: Meiose

sporangien (Pollensäcke) hervor, in denen durch Meiose vier einkernige haploide Pollenkörner (Mikrosporen) entstehen. Die Makrosporophylle (Fruchtblätter) entwickeln Samenanlagen aus Nucellus (Makrosporangium) und Integumenten (sterile Hülle). Aus der Makrosporen-Mutterzelle entwickelt sich durch Meiose eine haploide Embryosack-Mutterzelle, während die drei anderen Makrosporen degenerieren.

Aus der Mikrospore entwickelt sich der Mikrogametophyt, der extrem reduziert ist. Das einkernige, haploide Pollenkorn geht nach einer Mitose in das reife Pollenkorn über, das nun einen vegetativen und einen generativen Kern besitzt. Der vegetative Kern liegt frei im Zytoplasma des Pollens. Die Pollenwand weist dann auch die typische Schichtung in eine innere Schicht (Intine) und die aus Sporopollenin bestehende, oft stark strukturierte äußere Schicht (Exine) auf. In diesem Stadium wird der Pollen verbreitet und gelangt auf die Narbe des Fruchtknotens. Dort wächst bei gelungener Bestäubung der Pollenschlauch aus der Intine durch die Exine heraus. Bei einer weiteren Mitose teilt sich der generative Kern nochmals, sodass der Mikrogametophyt aus dem mehrkernigen Pollenkorn (ein vegetativer Kern und zwei generative Kerne) und dem Pollenschlauch besteht (Abb. 5.5).

Aus der Makrospore entsteht der Makrogametophyt, der dem mehrkernigen Embryosack entspricht. Bei drei mitotischen Teilungen werden acht Kerne und zuletzt sieben Zellen im Embryosack gebildet, die sich in charakteristischer Weise an-

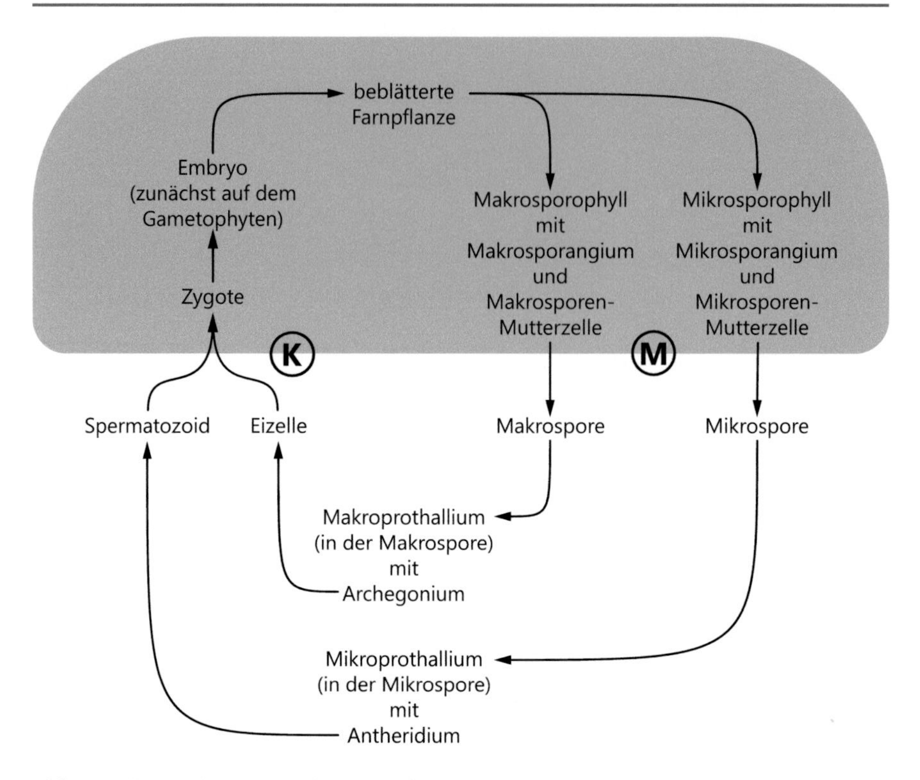

Abb. 5.3 Schematische Darstellung des Generationswechsels bei heterosporen Farnen. Die diploide Kernphase ist *grau* unterlegt. Mikro- und Makroprothallium sind weiter reduziert im Vergleich zu den isosporen Farnen, sie werden in der Mikro- bzw. Makrospore ausgebildet. Die beblätterte Farnpflanze entspricht dem Sporophyten, der Mikro- und Makrosporophylle mit entsprechenden Sporangien und Sporen-Mutterzellen entwickelt. Nach der Meiose keimen Mikro- und Makrospore zu den entsprechenden Gametophyten aus. *K*: Karyogamie; *M*: Meiose

ordnen (Abb. 5.5). An dem nach außen weisenden Pol sind die zwei Hilfszellen (Synergiden) und eine Eizelle zu finden, die zusammen den Eiapparat bilden. Im Zentrum des Embryosacks liegen die zwei Polkerne, welche zum diploiden sekundären Embryosackkern verschmelzen. An dem basalen Pol des Embryosacks ordnen sich drei Zellen an, die Antipoden. In diesem Zustand ist der Embryosack befruchtungsfähig. Nach Einwachsen des Pollenschlauchs über eine der Synergiden werden die beiden Spermazellen in den Embryosack entlassen. Ein generativer Kern fusioniert mit der Eizelle zur Zygote, aus der sich der neue Sporophyt entwickeln wird. Der andere generative Kern verschmilzt mit dem sekundären Embryosackkern zu einem triploiden Kern, aus dem das ebenfalls triploide Endosperm (Nährgewebe) des jungen Sporophyten hervorgeht. Diese Vorgänge entsprechen dem Normaltyp der Embryosackentwicklung. Auf den davon abweichenden Liliaceen-Typ soll in diesem Rahmen nicht weiter eingegangen werden.

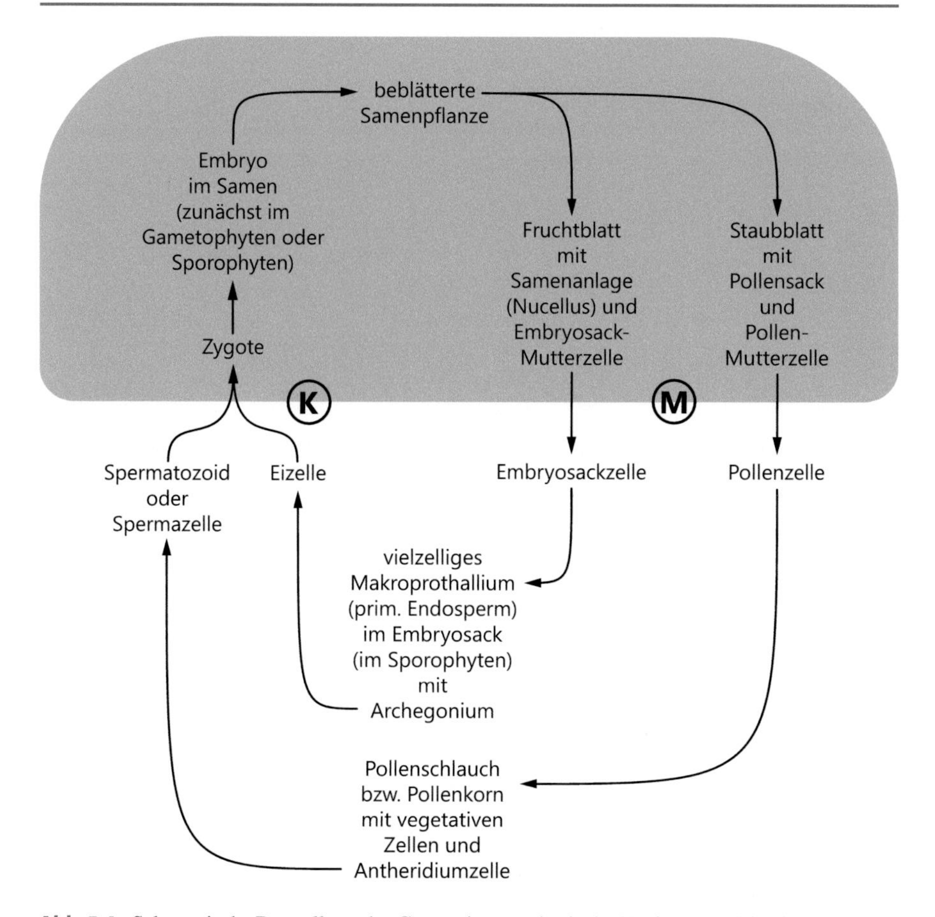

Abb. 5.4 Schematische Darstellung des Generationswechsels der Nacktsamer. Die diploide Kernphase ist *grau* unterlegt. Eine weitere deutliche Reduktion des Gametophyten ist erkennbar. Der Makrogametophyt wird als vielzelliges Makroprothallium (primäres Endosperm) im Embryosack entwickelt und verbleibt mit dem Archegonium auf dem Sporophyten. Das Mikroprothallium entspricht dem mehrzelligen Pollenkorn mit vegetativen Zellen und Antheridiumzelle. Der Embryo bleibt von der Samenanlage (Nucellus) umschlossen, ein Same wird verbreitet und wächst zum Sporophyten, der beblätterten Samenpflanze, aus. Diese bildet Mikro- und Makrosporophylle (Staubblätter bzw. Fruchtblätter) mit Mikro- und Makrosporangien (Pollensack bzw. Samenanlage) und den Mikro- und Makrosporen-Mutterzellen aus. Nach der Meiose entwickelt sich das Mikroprothallium aus der Pollenzelle (Mikrospore) und das Makroprothallium aus der Embryosackzelle (Makrospore). *K*: Karyogamie; *M*: Meiose

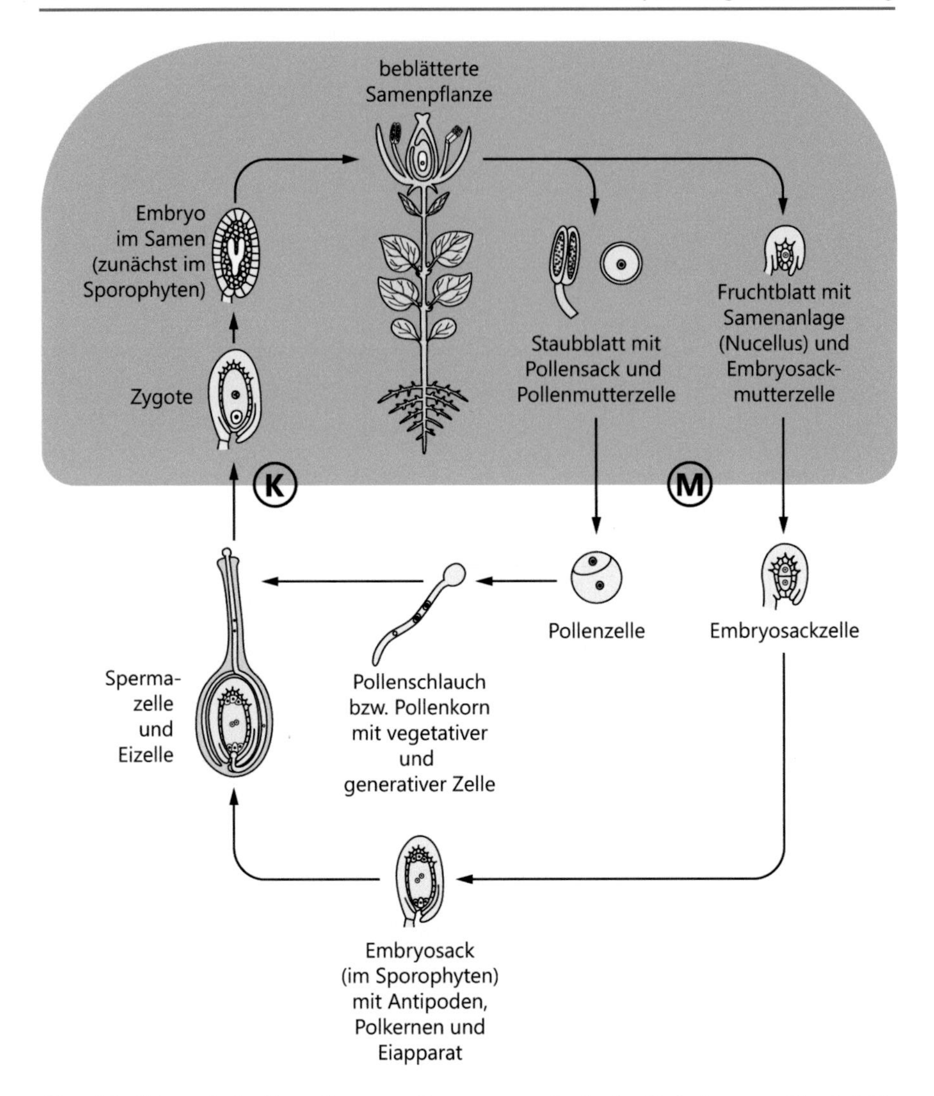

Abb. 5.5 Schematische Darstellung des Generationswechsels der Bedecktsamer. Die diploide Kernphase ist *grau* unterlegt. Im Vergleich zu den Gymnospermen sind die Gametophyten noch weiter reduziert. Der Makrogametophyt besteht aus dem Eiapparat, zwei Polkernen und drei Antipoden im Embryosack. Der Mikrogametophyt entspricht einer vegetativen Zelle im Pollenschlauch. Eine generative Zelle befruchtet die Eizelle, die andere verschmilzt mit den beiden Polkernen zu einem triploiden Kern, aus dem sich das sekundäre Endosperm (Nährgewebe) entwickelt. Der Embryo verbleibt zunächst auf dem Sporophyten, später wird er als Same oder Frucht verbreitet und wächst wiederum zur beblätterten Samenpflanze heran. Diese bildet Staubblätter und Fruchtblätter (Mikro- bzw. Makrosporophylle) mit Pollensäcken und Samenanlagen (Mikro- bzw. Makrosporangien) aus. Nach der Meiose der entsprechenden Sporen-Mutterzellen entstehen Pollenzellen (Mikrosporen) und Embryosackzellen (Makrosporen), die sich zu den jeweiligen Gametophyten entwickeln. K: Karyogamie; M: Meiose

5.1 Blüte

Die Blüte der Angiospermen besteht aus einem unverzweigten Spross mit begrenztem Wachstum, sie dient der generativen Fortpflanzung. Die Sprossachse ist deutlich gestaucht, sodass eine sehr dichte Abfolge der Blütenblätter erreicht wird.

Ist die Blüte in Kelch und Krone differenziert, so wird die Blütenhülle (Perianth) durch die außen liegenden Kelchblätter (Sepalen) und die weiter innen liegenden Kronblätter (Petalen) gebildet. Sind alle Blütenhüllblätter gleich gestaltet, so handelt es sich um ein Perigon, die Blütenhüllblätter werden dann als Tepalen bezeichnet. Die gesamte Blüte ist dem Sporophyllstand der Farnpflanzen homolog. Den Mikrosporophyllen der heterosporen Farne entsprechen die Staubblätter, den Makrosporophyllen die Fruchtblätter, die den Fruchtknoten bilden.

5.1.1 Androeceum

Die Gesamtheit der Staubblätter (Stamina) wird als Androeceum bezeichnet. Das einzelne Staubblatt setzt sich aus dem Staubfaden (Filament) und der verdickten Anthere zusammen. Die Anthere besteht aus zwei Theken, die durch ein steriles Konnektiv miteinander verbunden sind. Jede Theka enthält zwei Pollensäcke (Mikrosporangien), sodass die typische Anthere tetrasporangiat ist. In frühen Entwicklungsstadien ist der unreife Pollensack mit Mikrosporen-Mutterzellen gefüllt, welche dann die Meiose durchführen. Für die Versorgung und Ernährung der sich ausbildenden, charakteristisch gestalteten Pollenkörner ist die innerste Schicht der Mikrosporangienwand zuständig, die als Nährgewebe (Tapetum) entwickelt ist. Man unterscheidet zwischen einem Sekretionstapetum, dessen polyploide Zellen während der Sekretionsphase als Gewebeverband erhalten bleiben, und einem Plasmodialtapetum, dessen Zellen als amöboide Protoplasten um die jungen Pollenkörner herum fließen (z. B. bei *Lilium* spec.). Die Pollenwand ist in eine innere Schicht (Intine) und eine äußere Schicht (Exine) gegliedert. Die Öffnungen in der Exine, durch die der Pollenschlauch auswachsen kann, werden Aperturen genannt. Die Ausgestaltung der Exine (Anzahl, Lage und Gestalt der Aperturen) kann aufgrund ihrer Spezifität als arttypisches Merkmal zur Bestimmung eingesetzt werden. Als Wandsubstanz der Exine wird Sporopollenin verwendet, ein Terpen, das ausgesprochen resistent gegenüber äußeren Einflüssen und diversen Chemikalien ist und das männliche Erbgut der Pflanze während der Verbreitung des Pollens optimal schützt. Eine klebrige Substanz, der Pollenkitt, sorgt für ein Aneinanderhaften von Pollenklümpchen, die durch die Bestäuber verbreitet werden. Beim Auswachsen des Pollenschlauches auf der bestäubten Narbe wölbt sich die cellulosehaltige Intine durch eine Apertur heraus und wächst in den Fruchtknoten ein.

Die Wandschichten der Anthere sind oft besonders gestaltet, da sie an dem Öffnungsmechanismus des Mikrosporangiums (Pollensack) maßgeblich beteiligt sind. Spezielle Wandverdickungen in den Zellen der Faserschicht bewirken über einen turgorgesteuerten Kohäsionsmechanismus das Aufreißen des Pollensacks. Bei den meisten Gymnospermen handelt es sich um eine epidermale Faserschicht (Exothecium), bei den Angiospermen meist um eine subepidermale Faserschicht (Endothecium).

Praktikum

OBJEKT: *Lilium henryi*, Liliaceae, Liliales
ZEICHNUNG: Staubblatt in der Übersicht, Querschnitt Anthere im Detail

Der Querschnitt durch die Anthere, der zum Beispiel bei *Lilium henryi* gut zu untersuchen ist, zeigt den anatomischen Aufbau des Mikrosporangiums: Deutlich ist die Gliederung in die beiden Theken zu erkennen, die durch das Konnektiv, in dessen Mitte ein Leitbündel verläuft, verbunden sind (Abb. 5.6a, b). Die Pollensäcke reifer Antheren erscheinen leer, da der Pollen beim Schneiden herausfällt. Die Anthere ist bedeckt von einer einschichtigen Epidermis. Darunter liegt die Faserschicht (Endothecium), deren Zellen typische Wandverdickungen aufweisen (Abb. 5.6c, d). Die radialen Verdickungsleisten der Zellwände sind schraubig oder auch netzförmig gestaltet und haben eine wichtige Funktion beim Öffnen der Anthere durch einen Kohäsionsmechanismus. Im Bereich der Trennwände der beiden Pollensäcke fehlen diese Wandverdickungen, sodass beim Öffnungsprozess des Pollensacks an dieser Stelle das Aufreißen erfolgt (Abb. 5.6c). Die unter der Faserschicht liegende Zwischenschicht besteht aus zwei bis drei Lagen tangential gestreckter Zellen (Abb. 5.6c, d). Bei reifen Pollensäcken sind vom Tapetum, das auf die Zwischenschicht folgt und der Ernährung der jungen Pollenkörner dient, nur noch Reste zu erkennen.

5.1.2 Gynoeceum

Die Gesamtheit der Fruchtblätter (Karpelle) wird als Gynoeceum bezeichnet. Das einzelne Karpell setzt sich aus einem basalen Bereich, dem Ovar, einem sterilen Zwischenabschnitt, dem Griffel, und einem apikalen Bereich, der Narbe, zusammen. Im geschlossenen Ovar befinden sich die Plazenten (Nährgewebe) mit den Samenanlagen. Die Narbe dient als rezeptives Gewebe der Aufnahme des Pollens. Meist sind mehrere Karpelle zu einem Fruchtknoten verwachsen, der dann auch in Ovar, Griffel und Narbe gegliedert wird. Treten mehrere Karpelle zu einem Gynoeceum zusammen, so unterscheidet man zwischen Apokarpie, die Karpelle sind untereinander frei, und Coenokarpie, die Karpelle sind congenital (während ihrer Entstehung) miteinander verwachsen. Bei einem coenokarpen Gynoeceum kann der Fruchtknoten durch echte Scheidewände, die verwachsenen Flanken benachbarter Fruchtblätter, vollständig septiert sein. Dies wird als Synkarpie bezeichnet. Die Samenanlagen stehen in Bezug auf das einzelne Fruchtblatt zwar marginal, bezogen auf den gesamten Fruchtknoten hingegen zentralwinkelständig. Bei Parakarpie verwachsen die Fruchtblätter mit ihren Rändern und umschließen eine einheitliche, nicht septierte Ovarhöhle. Durch Wucherungen der Plazenten können falsche Scheidewände sekundär entstehen, die den coeno-parakarpen Fruchtknoten

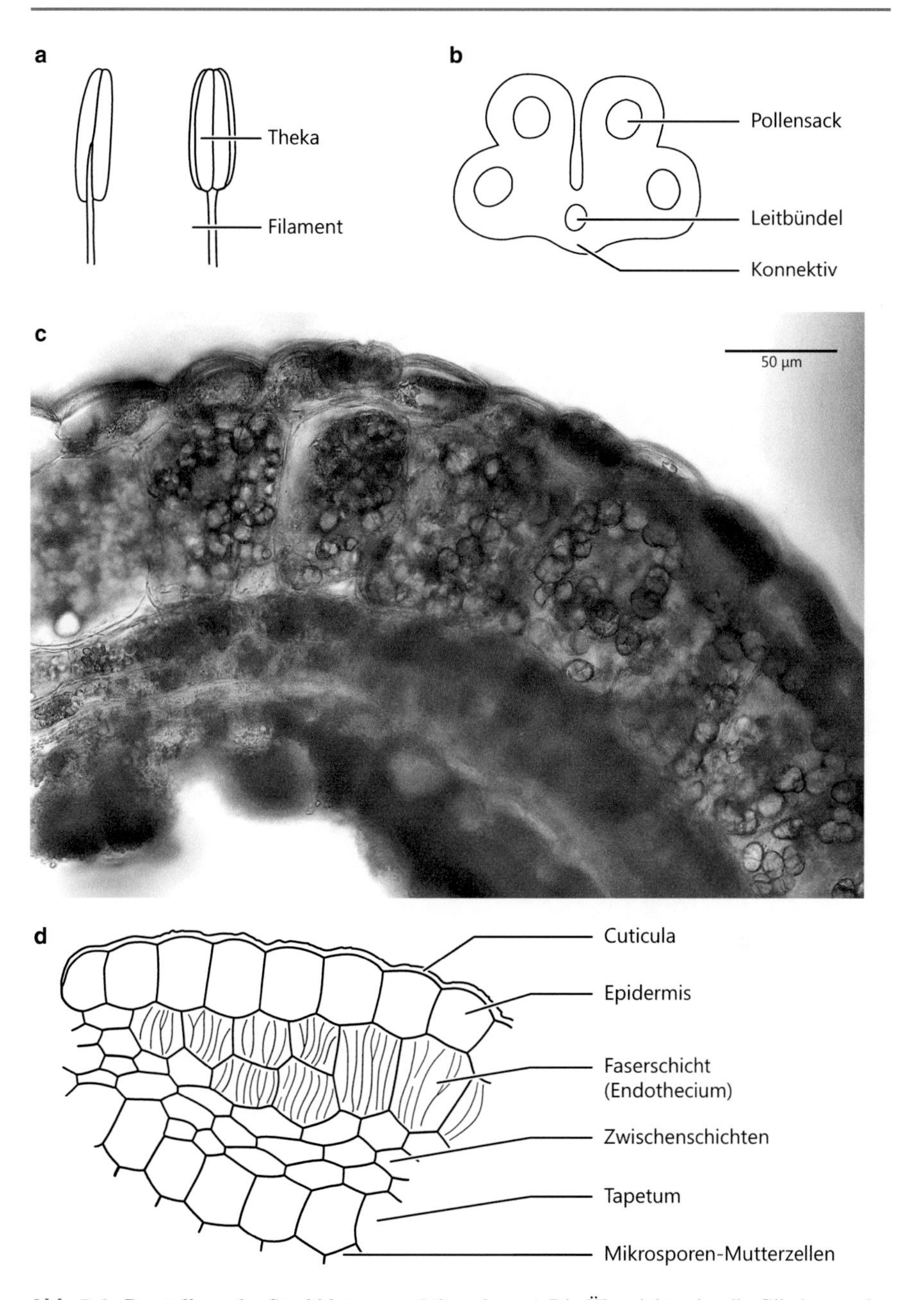

Abb. 5.6 Darstellung des Staubblattes von *Lilium henryi*. Die Übersicht zeigt die Gliederung des Staubblattes in Theken und Filament (**a**). Der Querschnitt durch die Anthere verdeutlicht, dass zwei Theken mit je zwei Pollensäcken durch das sterile Konnektiv verbunden sind (**b**). Die Detailansicht der Wandschichten der Theka lässt von außen nach innen folgende Zellschichten erkennen: Epidermis mit Cuticula, Faserschicht mit speziellen Wandverdickungen, Zwischenschichten, Tapetum als Nährgewebe, Mikrosporen-Mutterzellen (**c**, **d**). Die typischen Zellwandverdickungen fehlen im Bereich der Trennwände der beiden Pollensäcke, sodass die reifen Pollensäcke dort aufreißen

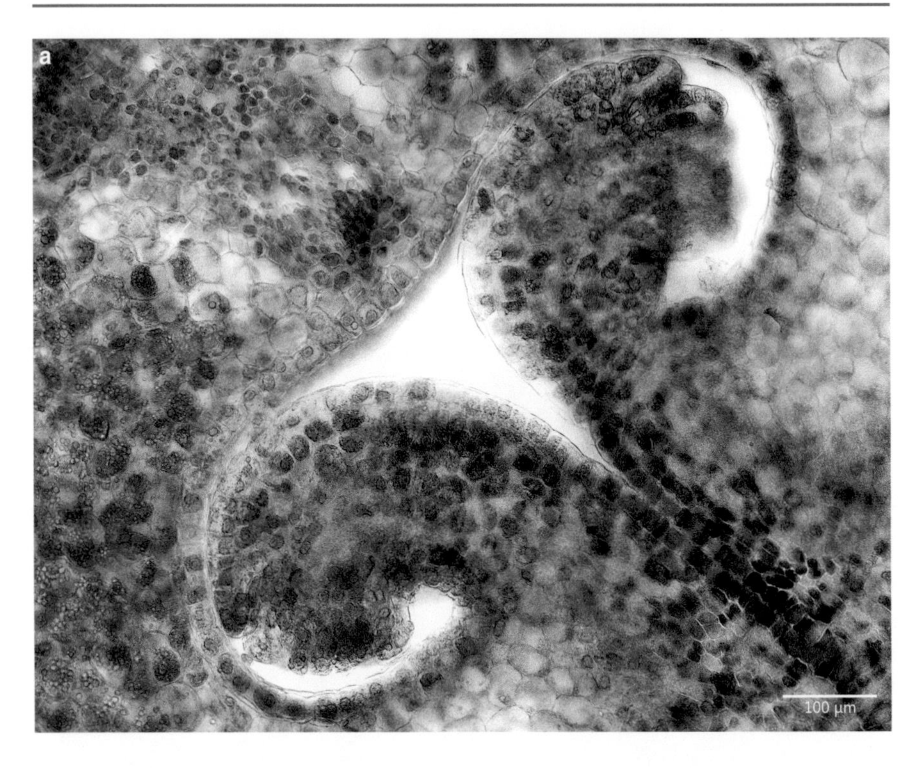

Abb. 5.7 Darstellung des Gynoeceums von *Lilium henryi*. In der Übersicht ist der Querschnitt durch den coeno-synkarpen Fruchtknoten gezeigt (**a**, **b**). Die Bereiche, an denen die drei Fruchtblätter miteinander verwachsen sind, erscheinen hier als gestrichelte Linien. Sie liegen an den von außen erkennbaren, tieferen Einbuchtungen des Fruchtknotens. Über den Funiculus sind die Samenanlagen mit der zentral liegenden Plazenta verbunden. Die Ausschnittsvergrößerung der anatropen Samenanlage zeigt deren genauen Aufbau (**c**, **d**) Äußeres und inneres Integument umgeben den Nucellus und lassen die Mikropyle als Öffnung frei. Die Chalaza ist die Basis der Samenanlage. Im Embryosack ist die charakteristische Anordnung der Zellen des Makrogametophyten zu erkennen. Synergiden und Eizelle werden als Eiapparat bezeichnet

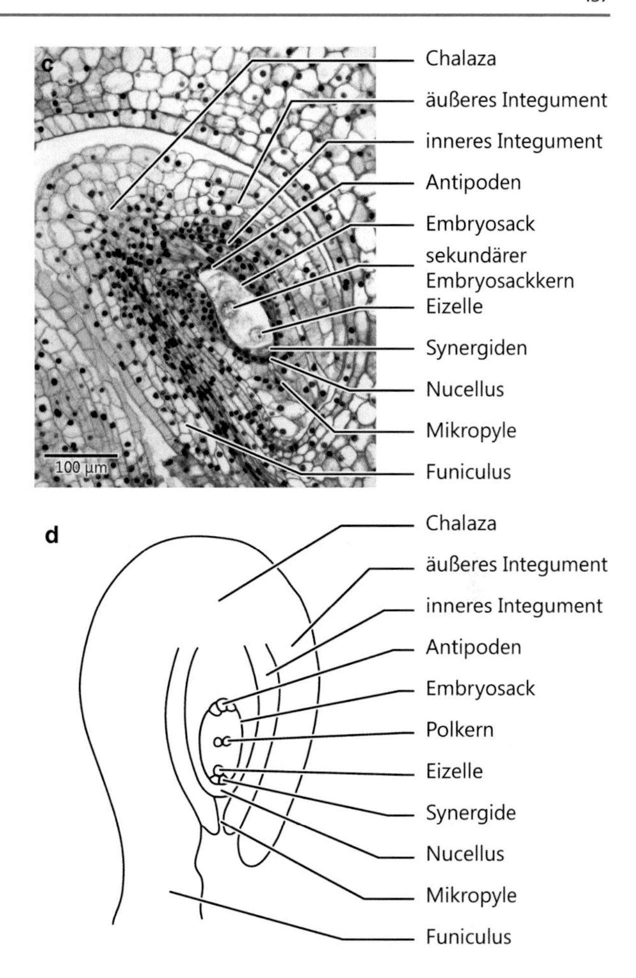

Abb. 5.7 *Fortsetzung*

gefächert erscheinen lassen. Die Samenanlagen liegen entweder parietal (wandständig) oder frei zentral. Die Samenanlage ist mit einem Stielchen (Funiculus) an der Plazenta befestigt, der in die Chalaza als Basis übergeht. Am gegenüberliegenden Pol befindet sich die Mikropyle, eine Öffnung für das spätere Einwachsen des Pollenschlauchs. Äußeres und inneres Integument gehen von der Chalaza aus und umhüllen schützend einen festen Gewebekern, den Nucellus (Makrosporangium), in dem zunächst die diploide Makrosporen-Mutterzelle liegt. Aus dieser geht, wie schon beschrieben, die Embryosack-Mutterzelle nach der Meiose hervor und der befruchtungsfähige Embryosack kann sich entwickeln.

Praktikum

OBJEKT: *Lilium henryi*, Liliceae, Liliales
ZEICHNUNG: Querschnitt Fruchtknoten Übersicht, Detail der Embryosackentwicklung

Bei Querschnitten durch den dreiblättrigen coeno-synkarpen Fruchtknoten von *Lilium henryi* kann der Aufbau des Gynoeceums untersucht werden. Die tieferen drei der insgesamt sechs äußerlichen Furchen des Fruchtknotens kennzeichnen die Nähte, an denen die Fruchtblätter miteinander verwachsen sind (Abb. 5.7a, b). Die Samenanlagen sitzen zentralwinkelständig, in Bezug auf das einzelne Karpell marginal in zwei vertikalen Reihen an den Rändern des Blattes. Die Samenanlage erscheint um 180° gebogen, sodass Chalaza und Mikropyle parallel zum Funiculus liegen. Dies wird als anatrope Samenanlage bezeichnet, die im Detail untersucht werden soll (Abb. 5.7c, d). Von der Chalaza gehen äußeres und inneres Integument aus, die einen festen Gewebekern umschließen, der als Nucellus bezeichnet wird. Im Bereich der Mikropyle lassen die Integumente eine Öffnung frei, durch die der Pollenschlauch später bis zum Embryosack vordringen kann (Abb. 5.7c, d). Verschiedene Entwicklungsstadien des Embryosackes sind erst bei detaillierter Betrachtung zu erkennen. Der Embryosack enthält den Eiapparat, der aus den zwei Synergiden und der Eizelle besteht. In der Mitte liegen zwei Polkerne, die zum sekundären Embryosackkern verschmelzen. An dem der Chalaza zugewandten Ende haben sich drei Zellen, die Antipoden, angeordnet (Abb. 5.7c, d). Auf die für Liliaceen typische, vom Normaltyp abweichende Entwicklung des Embryosacks soll hier nicht weiter eingegangen werden.

5.2 Aufbau und Entwicklung des Samens

Der Embryo (junger Sporophyt) entwickelt sich aus der Zygote oft nach bestimmten Zellteilungsmustern (Abb. 5.8). Aus der Zygote bildet sich ein mehrzelliger Faden (Proembryo), dessen vordere Zelle später zum Embryo wird und dessen restlicher Teil den Suspensor ausbildet, der den Embryo tiefer in das Endosperm hereinschiebt und die Nährstoffversorgung vermittelt (Abb. 5.8a–d). Die vordere Zelle durchläuft weitere Zellteilungen, sodass ein kugeliges, vielzelliges Gebilde (Oktant) erreicht wird (Abb. 5.8e). Die Keimblätter entwickeln sich bei den Dikotylen aus den vier vorderen Zellen des Oktanten, der zum Suspensor gelegene Anteil bildet das Hypokotyl. Erst relativ spät wird die Vorwölbung des Sprossscheitels sichtbar. In diesem Stadium sind auch die Anlagen von Procambium, Protoderm und der Radicula ausgebildet (Abb. 5.9). Bei den Monokotylen wird der Sprossscheitel seitlich angelegt. Die Keimwurzel (Radicula) bildet sich bei den Dikotylen an der Spitze des Hypokotyls aus, bei den Monokotylen soll sie schon die erste Seitenwurzel darstellen und wird schnell von anderen Seitenwurzeln überwachsen (sekundäre Homorrhizie).

Das Nährgewebe des Embryos ist typischerweise das triploide Endosperm. Selten kann auch der Nucellus ein Nährgewebe ausbilden, das allerdings diploid ist

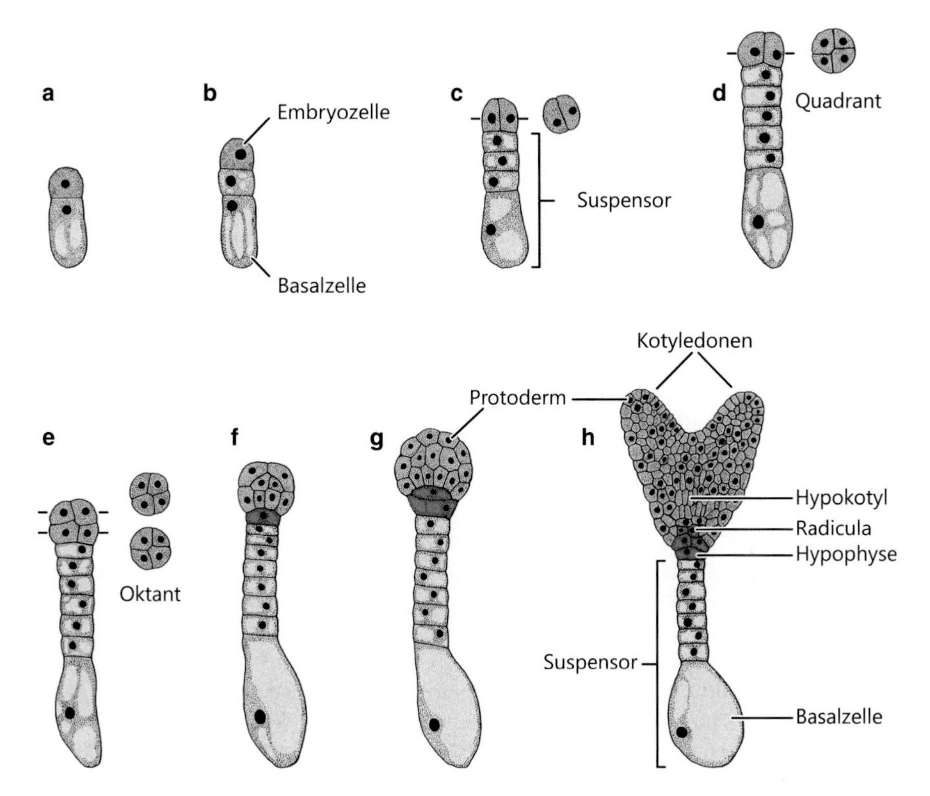

Abb. 5.8 Darstellung der Embryoentwicklung bei *Capsella bursa-pastoris* als Beispiel für die typische Abfolge von Zellteilungen. Teilungen der Zygote führen zur Ausbildung eines Zellfadens, dessen rundliche, zum Embryosackinneren gerichtete Zelle die eigentliche Embryozelle ist. Der restliche Zellfaden gehört zum Suspensor, der den Embryo in das Endosperm hereinschiebt und dessen untere Zelle, die Basalzelle, blasig vergrößert ist und Bedeutung für die Ernährung des Embryos hat (**a**–**c**). Weitere Teilungen der Embryozelle führen über Quadrant (**d**) und Oktant (**e**) zu vielzelligen Stadien, in denen die Differenzierung der Organe des Embryos eingeleitet werden (**g**, **h**). Durch *kleine Striche* wird die Schnittebene des jeweiligen Querschnittes angegeben

und Perisperm genannt wird. Auch der Keimling selbst kann sein Nährgewebe entwickeln, wie beispielsweise die Speicherkotyledonen.

Der Same ist die Samenanlage im Zustand der Reifung und Trennung von der Mutterpflanze. Bei der Samenreifung werden die Integumente zur meist mehrschichtigen Samenschale (Testa) umgewandelt, die den Samen vor äußeren Einwirkungen schützt. Im Bereich der Mikropyle bleibt die Testa häufig dünner, um das Hervortreten der Keimwurzel bei der späteren Keimung zu erleichtern. Der junge Sporophyt macht im Samen eine Ruhephase durch, diese Jugendphase wird als Embryo bezeichnet und ist typisch für die Samenpflanzen.

Eine Frucht ist die Blüte zum Zeitpunkt der Samenreife. Manchmal sind an der Bildung der Frucht neben dem Gynoeceum auch andere ehemalige Blütenorgane, wie z. B. die Blütenachse, beteiligt. Die Fruchtwand (Perikarp) umgibt die Samen.

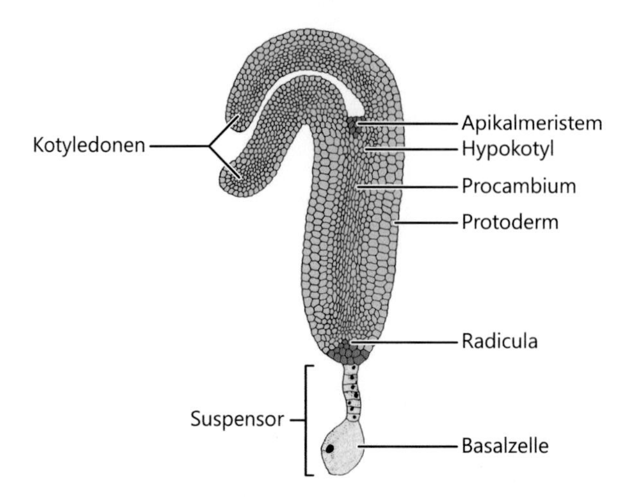

Abb. 5.9 Vielzelliger Embryo von *Capsella bursa-pastoris*. Die Anlage der Keimblätter ist deutlich zu erkennen. Dazwischen liegt das Apikalmeristem. Auch die Anlagen von Hypokotyl, Procambium, Protoderm und Radicula sind ausgebildet. Der Suspensor mit der blasig angeschwollenen Basalzelle stellt den Kontakt zum Endosperm her

Sie ist meist in drei Schichten (Exo-, Meso- und Endokarp) gegliedert. Die Ausgestaltung von Samen und Früchten ist sehr variationsreich, da ganz verschiedene Verbreitungsmechanismen vorkommen und entsprechend unterschiedlich gestaltete Ausbreitungseinheiten entwickelt worden sind.

Praktikum

OBJEKT: *Pisum sativum*, Fabaceae, Fabales
ZEICHNUNG: Aufbau des Samens mit Embryo in der Übersicht

Bei der Erbse kann man den typischen Aufbau eines pflanzlichen Embryos gut beobachten. Der Same ist von der Testa, die sich aus den Integumenten entwickelt hat, umgeben. Nach der Längsteilung der Erbse entlang der beiden Keimblätter werden die Speicherkotyledonen sichtbar, die das Nährgewebe für die Versorgung des Keimlings enthalten, sowie der dazwischen liegende Embryo, der dem jungen Sporophyten entspricht (Abb. 5.10). Die Keimwurzel (Radicula) zeigt die Ausbildung des Wurzelpols an. Die Plumula, das Achsenmeristem mit den ersten Blattanlagen, ist am Sprosspol des Embryos zu erkennen. Als Epikotyl bezeichnet man den Abschnitt der Sprossachse, der sich zwischen den Ansatzstellen der Primärblätter und der Keimblätter erstreckt. Das Hypokotyl ist der Bereich der Sprossachse zwischen den Keimblättern und dem Wurzelhals.

OBJEKT: *Triticum aestivum*, Poaceae, Poales
ZEICHNUNG: Aufbau des Keimlings in der Übersicht, Aufbau der Wand der Karyopse im Detail

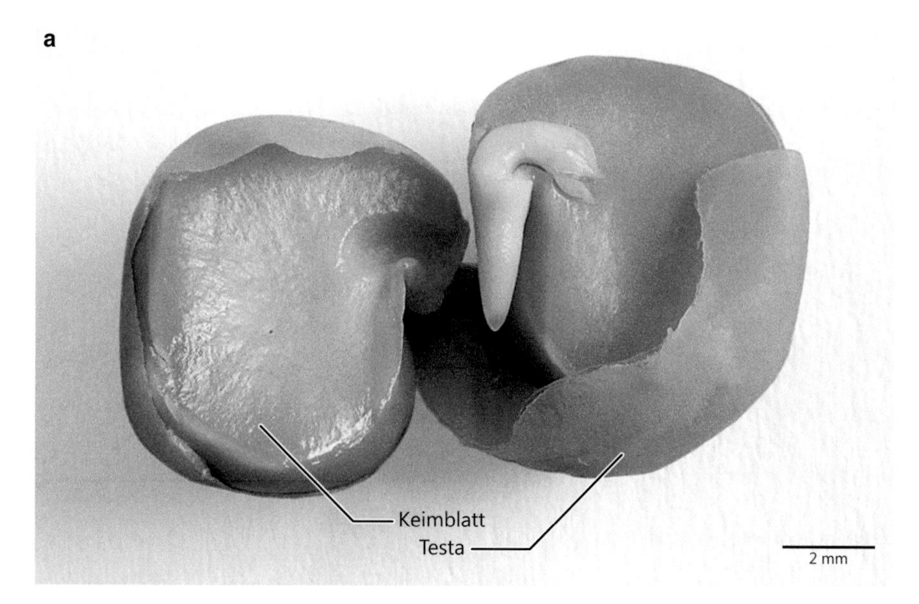

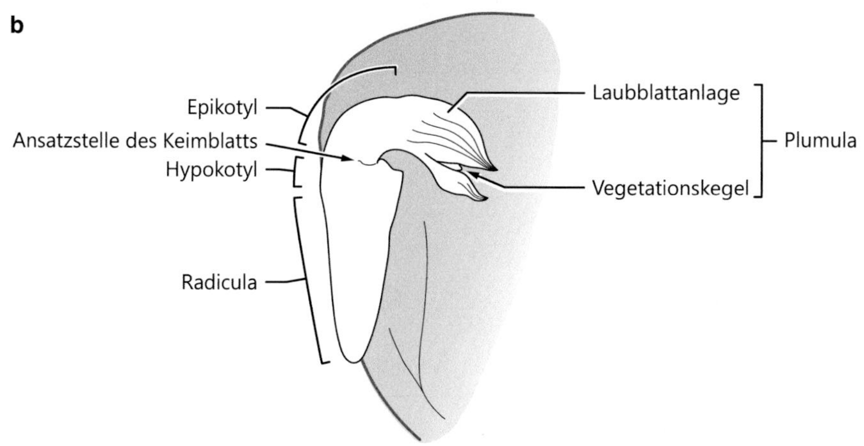

Abb. 5.10 Samen mit Embryo der Erbse (*Pisum sativum*). Die Keimblätter sind als Speicherkotyledonen ausgebildet und dienen der Versorgung des jungen Embryos. Sie sind umgeben von der Samenschale (Testa). Die Ansatzstelle der Keimblätter ist nach Freilegen des Embryos zu erkennen (**a**, **b**). Das Epikotyl erstreckt sich von der Ansatzstelle der Keimblätter bis zum Ansatz der ersten Laubblätter. Frühe Laubblattanlagen und Sprossvegetationskegel bilden die Plumula. Das Hypokotyl liegt zwischen der Ansatzstelle der Keimblätter und dem Wurzelhals, der den Beginn der Radicula bildet

In medianen Längsschnitten an der Basis des Korns (Karyopse) kann der Weizenkeimling (junger Sporophyt) betrachtet werden (Abb. 5.11a, b). Er grenzt außen an die Samenschale, innen direkt an den Mehlkörper an. Über ein großflächiges Saugorgan (Scutellum) steht der Keimling in Kontakt mit dem Endosperm. Das

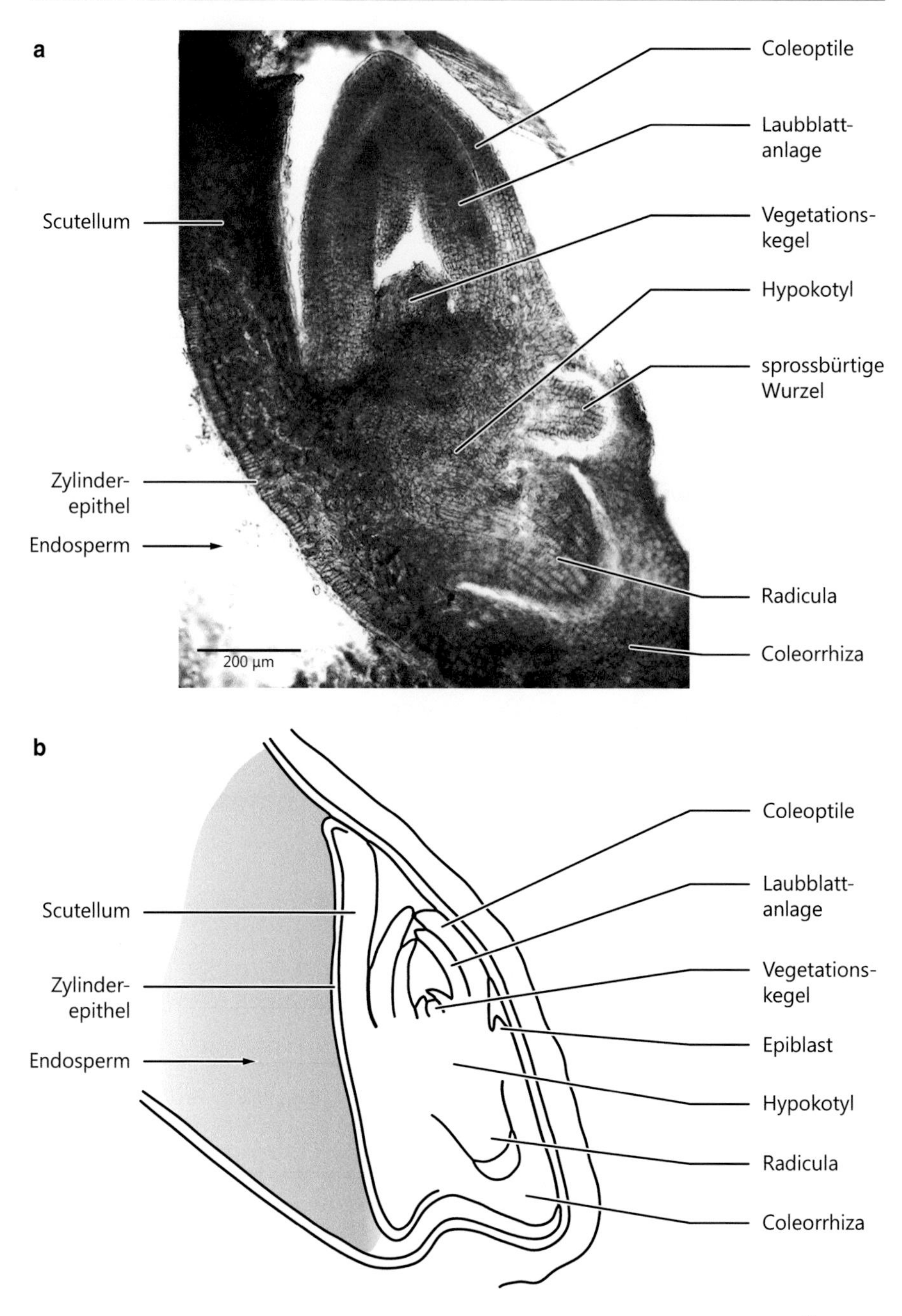

Abb. 5.11 Querschnitt durch den Embryo des Weizens (*Triticum aestivum*) (**a**, **b**). Über das Zylinderepithel ist das Scutellum mit dem Endosperm verbunden. Die Coleoptile schützt als Keimblattscheide die Plumula, welche aus Laubblattanlagen und dem Vegetationskegel besteht. Der Epiblast liegt seitlich neben dem Hypokotyl. Dort werden schon früh sprossbürtige Wurzeln gebildet (**a**). Die Radicula wird von ihrer Calyptra und der Coleorrhiza geschützt. Der genaue Aufbau der verwachsenen Frucht- und Samenschale ist im Detail dargestellt (**c**, **d**). Unter der

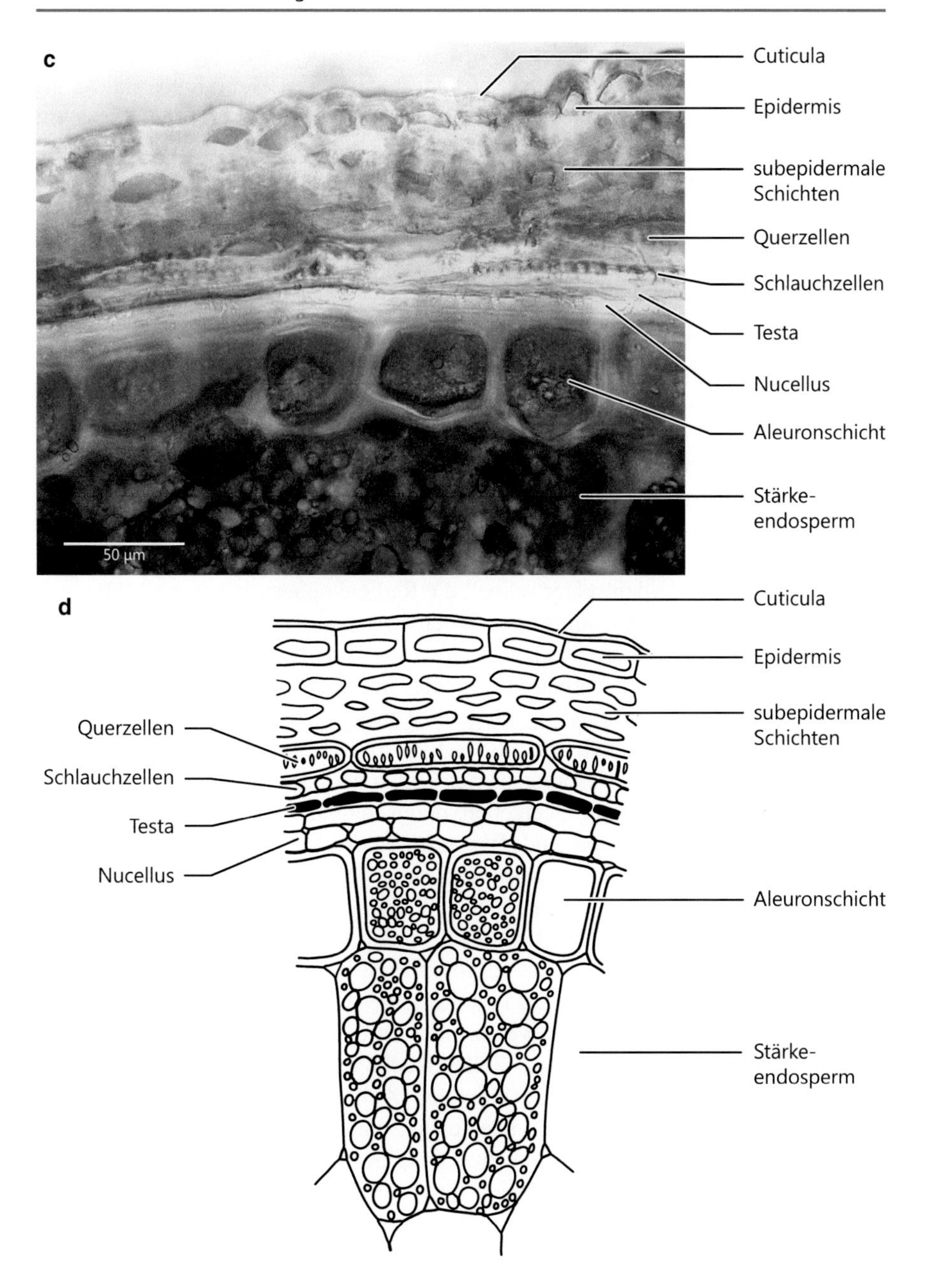

Abb. 5.11 *Fortsetzung*
Epidermis liegen mehrere subepidermale Schichten mit verdickten Zellwänden. Die Querzellen zeichnen sich durch ihre spaltenförmigen Tüpfel aus. Darunter liegen die in Längsrichtung des Korns verlaufenden Schlauchzellen. Nun folgt die eigentliche Testa: Eine dünne, farblose Haut und zusammengedrückte Zellen mit dunklem Inhalt. Unter den Resten des Nucellus liegt das Endosperm, das in Aleuronschicht und Stärkeendosperm gegliedert ist

Scutellum, das als Keimblatt gedeutet wird, ist mit einem Zylinderepithel ausgestattet, dessen Zellen die Vermittlung der Nährstoffe zwischen Mehlkörper und Keimling übernehmen. Es wächst seiner Aufgabe entsprechend nicht aus der Karyopse heraus. An der oberen Hälfte des Scutellums liegt seitlich die Plumula an. Sie besteht aus meist vier Laubblattanlagen und dem geschützten Sprossvegetationskegel (Abb. 5.11a, b). Die Plumula wird ihrerseits umhüllt von einer Keimblattscheide, der Coleoptile, die eine Sonderbildung bei den Gräsern ist. Nach dem Ergrünen der Coleoptile wird diese von den rasch wachsenden Laubblättern gesprengt. An der Basis der Plumula liegt gegenüber dem Scutellum eine Ausbuchtung, die als reduzierter Rest eines evtl. vorhandenen zweiten Keimblattes gedeutet werden kann, es handelt sich um den Epiblast. Das Hypokotyl befindet sich in der Mitte des Keimlings. Nach unten folgt die Wurzelanlage: Die Radicula, die hier schon die erste Seitenwurzel darstellt, ist mit einer Calyptra ausgestattet. Sie durchbricht die schützenden Hüllen um sie herum und wird äußerlich als erste Wurzel sichtbar. Die eigentliche Keimwurzel ist als schützende Scheide für Radicula und Calyptra ausgebildet, sie wird als Coleorrhiza bezeichnet (Abb. 5.11a, b). Im Hypokotyl sind nahe dem Epiblast Zellbereiche zu erkennen, die als Anlage sprossbürtiger Wurzeln dienen. Diese werden später schnell die Radicula überwachsen und führen so zur typischen sekundären Homorrhizie der Gräser.

Bei der Frucht der Gräser, der Karyopse, sind Frucht- und Samenschale miteinander verwachsen Der Aufbau von Frucht- und Samenschale bei der Karyopse kann in Querschnitten durch gequollene Weizenkörner gut untersucht werden (Abb. 5.11c, d). Unter der einschichtigen Epidermis liegen meist mehrere Lagen einer Zwischenschicht aus desorganisierten Zellen der Fruchtwand. Darunter befinden sich die lang gestreckten Querzellen, deren schmale, querstehende Tüpfel im Präparat deutlich zu erkennen sind. Weiter innen erscheinen rundlich aussehende Einzelzellen, die in Längsrichtung des Korns angeordnet sind und als Schlauchzellen bezeichnet werden. Dies ist die innerste Schicht der Fruchtwand.

Der folgende dunkel aussehende Bereich gliedert sich bei genauerer Betrachtung in zwei Lagen: Unter einer dünnen, farblosen Haut liegt eine Schicht abgeplatteter Zellen mit dunklem Inhalt. Dies sind die Reste des inneren Integumentes, also die eigentliche Testa (Samenschale). Weiter innen ist der Rest des Nucellus zu sehen. Diese Schicht zusammengedrückter Zellen leuchtet im Präparat sehr hell auf und lässt ihre zelluläre Struktur noch gut erkennen (Abb. 5.11c, d).

Eine mächtige Schicht lückenlos aneinander schließender radial gestreckter Zellen folgt. Die Zellen sind dicht mit eiweißhaltigen Aleuronkörnern und Tropfen fetten Öles gefüllt und daher bedeutend für die menschliche Ernährung (Aleuronschicht). Danach folgt der Mehlkörper, das eigentliche Endosperm der Weizenkaryopse. Große Zellen sind mit Stärkekörnern und Klebereiweiß angefüllt, bei der Keimung werden diese Nährstoffreserven verfügbar gemacht (Abb. 5.11c, d). Die Inhaltsstoffe dieser Zellen beeinflussen auch das Backverhalten des Weizenmehls, daher kommt die Bezeichnung Kleberschicht. Im Teig quellen Klebereiweiß und Stärke auf und bilden in ihrer molekularen Struktur ein netzartiges Teiggerüst, welches den Teig stabilisiert.

5.3 Vergleich von Gymnospermen und Mono- bzw. Dikotylen

Viele Merkmale in der Morphologie und Anatomie der Samenpflanzen sind für die Gruppen der Gymnospermen und der Angiospermen, mit den Monokotylen und Dikotylen, charakteristisch. Schon in den vorherigen Kapiteln sind diese Gruppen voneinander abgegrenzt worden, sodass in Tab. 5.1 ihre Hauptunterschiede zusammengefasst werden sollen.

Tab. 5.1 Vergleich ausgewählter Merkmale bei Gymnospermen und Monokotylen bzw. Dikotylen

	Gymnospermen	Dikotyle	Monokotyle
Wuchsform	Ursprünglich Holzpflanzen	Ursprünglich Holzpflanzen	Ursprünglich krautig
Anzahl der Keimblätter	Viele	Zwei	Eins
Blattgestalt	Oft Gabelig oder fiedrig	Oft fiedrig oder geteilt	Meist einfach, ganzrandig
Blattnervatur	Meist Gabel- oder parallelnervig	Meist netznervig	Meist parallelnervig
Blattscheide	Selten	Selten	Oft vorhanden
Leitbündelanordnung und -typ in der Sprossachse	Meist ringförmig, offen	Meist ringförmig, offen	Zerstreut, geschlossen
Sekundäres Dickenwachstum	Vorhanden	Vorhanden	Selten anormales Dickenwachstum
Differenzierung der Zelltypen in Xylem und Phloem	Wenige Zelltypen	Viele verschiedene Zelltypen	Viele verschiedene Zelltypen
Bewurzelung	Meist Allorrhizie	Meist Allorrhizie	Meist sekundäre Homorrhizie
Blüte	Einfach gestaltet, schuppige Blütenblätter	Oft fünfzählige Wirtel mit doppeltem Perianth	Oft dreizählige Wirtel als Perigon
Samenanlage	Liegt frei zugänglich, Pollen wird auf Samenanlage übertragen	Samenanlage in Fruchtblatt eingeschlossen, Pollen wird auf Narbe übertragen	Samenanlage in Fruchtblatt eingeschlossen, Pollen wird auf Narbe übertragen
Endosperm	Meist haploid	Meist triploid	Meist triploid

5.4 Aufgaben

1. Dominiert bei den Laubmoosen der Gametophyt oder der Sporophyt?
2. Wie unterscheiden sich die Samenanlagen der Nacktsamer und der Bedecktsamer voneinander?
3. Welchen Ploidiegrad haben beim typischen Generationswechsel der Angiospermen der Embryo, das Endosperm und die Antipoden?
4. Was ist ein Perigon?

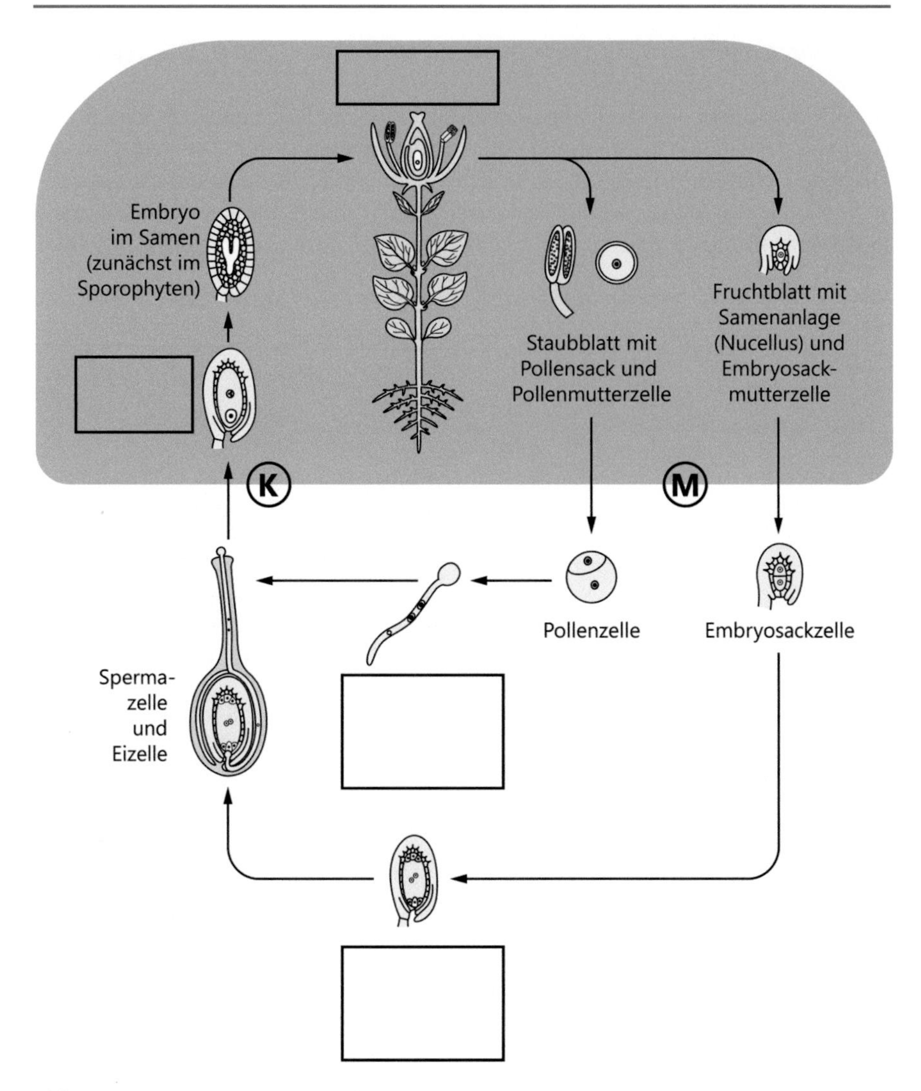

Abb. 5.12 Abbildung zu Aufgabe 12

5. Wie ist ein Staubblatt aufgebaut?
6. Woraus besteht ein Karpell?
7. Was bedeutet Coenokarpie?
8. Was versteht man unter der Testa?
9. Definieren Sie eine „Frucht"!
10. Wie heißt die Frucht der Gräser?
11. Welche Reservestoffe finden wir im Weizenkorn?
12. Ergänzen Sie die unten dargestellte Abbildung zum Generationswechsel eines Bedecktsamers!

6 Methoden

Die folgende Darstellung ausgewählter Methoden gibt dem Studierenden einen kurzen Überblick über die Bedienung der üblichen Kursmikroskope und enthält grundlegende Hinweise zu Präparations- und Zeichentechniken. Die Erklärungen fokussieren sich auf die im botanischen Grundpraktikum vermittelten Basistechniken, die von Hand unter Kursbedingungen ausgeführt werden können. Weiterhin werden ausgewählte Färbetechniken und die Anwendung bestimmter Reagenzien erläutert, die gut im Praktikum umzusetzen sind.

6.1 Mikroskopieren

Für die Bedienung des Lichtmikroskops muss man sich zunächst mit seinen Bauteilen und ihrer Funktion vertraut machen (Abb. 6.1a, b). Eine Lichtquelle im Fuß des Mikroskops liefert die notwendige Beleuchtung. Über einen Kondensor, ein Linsensystem zwischen Lichtquelle und Objekt, wird die gleichmäßige Ausleuchtung des Objektes gewährleistet. Dabei wird auch die Aperturblende eingesetzt, die über die Regulierung ihrer Öffnung die Weite der Lichtkegel im Strahlengang verändert und so Lichtmenge, Kontrast, Schärfentiefe und Auflösung der Abbildung beeinflusst.

Die Leuchtfeldblende beschränkt den beleuchteten Bereich des Beobachtungsobjekts, lässt die Leuchtdichte dort aber unverändert. Das Objekt befindet sich in einem Wassertropfen auf einem Objektträger und ist von einem dünnen Deckgläschen abgedeckt. Der Objektträger liegt auf einem Kreuztisch, wird durch den Objekthalter befestigt und kann durch Verschieben in horizontaler Ebene so platziert werden, dass der gewünschte Objektteil in den Strahlengang gelangt.

Die vertikale Position des Kreuztisches wird durch Triebräder verändert, die sich am Stativ des Mikroskops befinden. Man unterscheidet zwischen dem Grobtrieb, der zur Einstellung der Fokusebene bei geringer Vergrößerung verwendet wird, und dem Feintrieb, mit dem eine genaue Einstellung der Fokusebene insbesondere bei stärkeren Vergrößerungen erfolgt.

Über dem Kreuztisch befindet sich der drehbare Objektivrevolver mit den Objektiven, die mit ihrem Linsensystem unterschiedlich hohe Vergrößerungen erzeu-

U. Kück, G. Wolff, *Botanisches Grundpraktikum*, DOI 10.1007/978-3-642-53705-9_6,

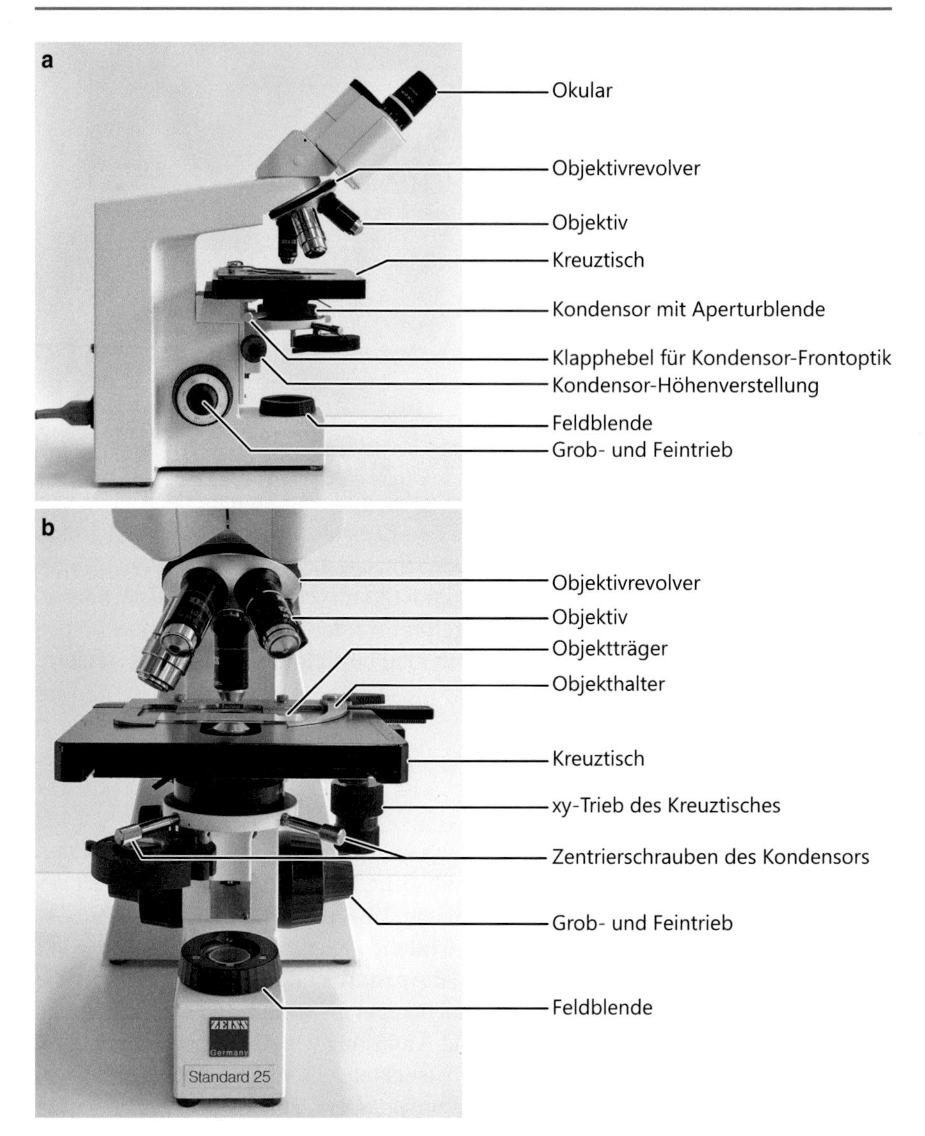

Abb. 6.1 Aufbau des Lichtmikroskops. Die verschiedenen Bauteile sind in der Profilansicht (**a**) und in einer detaillierten Frontalansicht (**b**) zu erkennen. Die Bedienung und die Funktion der Bauteile sind im Text erläutert

gen. Die Vergrößerungsfaktoren sind eingraviert und liegen in der Regel bei 5fach, 10fach und 40fach. Das durch das Präparat in das Objektiv eintretende Licht wird weiter durch den Tubus zum Okular, einem weiteren vergrößernden Linsensystem, geleitet. Durch Multiplikation der Vergrößerung von Okular – in der Regel 10fach – und verwendetem Objektiv erhält man die Gesamtvergrößerung, mit der man das Bild des Präparates betrachtet.

Der Weg zum kontrastreichen, gut ausgeleuchteten Bild führt über folgende Schritte:

1. Das Objekt wird in einen Wassertropfen auf den sauberen Objektträger überführt und mit einem Deckglas luftblasenfrei abgedeckt. Die Oberseite des Deckglases und die Unterseite des Objektträgers sollten trocken sein, damit die Linsensysteme nicht verschmutzen und keine unerwünschten Lichtbrechungen die Bildqualität beeinträchtigen.
2. Man stellt die kleinste Vergrößerung am Objektivrevolver ein und befestigt das Präparat auf dem Kreuztisch, sodass nach Einschalten der Beleuchtung das Objekt im Strahlengang liegt.
3. Durch Veränderung der vertikalen Position des Kreuztisches mit dem Grobtrieb fokussiert man das Präparat.
4. Durch „Köhlern" erreicht man die optimale Ausleuchtung des Präparats und ermöglicht so eine maximale Auflösung.
   (a) Die Kondensor-Optik muss eingeklappt sein, und das 10fach vergrößernde Objektiv wird durch Drehen des Objektivrevolvers eingestellt. Durch vorsichtiges Bewegen des Feintriebs wird fokussiert. Da es sich um abgeglichene Objektive handelt, ist meist nur ein leichtes Nachfokussieren notwendig.
   (b) Die Feldblende wird geschlossen, sodass ein kleiner heller Kreis bzw. ein Sechseck zu sehen ist. Der Kondensor wird nun in der Höhe durch eine Stellschraube reguliert, bis das Bild der Blende scharf erscheint.
   (c) Liegt das Bild der Feldblende nicht zentral im Gesichtsfeld, so korrigiert man dies mithilfe der zwei Zentrierschrauben des Kondensors. Ziel ist es, ein scharfes, zentriertes Bild der Feldblende im Gesichtsfeld zu erhalten.
   (d) Beim Öffnen der Feldblende ist darauf zu achten, dass das Gesichtsfeld vollständig und gleichmäßig ausgeleuchtet wird. Andernfalls muss die Einstellung des Kondensors nachjustiert werden (vgl. c).
   (e) Die Verbesserung des Bildkontrastes erreicht man durch Schließen der Aperturblende auf etwa 80 % ihrer Öffnungsweite. Dies kann man am besten nach Herausnehmen des Okulars beobachten.
   (f) Setzt man das Okular wieder ein, so sollte ein kontrastreiches, gut aufgelöstes und scharfes Bild des Präparates zu sehen sein.
5. Man beginnt immer mit der kleinsten Vergrößerung, um einen Überblick vom Präparat zu gewinnen. Nach Auswahl geeigneter Positionen kann man dann durch Drehen des Objektivrevolvers die stärkeren Vergrößerungen schrittweise nutzen. Dabei ist es meist ausreichend, durch vorsichtiges Drehen des Feintriebs zu fokussieren, sodass die Höhe des Kreuztisches nur minimal angeglichen wird. Bei stärkeren Vergrößerungen kann eine Erhöhung der Beleuchtungsstärke sinnvoll sein.

6.2 Präparieren

Im botanischen Grundpraktikum werden vorwiegend einfache Präparate mikroskopiert, die der Studierende selbst manuell herstellt. Es handelt sich entweder um Totalpräparate, Abkratz- oder Abzupfpräparate oder um Schnitte durch pflanzliche Strukturen. Bei den Schnitten verwendet man unbenutzte Rasierklingen, die bei Bedarf ersetzt werden sollten. Dabei ist auf eine exakte Schnittführung zu achten. Um die Handhabung mancher Objekte beim Schneiden zu erleichtern, kann man Holundermark oder Styropor-Blöckchen als Halterung verwenden. Es empfiehlt sich, gleich mehrere Schnitte zur Auswahl anzufertigen.

In der Aufgabenstellung ist die Schnittebene vorgegeben. Beim Querschnitt erfolgt die Schnittführung genau senkrecht zur Längsachse der betreffenden Struktur (Abb. 6.2a). Für die Betrachtung der Übersicht des Präparates genügen in der Regel auch relativ dicke, vollständige Querschnitte. Bei der detaillierten Analyse des Gewebeverbandes sollten möglichst dünne Schnitte vorliegen, die aber meist nicht der gesamten Schnittfläche entsprechen müssen. Die Längsschnitte laufen parallel zur Längsachse der Struktur, wobei man zwischen Radial- und Tangentialschnitten unterscheidet (Abb. 6.2a). Der radiale Längsschnitt führt direkt durch die Längsachse, sodass sich radial erstreckende Zellen längs angeschnitten werden. Beim tangentialen Längsschnitt erfolgt der Schnitt parallel zur Längsachse, ohne diese zu treffen, sodass sich radial erstreckende Strukturen mehr oder weniger quer getroffen werden. Im Blockdiagramm (Abb. 6.2b) sind die drei Schnittebenen zeichnerisch dargestellt, um die verschiedenen Ansichten des Gewebes zu verdeutlichen und eine räumliche Orientierung zu ermöglichen.

Das gewonnene Präparat wird in einem Wassertropfen auf den sauberen, fettfreien Objektträger überführt und mit einem Deckglas abgedeckt. Übersichten betrachtet man bei geringer (z. B. 50fach bis 100fach) und Detailansichten bei starker Vergrößerung (z. B. 250fach oder 400fach).

Die in diesem Buch dargestellten Präparate sind ganz überwiegend Ergebnisse von manuell durchgeführten Schnitten mit Rasierklingen, wie sie auch unter Praktikumsbedingungen von Studierenden angefertigt werden können. Der Schwerpunkt liegt auf der realitätsnahen Fotodokumentation als Basis für die interpretierende Zeichnung. Am Beispiel des Weizenembryos lässt sich der Unterschied in der Schnittdicke und die damit verbundenen Probleme bei der Analyse des Präparates deutlich erkennen (Abb. 6.3a, b). Für die Arbeiten im Praktikum sollte die Anfertigung und Beobachtung von Frischpräparaten im Vordergrund stehen, um die eigene manuelle Geschicklichkeit zu schulen und die Fähigkeit zur Erkenntnisgewinnung aus mikroskopischen Präparaten zu entwickeln.

6.3 Zeichnen

Die Zeichnungen sollten auf weißem, festem Zeichenpapier mit mindestens 90 g/m^2 angefertigt werden. Zum Zeichnen und Beschriften eignet sich ein mittelharter, spitzer Bleistift (Härtegrad HB). Der Kopf des Zeichenblattes sollte mit Namen und

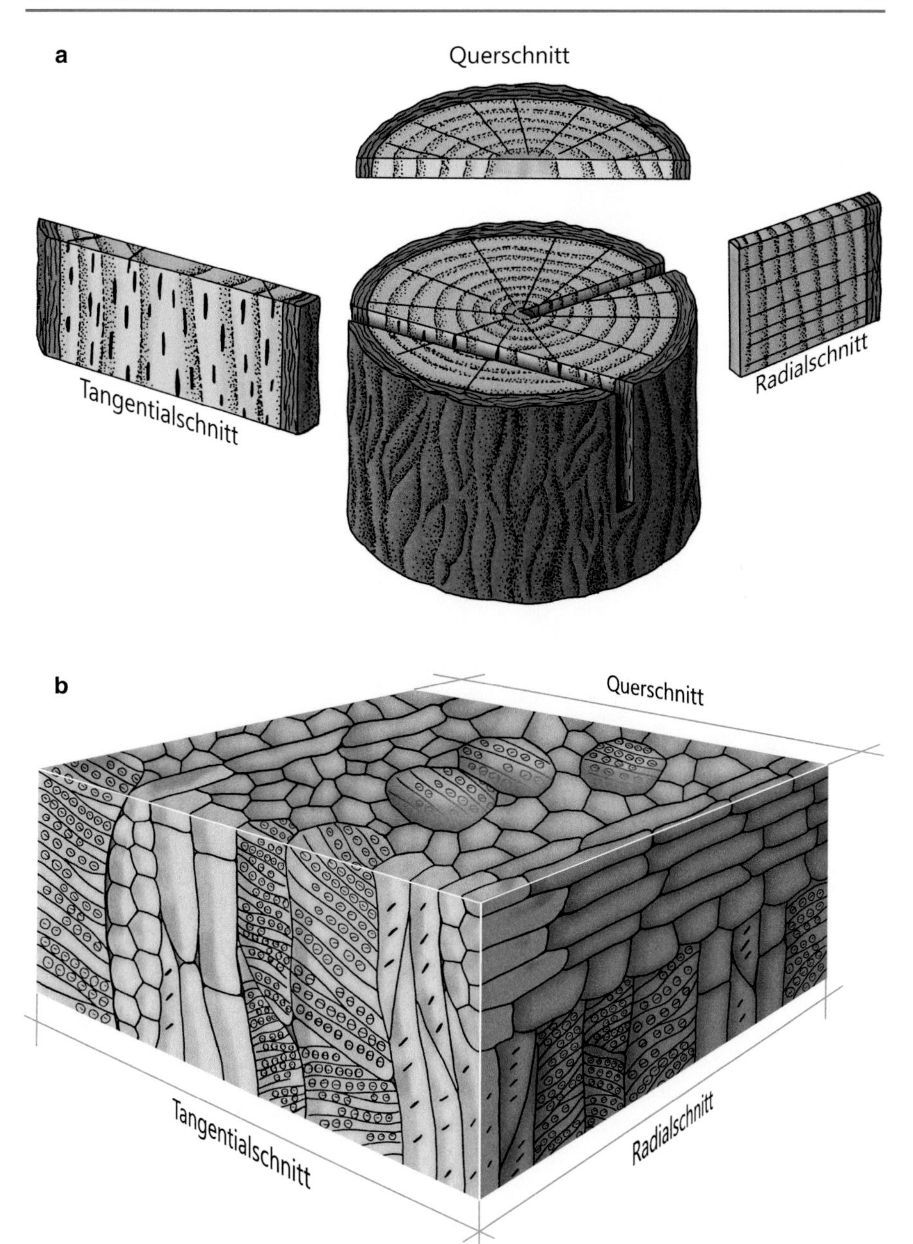

Abb. 6.2 Darstellung der drei Hauptschnittrichtungen am Beispiel der Sprossachse der Linde (*Tilia cordata*). Wird genau senkrecht zur Längsachse geschnitten, so erhält man den Querschnitt. Der Radialschnitt führt exakt durch die Längsachse der Struktur. Beim Tangentialschnitt liegt die Schnittebene parallel zur Längsachse, ohne diese zu treffen (**a**). Das Blockdiagramm ermöglicht durch die Kombination der drei Schnittebenen in einer Darstellung einen räumlichen Eindruck vom Aufbau des Gewebes, hier des Holzes von *Tilia cordata* (**b**)

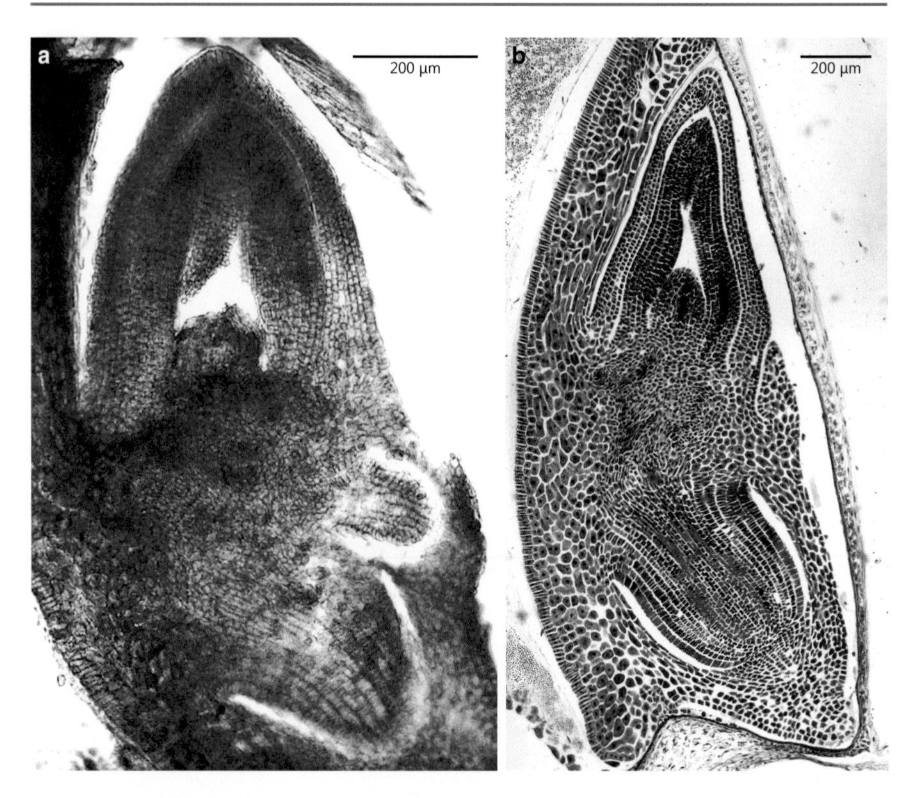

Abb. 6.3 Querschnitt durch den Embryo des Weizens (*Triticum aestivum*). Das manuell geschnittene, ungefärbte Präparat (**a**) wird hier einem maschinell geschnittenen, gefärbten Fertigpräparat (**b**) gegenüber gestellt

fortlaufender Nummerierung versehen werden. Das Objekt und seine systematische Zugehörigkeit müssen ebenso wie Schnittrichtung und Vergrößerung angegeben werden. Zur späteren Orientierung ist es sinnvoll, das Thema der Zeichnung anzugeben. In der Legende am unteren Rand des Zeichenblattes können weitere Erläuterungen vermerkt werden.

Je nach Detaillierungsgrad unterscheidet man Übersichtszeichnungen (Schemata), in denen die verschiedenen Gewebe dargestellt werden, und Detailzeichnungen, die eine zellgetreue Darstellung bieten. Durch die Abbildung von Zellinhalten kann die Zeichnung weiter verfeinert werden, wenn besonders interessante Strukturen dies erfordern. In einer Zeichnung können auch mehrere Darstellungsformen miteinander vereinigt werden, indem man eine Übersichtszeichnung mit einer ausschnittsweisen Detailzeichnung kombiniert. Die Übersichtszeichnung und vor allem die Detailzeichnung sollten ausreichend groß angelegt werden, um Schwierigkeiten bei der Linienführung zu vermeiden. Bei umfangreichen Detailzeichnungen kann es sinnvoll sein, die Zellwand bei plasmareichen, lebenden Zellen nur mit einer Linie darzustellen, während verholzte, tote Zellen weiterhin mit zwei Konturen gezeichnet werden, um die relative Zellwanddicke wiederzugeben. Besonderer Wert sollte auf eine naturgetreue Darstellung gelegt werden, die wesentliche Charakteristika der betreffenden Strukturen interpretierend und möglichst übersichtlich wiedergibt. Proportionen und Lagebeziehungen müssen bei jeder Darstellungsform stimmen. Stets wird der benachbarte Gewebeverband angedeutet, um den Zusammenhang verständlich zu machen. Größenverhältnisse und Gestalt der Zellen sowie der zu Grunde liegende Verlauf der Mittellamellen sollten vor Beginn der Detailzeichnung durchdacht werden, um Fehler in der Darstellung zu vermeiden.

6.4 Färbungen und Reagenzien

Um bestimmte Zell- oder Gewebestrukturen hervorzuheben, können diese spezifisch angefärbt werden. Einige Reagenzien und ihre typische Verwendung sind in Tab. 6.1 zusammengestellt.

Tab. 6.1 Zusammenstellung ausgewählter Farbstoffe und Reagenzien und ihrer typischen Verwendung

Name	Herstellung der Färbelösung	Anwendung	Nachweis von	Färbung	Besonderheiten
ACN-Gemisch (Astrablau-Chrysoidin-Neufuchsin)	0,1 g Astrablau in 97,5 g H_2O und 2,5 ml Essigsäure lösen; 0,1 g Chrysoidin in 100 ml H_2O lösen; 0,1 g Neufuchsin in 100 ml H_2O lösen; Lösungen im Verhältnis 20 : 1 : 1 zusammengeben	Schnitte in Färbelösung einlegen oder Färbelösung durchsaugen	Cellulose Cutin, Suberin Lignin	Blau Gelb-orange Rot	Färbelösung längere Zeit haltbar, rasche Mehrfachfärbung erlaubt Differenzierung zwischen unverholzten, verholzten und cutinisierten Zellwänden
Anilinblau	1,0 g Anilinblau in 100 ml H_2O lösen	5–10 min färben, mit H_2O auswaschen	Kallose Cellulose	Blau Rot	Kallosepfropfen der Siebplatten im Phloem gut darstellbar
Astrablau	0,5 g Astrablau in 2 %iger wässriger Weinsäurelösung lösen, filtrieren	1–5 min färben	Cellulose	Blau	Bei Kombination mit Safranin (s. u.) zunächst Astrablau-Färbung durchführen, dann mit H_2O auswaschen, anschließend Safranin-Färbung durchführen
Chlorzinkiod	6,5 g Kaliumiodid in 10 ml H_2O lösen; 1,3 g Jod hinzugeben; 20 g Zinkchlorid zugeben; filtrieren	Frischen Schnitt ohne Wasser in 1–2 Tropfen Färbelösung für 5–15 min einlegen	Cellulose in unverholzten Zellwänden Lignin, Cutin, Suberin	Violett bis blauviolett Gelblich	Färbelösung nur wenige Wochen haltbar, Farbeffekt ist nicht dauerhaft
Iodiodkalium (Lugolsche Lösung)	2,0 g Kaliumiodid in 100 ml H_2O lösen; 1,0 g Iod zugeben und lösen	Objekt in Färbelösung mikroskopieren oder Färbelösung unverdünnt durchsaugen	Stärke Amylose Amylopectin Eiweiß	Blauschwarz bis violett Blau bis schwarz Violett Gelblich-braun	Für Nachweise von Stärkekörnern in Chloroplasten oder Pyrenoiden Lösung konzentriert verwenden; für die Färbung von Amyloplasten Lösung 3 : 1 mit H_2O verdünnen

Tab. 6.1 Fortsetzung

Name	Herstellung der Färbelösung	Anwendung	Nachweis von	Färbung	Besonderheiten
Phloro-glucin-Salzsäure	5 g Phloroglucin in 100 ml H_2O lösen, mit 100 ml konzentrierter HCl versetzen	Frischen Schnitt mit Färbelösung überschichten, Farbumschlag abwarten, mit H_2O auswaschen	Lignin	Kräftig rot bis rotviolett	Salzsäure und ihre Dämpfe sind ätzend und daher gesundheitsschädlich und dürfen außerdem nicht mit der Mikroskopoptik in Kontakt kommen. Daher wird dieses Verfahren besser ersetzt durch die Färbung mit dem ACN-Gemisch (s. o.).
Safranin	1,0 g Safranin in 100 ml H_2O lösen	Frischen Schnitt etwa 5 min färben, eventuell mit Salzsäure-Ethanol (0,5 ml konzentrierte HCl in 100 ml 70 %igem Ethanol) auswaschen	Verholzte Zellwand	Je nach Grad der Verholzung rosa bis rot	Bei Kombination mit Astrablau (s. o.) zunächst Präparat mit Astrablau behandeln, dann mit H_2O spülen und die Safranin-Färbung durchführen
Sudan III, Sudan IV	25 mg Sudan III oder 50 mg Sudan IV in 50 ml Ethanol (96 %) lösen, filtrieren, mit 50 ml Glycerin auffüllen	Frischen Schnitt in die Färbelösung einlegen und leicht erwärmen, aber nicht kochen	Cutin, Suberin Fette, Öle	Gelbrot Rot	Gebrauchslösung ist längere Zeit haltbar; bei Sudan IV lassen sich Cutin, Suberin und Wachse besser färben

7 Lösungen zu den Aufgaben

7.1 Die Pflanzenzelle

1. Zellwand, Plastiden, Vakuole, Plasmodesmen
2. Apoplast: Gesamtheit des Zellwandraumes;
   Symplast: Gesamtheit der Protoplasten
3. Cyanobakterien fehlen Zellkern, Plastiden und Mitochondrien, sie haben einen typisch prokaryotischen Aufbau.
4. Zellverbände unspezifischer Gestalt, die nach den Zellteilungen durch eine gemeinsame Gallerte zusammenbleiben
5. Spaltung (Zweiteilung) bei den Spalthefen, Sprossung bei den Sprosshefen
6. Gesamtheit der Hyphen des pilzlichen Vegetationskörpers
7. Plasmalemma grenzt Cytoplasma gegen die Zellwand ab, Tonoplast grenzt Cytoplasma gegen die Vakuole ab
8. Licht, Chemikalien, Wärme, Verletzung
9. Chloroplasten und Leukoplasten
10. Durch Umwandlung aus Chloroplasten (Blattalterung, Fruchtreifung) und aus Proplastiden (Blütenbildung)
11. Carotinoide
12. Stärke (Amylose, Amylopectin)
13. Mittels der Iodiodkalium-Lösung erfolgt der Stärkenachweis durch Blau- bzw Violettfärbung der Iod-Stärke-Komplexe.
14. Die ausgewachsene Primärwand
15. Eine akkrustierte Schicht aus Cutin (hydrophobe Wachse), die auf der Außenseite der Epidermiszellen liegt
16. Primärwand: Cellulose, Hemicellulosen, Pectine;
    Sekundärwand: Suberinlamellen und Wachsfilme;
    Tertiärwand: hauptsächlich Cellulose
17. Plasmatische Verbindungen zwischen pflanzlichen Zellen, die als Aussparungen in der Zellwand erhalten bleiben

U. Kück, G. Wolff, *Botanisches Grundpraktikum*, DOI 10.1007/978-3-642-53705-9_7,

18. Durch Auseinanderweichen von Zellen (schizogen), durch Auflösen von Zellen (lysigen), durch Zerreißen von Zellen (rhexigen)
19. Wenn der osmotische Druck des Cytoplasmas und der Vakuole genauso groß wie der Wanddruck der Zellwand ist
20. Isodiametrische Zellen sind in alle Richtungen des Raumes ungefähr gleich ausgedehnt. Prosenchymatische Zellen erscheinen in einer Dimension lang gestreckt.
21. Ein interzellularenreiches Durchlüftungsgewebe
22. Nach der Lage der Parenchyme im Kormus (Rindenparenchym, Markparenchym), nach der Funktion (Aerenchym, Speicherparenchym), nach dem Aussehen der Zellen (Sternparenchym, Palisadenparenchym)
23. Kollenchym: Festigungsgewebe der noch wachsenden Pflanzenteile, Verdickung der Primärwand;
    Sklerenchym: Festigungsgewebe der ausdifferenzierten Pflanzenteile, Verdickung der Sekundärwand
24. Ein- bis mehrzellige Anhänge der Epidermis, die aus einer epidermalen Meristemoidzelle hervorgehen
25. Lebende Haare vergrößern die Oberfläche des Kormus und erhöhen damit die transpirierende Fläche. Überzüge aus abgestorbenen Haaren erniedrigen durch die Schaffung windstiller Räume die Transpiration.
26. Anhangsgebilde der Epidermis und subepidermaler Schichten; z. B. Stacheln bei Rosen
27. Fraßschutz, Wundverschluss
28. Gegliederte Milchröhren entstehen durch Zellverschmelzung nach der Auflösung ursprünglich vorhandener Querwände (Bildung eines Syncytiums).
    Ungegliederte Milchröhren durchwachsen als polyenergide, verzweigte Riesenzellen den gesamten Pflanzenkörper
29. In interzellularen Sekretbehältern (lysigen oder schizogen entstanden) oder zwischen Cuticula-Häutchen und übriger Zellwand
30. Terpentin, Weihrauch, Mastix

7.2 Die Sprossachse

1. Sie sind in Sprossachse, Blätter und Wurzel gegliedert.
2. Einzelne Zellen abweichender Struktur und Funktion in pflanzlichen Geweben
3. Lokale Bildungsgewebe, deren Teilungsfähigkeit bewahrt bleibt und sich auf embryonale Meristeme zurückführen lassen.
4. Interfaszikuläres Cambium, Korkcambium
5. Tunica
6. Xylem: wasserleitende Bestandteile des Leitbündels
   Phloem: nährstoffleitende Bestandteile des Leitbündels
7. Offen: mit Cambium
   geschlossen: ohne Cambium
8. Tracheen, Tracheiden, Xylemparenchymzellen

9. Siebröhren, Geleitzellen, Phloemparenchymzellen
10. Strasburgerzellen: begleiten die Siebzellen bei Gymnospermen
    Geleitzellen: begleiten die Siebröhren bei Angiospermen, gehen aus gemeinsamer Mutterzelle mit Siebröhrenglied hervor
11. Das zwischen den Leitbündeln entstehende Cambium, welches durch Reembryonalisierung ausdifferenzierter Parenchymzellen wieder teilungsaktiv wird
12. *Aristolochia*-Typ: interfaszikuläres Cambium produziert Markstrahlparenchym
    Ricinus-Typ: interfaszikuläres Cambium produziert sekundäres Xylem und sekundäres Phloem
    Tilia-Typ: geschlossener Cambiumring produziert sekundäres Xylem und sekundäres Phloem.
13. Siehe Abb. 2.11a–c.
14. Das Cambium bildet parenchymatisches Gewebe aus, das sich in Holz oder Bast radial erstreckt.
15. Der Torus (eine Verdickung von Mittellamelle und Primärwand) ist an der Margo flexibel aufgehängt und kann bei einseitigem Unterdruck schnell den Porus verschließen, der als Öffnung vom Hof (Ausbildung der Sekundärwand) freigelassen wird.
16. Tracheen, Libriformfasern
17. Das englumige Spätholz (Herbst) grenzt nach der Wachstumspause an das großlumige, schnell leitende Frühholz (Frühjahr).
18. Bei zerstreutporigen Hölzern ist der Durchmesser der Tracheen über die gesamte Wachstumsperiode annähernd gleich. Bei ringporigen Hölzern findet man im Frühholz extrem großlumige Gefäße, danach werden abrupt Gefäße geringeren Durchmessers gebildet.
19. Die Schließhaut einer der Trachee benachbarten Holzparenchymzelle stülpt sich blasenförmig in das Gefäß ein, sodass eine Verstopfung des Gefäßes erreicht wird.
20. Verstopfung kollabierter Gefäße und deren Imprägnierung durch Einlagerung von Gerbstoffen
21. Weichbast: Siebröhren, Geleitzellen, Bastparenchymzellen
    Hartbast: Bastfasern
22. Im Bast von Gymnospermen dienen sie der Be- und Entladung der benachbarten Siebzellen mit Nährstoffen.
23. Das Periderm besteht aus Phellem, Phellogen und Phelloderm.
24. Tertiäres Abschlussgewebe der Sprossachse, das aus Außen- und Innenperidermen und dazwischen liegenden Gewebeschichten des Bastes und der Rinde besteht. Die Borke bietet Schutz vor Strahlung, Pilzbefall und mechanischen Schädigungen.
25. Die Korkwarzen sind unter den Spaltöffnungen angelegte Ausbildungen des Periderms, die durch lockere, interzellularenreiche Füllzellen weiterhin einen Gasaustausch ermöglichen.
26. Monopodium: Hauptachse setzt Verzweigungssystem fort und übergipfelt stets die Seitentriebe

Sympodium: ein oder mehrere Seitentriebe setzen Verzweigungssystem fort und übergipfeln den ehemaligen Haupttrieb, dessen Terminalknospe verbraucht worden ist oder verkümmert

27. Phyllocladien bzw. Cladodien
28. Unterirdisch wachsende Sprossachsen, die der Speicherung und der Überwinterung im Boden dienen. Sie zeigen typische Merkmale von Sprossachsen (Blattnarben oder Niederblätter, Verzweigung, Ausbildung von Knospen).

7.3 Das Blatt

1. Oberblatt: Lamina (Spreite), Petiolus (Stiel)
   Unterblatt: Stipeln (Nebenblätter), Blattscheide
2. Photosynthese und Transpiration
3. Niederblätter sind schuppenförmige, kleine Blättchen, die z. B. an Rhizomen vorkommen.
4. Anisophyllie: Verschieden große Blätter eines Knotens beim Moosfarn
   Heterophyllie: Schwimmblätter und Unterwasserblätter beim Wasserhahnenfuß
5. Obere Epidermis, Palisadenparenchym, Schwammparenchym, untere Epidermis
6. Verdunstungsschutz
7. Die Spaltöffnungen befinden sich auf der Blattunterseite.
8. Schließzellen und Porus
9. *Mnium-*, *Helleborus-* und Gramineen-Typ
10. Unifaziale Blätter gehen nur aus einer Seite der Blattprimordie hervor. Bifaziale Blätter entstehen aus Ober- und Unterseite der Blattprimordie.
11. Äquifaziale Blätter
12. Reduktion der Blattspreite, verstärkte Epidermiswände, sklerenchymatische Hypodermis, eingesenkte Spaltöffnungen
13. Im Armpalisadenparenchym treten vorspringende Zellwandleisten auf, sodass mehr innere Oberfläche für den plasmatischen Wandbelag zur Verfügung steht und entsprechend mehr Fläche für die wandständigen Chloroplasten vorhanden ist.
14. Vergleiche Tab. 3.1.

7.4 Die Wurzel

1. Verankerung im Boden, Wasser- und Nährsalzaufnahme, Speicherung von Reservestoffen, Synthese von Hormonen
2. Nicht cutinisierte äußere Zellschicht der jungen Wurzel, die Trichoblasten hervorbringt
3. Rhizodermis, Hypodermis (Exodermis), Rinde, Endodermis, Perizykel, radiale Leitbündel im Zentralzylinder

4. Radiales Leitbündel
5. Perizykel
6. Schutz des Wurzelvegetationspunktes beim Vordringen ins Erdreich, Erleichterung des Eindringens in den Boden durch verschleimende Zellen
7. Casparyscher Streifen bei der primären Endodermis, allseitige Auflagerung von Suberin bei der sekundären Endodermis, zusätzliche U-förmige Auflagerung von Cellulose bei der tertiären Endodermis
8. Kontrolle des Wassertransportes von Rinde zu Zentralzylinder (evtl. durch Durchlasszellen), da keine Wasserleitung durch den Apoplasten erfolgen kann
9. Ein Wasserabsorptions- und Wasserspeichergewebe, das außerhalb der Exodermis von sprossbürtigen Luftwurzeln bei epiphytisch wachsenden Pflanzen ausgebildet sein kann. Ein Beispiel ist *Clivia miniata*.
10. Exodermis
11. Perizykel (Pericambium)
12. Die Wurzel besitzt eine Calyptra und radiale Leitbündel, die Sprossachse besitzt Blattanlagen und ein zentrales Mark.
13. Vergleiche Tab. 4.2.
14. Siehe Abb. 4.9c.

7.5 Fortpflanzung und Entwicklung

1. Der Gametophyt dominiert, er entspricht der beblätterten Moospflanze.
2. Bei den Nacktsamern gelangt der Pollen direkt auf die Samenanlage. Bei den Bedecktsamern umhüllen die Fruchtblätter die Samenanlage zusätzlich, sodass der Pollen auf steriles Gewebe (die Narbe) gelangt und der Pollenschlauch zur Samenanlage auswachsen muss.
3. Embryo: diploid, Endosperm: triploid, Antipoden: haploid
4. Die Blütenhülle ist nicht in Kelch und Krone gegliedert, da es sich um eine gleichförmige Blütenhülle handelt.
5. Staubfaden mit verdickter Anthere, zwei Theken mit je zwei Pollensäcken, Konnektiv verbindet die Theken.
6. Das Fruchtblatt besteht aus Ovar mit Samenanlagen, Griffel und Narbe.
7. Die Fruchtblätter sind während der Entstehung (congenital) verwachsen.
8. Samenschale (geht aus den Integumenten hervor)
9. Die Blüte zum Zeitpunkt der Samenreife.
10. Karyopse
11. Stärke und Eiweiß (Aleuronschicht)
12. Siehe Abb. 5.5.

Glossar

Die folgende Liste enthält wichtige Fachbegriffe aus dem „Botanischen Grundpraktikum“ mit einer prägnanten Erklärung. Querverweise erscheinen *kursiv*.

Aggregationsverband Zellverband mit spezifischer Gestalt, der aus einer Vielzahl von Einzelzellen besteht, die in der Regel aus einer Mutterzelle hervorgegangen sind.

Allorrhizie Hierarchischer Aufbau der Bewurzelung. Eine meist pfahlförmig nach unten wachsende Hauptwurzel verzweigt sich in *Seitenwurzeln* verschiedener Ordnung. Bei vielen Gymnospermen und Dikotylen verbreitet. Vergleiche auch *Homorrhizie*.

Amyloplast Farbloser *Plastid* vorwiegend in Speicherorganen und Wurzeln, der zur Ansammlung von Reservestärke dient.

Androeceum Die Gesamtheit der *Staubblätter* einer *Blüte*.

Anisophyllie Eng benachbarte Blätter oder sogar die Blätter eines Knotens sind verschieden groß gestaltet. Vergleiche auch *Heterophyllie*.

Apoplast Die Gesamtheit des Zellwandraumes innerhalb der Pflanze.

Ascus Meiosporangium bei den Schlauchpilzen (Ascomyceten). Das Meiosporangium enthält die sexuellen Meiosporen (Ascosporen).

Bast Das vom *Cambium* beim sekundären Dickenwachstum nach außen abgegebene Gewebe: sekundäres *Phloem*, Baststrahlen bzw. Markstrahlen.

Blatt, bifaziales und unifaziales Geht ein Blatt aus der anatomischen Ober- und Unterseite der Blattanlage hervor, so nennt man es *bifazial*. Ein *unifaziales* Blatt geht nur aus einer, der Unterseite der Blattprimordie hervor.

U. Kück, G. Wolff, *Botanisches Grundpraktikum*, DOI 10.1007/978-3-642-53705-9,

Blatt, dorsiventrales und äquifaziales Sind Blattober- und Blattunterseite verschieden gestaltet, bezeichnet man ein Blatt als *dorsiventral*. Sind beide Seiten gleich aufgebaut, handelt es sich um ein *äquifaziales* Blatt.

Blattstellung Bezeichnet die Anordnung der Blätter an der Sprossachse. Entspringt nur ein Blatt pro Knoten, handelt es sich um eine wechselständige *Blattstellung*. Entspringen mehrere Blätter pro Knoten, nennt man die Stellung wirtelig.

Blüte Unverzweigter Spross mit gestauchter Achse, dessen Blätter im Dienst der generativen Fortpflanzung stehen.

Borke Abschlussgewebe der sekundären Sprossachse, das durch die Tätigkeit von *Peridermen* entsteht, die innerhalb der *Rinde* oder des *Bastes* angelegt werden können.

Calyptra Die Wurzelhaube umgibt mit mehreren Schichten aus verschleimenden, sich leicht ablösenden Zellen das Bildungsgewebe der Wurzelspitze und erleichtert das Vordringen ins Erdreich.

Cambium Laterales Bildungsgewebe beim sekundären Dickenwachstum der Pflanze, liefert Elemente des *Holzes* nach innen und Elemente des *Bastes* nach außen. Im offenen *Leitbündel* wird das zwischen *Phloem* und *Xylem* verbleibende *Cambium* auch als faszikuläres *Cambium* bezeichnet. Zwischen den *Leitbündeln* kann auf Höhe des faszikulären *Cambiums* sekundär aus reembryonalisierten Parenchymzellen das interfaszikuläre Cambium entstehen. Das *Phellogen* der Sprossachse ist ebenfalls ein sekundäres *Meristem*, es gehört zum *Periderm* und ist an der Bildung der *Borke* beteiligt. Das *Pericambium* der Wurzel ist als laterales *Meristem* an der Bildung der *Seitenwurzeln*, des Wurzelcambiums und des *Phellogens* der Wurzel beteiligt.

Casparyscher Streifen Ausbildung der *Zellwand* der primären *Endodermis*. Eine gürtelförmige Auflagerung von Endodermin (ein *Suberin*) auf die radialen *Zellwände* der Endodermiszellen macht sie wasserundurchlässig, sodass nun der *Symplast* den Wassertransport übernehmen muss.

Cellulose Ein kettenförmiges Makromolekül aus β-1,4-verknüpften Glucose-Einheiten, dessen Ketten sich durch parallele Ausrichtung und kristallartige Zusammensetzung zu größeren Einheiten zusammenschließen. Wichtiger Bestandteil pflanzlicher *Zellwände*.

Chloroplast Grüner *Plastid* bei Pflanzen, der photosynthetisch aktiv ist. Enthält Chlorophylle als wesentliche Photosynthesepigmente und weist ein ausgeprägtes inneres Membransystem auf. Der typische Chloroplast der höheren Pflanzen hat eine linsenförmige Gestalt und einen Durchmesser von 4–8 μm.

Chromoplast Durch Vorhandensein von Carotinoiden gelb bis orange gefärbter, photosynthetisch inaktiver *Plastid.* Dient der Farbgebung vorwiegend in Blütenblättern und Früchten.

Coenobium Organisationsform, die vornehmlich bei Cyanobakterien und Algen auftritt und bei der die Tochterindividuen durch eine gemeinsame Gallerthülle verbunden bleiben.

Coleoptile Schützende Blattscheide für das erste Laubblatt des Keimlings der Gräser.

Columella Bereich innerhalb der *Calyptra*, der für die Wahrnehmung der Erdanziehungskraft (Gravitropismus) in der Wurzel verantwortlich ist.

Corpus Zentraler Gewebekern des Sprossvegetationskegels bei höheren Pflanzen.

Cuticula Auf den Außenwänden der *Epidermis* liegende Haut aus Cutin (polymere, hydrophobe Substanz), dient als Verdunstungsschutz.

Drüsenzelle Plasmareicher Zelltyp bei Pflanzen, der zur Absonderung eines Sekretes (Öl, Harz etc.) fähig ist.

Embryo Junger *Sporophyt*, der vor seiner Entwicklung zum reifen *Sporophyten* eine Ruhephase durchmacht. Wird meist als *Same* oder *Frucht* verbreitet.

Embryosack Der befruchtungsfähige Embryosack der Bedecktsamer (Angiospermen) enthält sieben Zellen mit insgesamt acht Kernen und entspricht dem Makrogametophyten mit der Eizelle.

Emergenz Ausbildungen der *Epidermis* und subepidermaler Schichten, die haarähnlich aussehen können oder eine andere Gestalt haben. Beispiele sind die Stacheln der Rosengewächse.

Endodermis Inneres Abschlussgewebe bei Pflanzen. In der Wurzel ist die innerste Schicht der *Rinde* als *Endodermis* ausgebildet, die den Wasser- und Nährsalztransport zwischen *Zentralzylinder* und *Rinde* kontrolliert. Die *Zellwand* der lückenlos aneinander grenzenden Zellen ist durch *Suberin*-Auflagerung abgedichtet. Die *Endodermis* kann einen primären, sekundären und tertiären Entwicklungszustand erreichen.

Endosperm Nährgewebe für den *Embryo* der Samenpflanzen. Das primäre *Endosperm* der Nacktsamer (Gymnospermen) entspricht dem Makrogametophyten und ist haploid. Das sekundäre *Endosperm* der Bedecktsamer (Angiospermen) entsteht durch die Befruchtung der beiden Polkerne durch einen der generativen Kerne des Pollenschlauches und ist triploid.

Endosymbiontentheorie Organellen der eukaryotischen Zelle, insbesondere die DNA-haltigen *Mitochondrien* und *Plastiden*, können sich aus phagozytierten Prokaryoten mit entsprechenden Eigenschaften entwickelt haben, die in der Wirtszelle überlebt haben.

Epidermis Schicht lückenlos aneinander grenzender, oft verzahnter Zellen als primäres Abschlussgewebe von Sprossachse und Blättern. In der Regel ist die Epidermis einschichtig, von einer *Cuticula* bedeckt und mit Ausnahme der *Schließzellen* frei von *Chloroplasten*.

Epikotyl Bereich der Sprossachse, der zwischen den Insertionsstellen der Keimblätter und der ersten Laubblätter liegt.

Exodermis Sekundäres Abschlussgewebe der Wurzel, das sich aus der subrhizodermalen *Hypodermis* bildet, dessen Zellen verkorken und die degenerierte *Rhizodermis* ersetzt.

Frucht Die *Blüte* zum Zeitpunkt der Samenreife. Die Fruchtwand umgibt die reifen *Samen*.

Fruchtblatt Bezeichnung für das Makrosporophyll der Bedecktsamer. Das *Fruchtblatt* (Karpell) ist typischerweise in einen basalen Teil mit den *Samenanlagen* (Ovar), einen sterilen Zwischenabschnitt (Griffel) und einen apikalen Anteil zur Aufnahme des *Pollens* (Narbe) gegliedert.

Fruchtkörper Sexuelles Fortpflanzungsorgan bei den Hyphenpilzen, die *Meiosporangien* mit Meiosporen ausbilden. Perithecien stellen einen besonderen Fruchtkörpertypus dar, der bei einigen Schlauchpilzen auftritt.

Gamet Haploide Fortpflanzungszelle, die zur *Karyogamie* mit einem andersgeschlechtigen *Gameten* fähig ist. Unter Mikrogameten versteht man z. B. bewegliche Spermatozoide oder unbewegliche Spermazellen. Ein Makrogamet kann eine Eizelle sein.

Gametangium Fortpflanzungszellenbehälter, in dem die *Gameten* gebildet werden.

Gametophyt Generation im Entwicklungszyklus einer Pflanze mit Generationswechsel, die *Gameten* bildet.

Geleitzelle Plasmareiche, stoffwechselaktive Zelle, die im *Phloem* der Angiospermen die Siebröhren begleitet und durch eine inäquale Teilung aus einer gemeinsamen Mutterzelle mit dem *Siebröhrenglied* entstanden ist. Sie fungiert als *Drüsenzelle* bei der Be- und Entladung der *Siebröhre*.

Gynoeceum Die Gesamtheit der *Fruchtblätter* einer *Blüte*.

Haar Synonym: *Trichom*. Einzellige oder vielzellige Anhangsgebilde der *Epidermis*, die durch epidermale *Meristemoide* gebildet werden; keine Beteiligung subepidermaler Schichten.

Harzkanal Schizogen entstandene Interzellularräume, die von einem Drüsenepithel ausgekleidet sind, das Harz produziert und in den Harzgang absondert. Häufig bei Koniferen anzutreffen.

Hechtscher Faden Bei der *Plasmolyse* pflanzlicher Zellen zieht sich das Cytoplasma von der *Zellwand* zurück. In den Bereichen der *Plasmodesmen* bzw. *Tüpfel* bleiben plasmatische Fäden zwischen den Zellen erhalten, diese bezeichnet man als Hechtsche Fäden.

Heterophyllie Die Blätter eng benachbarter Knoten sind morphologisch ganz unterschiedlich gestaltet. Vergleiche auch *Anisophyllie*.

Holz Das vom *Cambium* beim sekundären Dickenwachstum nach innen abgegebene Gewebe: sekundäres *Xylem*, Holzstrahlen bzw. Markstrahlen.

Homorrhizie Gleichrangiges System bei der Bewurzelung. Bei der primären *Homorrhizie* wird schon die erste Wurzel seitlich angelegt (Farnpflanzen). Bei der sekundären *Homorrhizie* wird die primär angelegte Keimwurzel von einem System gleichrangiger *Seitenwurzeln* oder sprossbürtiger Wurzeln verdrängt (viele Monokotyle). Vergleiche auch *Allorrhizie*.

Hyphe Fädiges, oft verzweigtes Vegetationsorgan der Pilze. Die Gesamtheit der Hyphen eines Pilzes wird als *Myzel* bezeichnet.

Hypodermis Unter der *Epidermis* (bei der Sprossachse) bzw. der *Rhizodermis* (bei der Wurzel) liegende, interzellularenfreie Zellschicht, die vom restlichen Rindengewebe verschieden ist. In der Sprossachse ist die *Hypodermis* oft als *Kollenchym* ausgebildet. In der Wurzel bildet sie als *Exodermis* nach Degeneration der *Rhizodermis* ein sekundäres Abschlussgewebe.

Hypokotyl Bereich der Sprossachse, der zwischen Wurzelhals und der Insertionsstelle der Keimblätter gelegen ist.

Idioblast In Gewebe mit Zellen einheitlicher Morphologie und Funktion eingestreute Einzelzellen, die abweichende Aufgaben erfüllen können und entsprechend anders gestaltet sind. Sie erweitern die Funktionen pflanzlicher Gewebe.

Internodium Bereich der Sprossachse zwischen den Insertionsstellen der Blätter (*Nodium*). Die Länge der *Internodien* liegt meist im Zentimeter- oder Dezimeter-Bereich, Internodien können auch gestaucht oder verlängert sein.

Interzellulare Zellzwischenraum, der bei der Entwicklung von der meristematischen zur ausgewachsenen Zelle in pflanzlichen Geweben entsteht. *Interzellularen* können schizogen, lysigen oder rhexigen gebildet werden.

Karyogamie Verschmelzen zweier, meist haploider Zellkerne zu einem diploiden Kern.

Kernphasenwechsel Bezeichnung für den Wechsel zwischen haploiden und diploiden Zellkernen. Kommen in einem Entwicklungszyklus sowohl eine haploide als auch eine diploide Generation vor, deren Chromosomenzahl durch die Abfolge von *Karyogamie* und *Meiose* verändert wird, so führen diese Generationen einen *Kernphasenwechsel* durch.

Kollenchym Festigungsgewebe, das in wachsenden Pflanzenteilen ausgebildet wird. Zeichnet sich durch Verdickungen der Primärwand lebender Zellen aus, die in der Regel nur Zellwandbereiche erfassen (Kanten- bzw. Eckenkollenchym, Plattenkollenchym).

Kork Das Gewebe, welches das *Phellogen* (Bildungsgewebe des *Periderms*) nach außen abgibt.

Korkcambium siehe *Phellogen*

Korkwarze siehe *Lentizelle*

Kormophyt Pflanze, die in Sprossachse, Blatt und Wurzel gegliedert ist (Sprosspflanze). Dazu gehören Farne und Samenpflanzen.

Leitbündel Die Elemente der Stoffleitung sind in Leitgeweben organisiert, die zu Leitbündeln mit verschiedenem Aufbau zusammengefasst sind.

Lentizelle Synonym: *Korkwarze*. Unter den *Spaltöffnungen* der *Epidermis* bildet das *Periderm Korkwarzen* aus. Dort wird das Phellem durch sich abrundende Füllzellen ersetzt, die als lockeres, interzellularenreiches Gewebe den Gasaustausch ermöglichen.

Leukoplast Farbloser *Plastid*, der vorwiegend in Wurzeln und Speicherorganen sowie weißen Bereichen panaschierter Blätter vorkommt.

Lignin Polymer aus Phenolkörpern (Phenylpropan-Einheiten), das als Makromolekül die Verholzung der *Zellwand* bewirkt. Es ist neben der *Cellulose* ein Hauptbestandteil der Sekundärwände.

Mark Dauergewebe aus parenchymatischen Zellen im Zentrum der Sprossachse. Das Zerreißen des oft interzellularenreichen Gewebes führt zur Bildung einer Markhöhle.

Meiose Reifeteilung, bei der die Chromosomenzahl der Mutterzelle aufgrund der Verteilung homologer Chromosomen auf die Tochterzellen reduziert wird. Nach der ersten und zweiten Reifeteilung entstehen aus einer diploiden Mutterzelle vier haploide Tochterzellen. Vergleiche auch *Mitose*.

Meristem Pflanzliches Bildungsgewebe, das primären oder sekundären Ursprungs sein kann. Primäre *Meristeme* lassen sich unmittelbar auf embryonale Bildungsgewebe zurückführen. Sekundäre *Meristeme* entstehen durch Reembryonalisierung ausdifferenzierter Dauerzellen.

Meristemoid Vereinzelt liegende Zelle in ausdifferenziertem Gewebe, die meristematisch aktiv werden kann. Die Bildungszellen der *Haare* und der *Spaltöffnungen* sind *Meristemoide*.

Mesophyll Bezeichnung für das Gewebe des Blattes, das zwischen oberer und unterer *Epidermis* liegt. Es dient sowohl der Photosynthese als auch dem Gasaustausch zur Aufrechterhaltung des Transpirationssoges und umfasst beispielsweise *Palisaden-* und *Schwammparenchym*.

Metaphloem Ausdifferenziertes *Phloem* des *Leitbündels*.

Metaxylem Ausdifferenziertes *Xylem* des *Leitbündels*.

Milchröhre Absonderungszelle, die ein weitverzweigtes Röhrensystem in Pflanzen bildet, das mit Zellsaft oder dünnflüssigem Plasma gefüllt ist (Milchsaft). Die *Milchröhren* können gegliedert (entstehen durch Zellverschmelzung: Syncytium) oder ungegliedert (eine große, polyenergide Zelle) sein.

Mitochondrion Organell pflanzlicher und tierischer Zellen mit porenloser Doppelmembran und eigenem Genom. In der Regel Ort der zellulären Atmung und Synthese von Energieäquivalenten.

Mitose Kern- und Zellteilung, bei der die Tochterzellen die gleiche Anzahl von Chromosomen erhalten wie die Mutterzelle. Vergleiche auch *Meiose*.

Mittellamelle Zuerst gebildete und damit äußere Schicht der pflanzlichen *Zellwand.* Bei der Zellteilung entsteht eine Zellplatte aus *Zellwand*-Grundsubstanz (Matrix), die vorwiegend aus Pectinen und Proteinen zusammengesetzt ist. Nach der Fertigstellung und dem Anschluss an die Wände benachbarter Zellen wird sie als *Mittellamelle* bezeichnet.

Monopodium Typus der axillären Verzweigung bei Samenpflanzen: Die Seitenachsen bleiben gegenüber der Hauptachse im Wachstum zurück, sodass die Sprossachse von der Hauptachse geführt wird. Diese Hierarchie gilt ebenso für die jeweilige Seitenachse höherer Ordnung.

Myzel Die Gesamtheit der *Hyphen* eines Pilzes.

Nodium Insertionsstellen von Blättern an der Sprossachse, die häufig verdickt erscheinen (Knoten), dazwischen liegende Bereiche werden als *Internodien* bezeichnet.

Oberblatt Bereich des Blattes, zu dem Blattspreite und Blattstiel gehören.

Osmose Diffusion durch eine selektivpermeable oder semipermeable Membran. Sind zwei wässrige Lösungen mit unterschiedlichen osmotischen Werten durch eine selektivpermeable Membran getrennt, so führt die Diffusion von Wasser durch die Membran zum Ausgleich der osmotischen Werte, falls keine anderen, äußeren Kräfte einwirken.

Palisadenparenchym Assimilationsgewebe des Laubblattes, das Hauptort photosynthetischer Aktivität wegen seines hohen Gehaltes an *Chloroplasten* ist. Die Zellen erscheinen im Blattquerschnitt vertikal gestreckt und parallel nebeneinander liegend. Es enthält nur wenige *Interzellularen.*

Parenchym Ausdifferenziertes Grundgewebe bei Pflanzen, das verschiedene Aufgaben erfüllen kann. Parenchymzellen sind oft isodiametrisch gebaut (ungefähr gleiche Ausdehnung in alle Richtungen des Raumes).

Pericambium Synonym: *Perizykel.* Zunächst einschichtiges, laterales *Meristem* der Wurzel in der äußeren Schicht des *Zentralzylinders.* Ist bei Samenpflanzen an der Bildung der *Seitenwurzeln* beteiligt. Beim sekundären Dickenwachstum der Wurzel gehen Bereiche des *Pericambiums* in die Ausbildung des *Cambiums* ein. Es ist das Bildungsgewebe des *Periderms* der Wurzel.

Periderm Abschlussgewebe von Sprossachse und Wurzel. Durch die Aktivität des *Phellogens* werden nach außen mehrere Lagen suberinisierter Zellen (Phellem) abgegeben, nach innen ein einschichtiges Phelloderm. Alle Zellen des Phellems verkorken und sterben ab.

Perizykel siehe *Pericambium*

Phellogen Synonym: *Korkcambium.* Dieses Bildungsgewebe des *Periderms* bildet nach innen das meist einschichtige Phelloderm, nach außen das mehrschichtige Phellem (Korkgewebe). Das *Phellogen* der Sprossachse entsteht subepidermal oder in tiefer gelegenen Schichten von *Rinde* und *Bast*. Das *Phellogen* der Wurzel bildet sich aus dem *Pericambium.*

Phloem Bereich des *Leitbündels*, der für die Stoffleitung zuständig ist. Umfasst bei dikotylen Pflanzen typischerweise *Siebröhren*, *Geleitzellen* und Phloemparenchymzellen. Das sekundäre *Phloem* wird beim sekundären Dickenwachstum durch das *Cambium* gebildet und enthält zusätzlich oft noch Bastfasern.

Plasmalemma Selektivpermeable Biomembran (Lipiddoppelschicht), die das Cytoplasma gegen die *Zellwand* abgrenzt.

Plasmarotation Plasmaströmung, bei der das Cytoplasma die zentrale *Vakuole* in einfachen Umläufen umrundet.

Plasmazirkulation Plasmaströmung, bei der eine unregelmäßige Bewegung des Cytoplasmas durch Plasmastränge erfolgt, welche die zentrale *Vakuole* durchziehen.

Plasmodesmos Plasmatische Verbindung zwischen den Protoplasten pflanzlicher Zellen, die bei der Bildung der Gewebe erhalten bleibt und die *Zellwand* als röhrenförmige Struktur durchzieht.

Plasmolyse Die Pflanzenzelle ist ein osmotisches System und reagiert auf die Konzentration osmotisch wirksamer Stoffe im umgebenden Medium. Ist die Außenlösung höher konzentriert als die Inhalte von Cytoplasma und *Vakuole*, so diffundiert Wasser aus der Zelle heraus. In der Folge schrumpfen *Vakuole* und Cytoplasma zusammen und lösen sich von der *Zellwand.*

Plastid Typisches Organell pflanzlicher Zellen mit porenloser Doppelmembran und eigenem Genom. Es gibt verschiedene Plastidentypen, die sich z. T. ineinander umwandeln können. Siehe auch: *Chloroplast*, *Chromoplast*, *Leukoplast.*

Plumula Sprossmeristem mit den jüngsten Blattanlagen des pflanzlichen Embryos.

Pollen Das einkernige Pollenkorn der Samenpflanzen entspricht der Mikrospore der heterosporen Farnpflanzen. Durch mitotische Teilungen entwickelt sich daraus der Mikrogametophyt, der sehr reduziert ist. Die Wand des Pollenkorns ist in eine innere Schicht (Intine) und eine äußere Schicht (Exine) gegliedert. Durch Öffnungen in der Exine (Aperturen), kann später der Pollenschlauch auswachsen.

Proplastid Embryonalform des *Plastiden*, die ein noch undifferenziertes inneres Membransystem besitzt und sich zu den verschiedenen Plastidentypen ausdifferenzieren kann. Siehe auch: *Chloroplast*, *Chromoplast*, *Leukoplast*.

Protoderm Noch nicht ausdifferenzierte Vorstufe des primären Abschlussgewebes von Sprossachse und Wurzel, entwickelt sich bei der Sprossachse zur *Epidermis* und bei der Wurzel zur *Rhizodermis*.

Protophloem Vorstufe des *Phloems*, noch wenig ausdifferenzierte Zelltypen vorhanden.

Protoxylem Vorstufe des *Xylems*, noch wenig ausdifferenzierte Zelltypen vorhanden.

Radicula Die Keimwurzel.

Rhizodermis Primäres Abschlussgewebe der Wurzel, dessen Zellen (*Trichoblasten*) Wurzelhaare ausbilden können und so die wasseraufnehmende Oberfläche der Wurzel stark vergrößern.

Rinde Dauergewebe aus parenchymatischen Zellen, das in der primären Sprossachse und Wurzel unter dem jeweiligen Abschlussgewebe liegt und nach innen meist durch eine Zellscheide (Stärkescheide oder *Endodermis*) gegen den zentralen Bereich abgegrenzt ist.

Sakkoderm Die ausgewachsene Primärwand der Pflanzenzelle. Sie enthält Zellwandmatrix, Pectine, Hemicellulosen, Proteine und zu etwa 25 % *Cellulose*.

Same *Samenanlage* im Zustand der Reifung und Trennung von der Mutterpflanze. Bei der Reifung werden die Integumente zur Samenschale umgewandelt, die den *Samen* vor äußeren Einflüssen schützt.

Samenanlage Organ der Samenpflanzen, das den Makrogametophyten und die Eizelle im *Embryosack* enthält, der von einem festen Gewebekern (Nucellus) und ein bis zwei Integumenten umgeben ist.

Schließzelle Besonders ausgestaltete Epidermiszellen, die einen Spalt umgeben und die Öffnungsweite durch eine vom *Turgor* gesteuerte Bewegung regulieren können.

Schwammparenchym Interzellularenreiches Gewebe des Blattes. Es enthält weniger *Chloroplasten* als das *Palisadenparenchym*, ist aber deutlich reicher an *Interzellularen*. Es dient vorwiegend der Erleichterung des Gasaustausches.

Seitenwurzel Bei der Bewurzelung unterscheidet man zwischen Haupt- und *Seitenwurzeln*. Diese gehen bei Farnpflanzen aus der *Endodermis* hervor, bei Samenpflanzen aus dem *Pericambium*.

Sekretionsgewebe Zusammenschluss von *Drüsenzellen* zu größeren Einheiten (kommt bei Pflanzen selten vor).

Siebplatte Wandbereich zwischen *Siebröhrengliedern*, der von zahlreichen Poren durchbrochen ist, durch die Plasmastränge die benachbarten Protoplasten verbinden.

Siebröhrenglied Element der Stoffleitung im *Phloem*. Weitlumige, lang gestreckte Zellglieder der Siebröhre, deren Trennwände oft als *Siebplatten* entwickelt sind. Kommen bei Angiospermen vor und werden von *Geleitzellen* begleitet.

Siebzelle Element der Stoffleitung im *Phloem*. Recht englumige, keilförmig endende Zellen, die selten mit *Siebplatten* versehen sind. Kommen z. B. bei Gymnospermen und Farnpflanzen vor.

Sklerenchym Festigungsgewebe ausdifferenzierter Pflanzenteile. Zeichnet sich durch Verdickungen der Sekundärwand aus, die auch verholzen können. Die *Zellwand* wird meist gleichmäßig verdickt und die ausdifferenzierte Zelle ist in der Regel abgestorben.

Spaltöffnung Synonym: Stoma (Plur. Stomata). Gesamtheit von *Schließzellen* und Spalt (Porus).

Spaltöffnungsapparat Gesamtheit von *Schließzellen*, Spalt und spezialisierten Nebenzellen, deren Bau von dem der üblichen Epidermiszellen abweicht und dadurch die Bewegung der *Schließzellen* erleichtert.

Sporangium Charakteristisch ausgebildeter Behälter, in dem *Sporen* gebildet werden. Mikrosporen entstehen in Mikrosporangien und Makrosporen in Makrosporangien.

Spore Fortpflanzungseinheit, die zu einem Organismus auswachsen kann und durch *Mitose* oder *Meiose* entstanden ist.

Sporophyt Meiosporen bildende, diploide Generation im Entwicklungszyklus einer Pflanze mit Generationswechsel.

Stärke Polymer aus einer langen Schraube von α-D-Glucosemolekülen. Natürliche *Stärke* setzt sich aus der weitgehend unverzweigten Amylose und dem regelmäßig am C_6-Atom verzweigten Amylopectin zusammen. Häufiges Reservepolysaccharid bei Pflanzen.

Staubblatt Bezeichnung für das Mikrosporophyll der Bedecktsamer. Es setzt sich aus dem Staubfaden (Filament) und der verdickten Anthere (mit zwei Theken und je zwei Pollensäcken) zusammen.

Stoma siehe *Spaltöffnung*

Suberin Hoch polymerer Ester bestimmter Fettsäuren, der in verkorkten *Zellwänden* vorkommt.

Symplast Gesamtheit der durch Plasmafäden verbundenen Protoplasten der Pflanze.

Sympodium Typus der axillären Verzweigung bei Samenpflanzen. Die Hauptachse wird von einer oder mehreren Seitenachsen übergipfelt, sodass die Sprossachse von Seitenachsen fortgeführt wird. Die jeweilige Terminalknospe wird verbraucht oder degeneriert.

Testa Synonym für Samenschale, die sich aus der Samenoberfläche unter Beteiligung der Integumente entwickelt.

Thallophyt Pflanze, deren Vegetationskörper keine Gliederung in Sprossachse, Blätter und Wurzeln aufweist sondern weniger differenziert ist (Lagerpflanzen). Es können Gliederungen in analoge Organe wie Blättchen, Stängel und Rhizoid vorkommen. Zu den *Thallophyten* zählen Moose, Flechten, Algen und Pilze.

Thylakoidmembran Inneres Membransystem der Chloroplasten, in dem die Photosynthesekomplexe mit ihren Pigmenten lokalisiert sind. Man unterscheidet entsprechend dem Aufbau in Stapeln die Granathylakoide von den länglich gestreckten Stromathylakoiden.

Thylle Nach dem Kollabieren von *Tracheengliedern* wachsen benachbarte Holzparenchymzellen in das Gefäß ein und verstopfen es.

Tonoplast Selektivpermeable Membran (Lipiddoppelschicht), die das Cytoplasma gegen die *Vakuole* abgrenzt.

Tracheenglied Weitlumiges, tonnenförmiges Element des *Xylems*, das der Wasserleitung dient und aus dem die Tracheen (Gefäße) zusammengesetzt sind. Die *Zellwände* dieser abgestorbenen Elemente sind oft auf charakteristische Weise verdickt und verholzt. Die Trennwände zwischen den einzelnen *Tracheengliedern* sind aufgelöst, zu angrenzenden Gefäßen sind zahlreiche *Tüpfel* ausgebildet. Treten vorwiegend bei Angiospermen auf.

Tracheide Element des *Xylems*, das der Wasserleitung und der Festigung dient. Lang gestreckte, an den Enden zugespitze Zellen, die im ausdifferenzierten Zustand abgestorben sind. Die verdickte und verholzte *Zellwand* besitzt charakteristische Verdickungen und weist zahlreiche *Tüpfel* zur Erleichterung des Wassertransportes auf. Bei den Gymnospermen sind im Kontaktbereich der *Tracheiden* in der Regel Hoftüpfel ausgebildet.

Trichoblast Zelle der *Rhizodermis*, die in der Lage ist, ein Wurzelhaar auszubilden.

Tunica Periphere Schichten des Sprossvegetationskegels der höheren Pflanzen. Aus der meistens zweischichtigen *Tunica* gehen die Blattanlagen hervor.

Tüpfel Aussparung in der *Zellwand*, die von einem Plasmastrang durchzogen wird. Die Sekundärwand im Bereich des *Tüpfels* ist unverdickt, sodass *Mittellamelle* und Primärwand zur dünnen Schließhaut des *Tüpfels* werden.

Turgor Innendruck der Pflanzenzelle, der durch Wasseraufnahme von Cytoplasma und *Vakuole* erzeugt wird und den Protoplasten gegen die *Zellwand* presst.

Unterblatt Bereich des Blattes, zu dem der Blattgrund mit Blattscheide und Nebenblättern gehört.

Vakuole Typisch pflanzliches Organell mit Einfachmembran und wässrigem Inhalt. Es können mehrere kleinere *Vakuolen* oder eine Zentralvakuole ausgebildet werden. Die *Vakuole* dient der Speicherung von Stoffen des Sekundärstoffwechsels oder Abfallstoffen und ist für den Wasserhaushalt und das osmotische Gleichgewicht der Zelle wichtig.

Xylem Bereich des *Leitbündels*, der für die Wasser- und Nährsalzleitung zuständig ist. Umfasst bei dikotylen Pflanzen typischerweise *Tracheiden*, *Tracheenglieder* und Xylemparenchymzellen. Das sekundäre *Xylem* wird vom *Cambium* nach innen abgegeben und enthält zusätzlich oft noch Libriformfasern.

Zellwand Charakteristische Ausbildung pflanzlicher Zellen, die als Abscheidungsprodukt des Protoplasten die Zelle außen umgibt. Wesentliche Funktion für die Stabilität pflanzlicher Gewebe. Die *Zellwand* ist in *Mittellamelle*, Primärwand, Sekundärwand und evtl. Tertiärwand geschichtet. Die stoffliche Zusammensetzung der einzelnen Schichten ist unterschiedlich und variiert auch abhängig vom Zelltyp.

Zentralzylinder Zentraler Gewebebereich meist mit Leitelementen, der durch eine *Endodermis* vom übrigen Gewebe abgegrenzt ist. Charakteristische Ausbildung in der Wurzel. Das Rindengewebe ist durch die lückenlose *Endodermis* gegen den *Zentralzylinder* abgeschlossen, in dem das radiale Leitsystem der Wurzel liegt.

Literatur

Abbildungsnachweise

Alberts B, Bray D, Lewis J, Raff M, Roberts K, Watson JD (1995) Molekularbiologie der Zelle. VCH, Weinheim

Braune W, Leman A, Taubert H (1994) Pflanzenanatomisches Praktikum, Bd I. Gustav Fischer, Stuttgart Jena New York

Eschrich W (1995) Funktionelle Pflanzenanatomie. Springer, Berlin Heidelberg New York

Guttenberg H von (1963) Lehrbuch der Allgemeinen Botanik. Akademie-Verlag, Berlin

Haberlandt G (1924) Physiologische Pflanzenanatomie. Wilhelm Engelmann, Leipzig

Haupt W, Scheuerlein R (1990) Chloroplast movement. In: Plant, Cell & Environment 13: pp 595–614

Kull U (1993) Grundriß der Allgemeinen Botanik. Gustav Fischer, Stuttgart Jena New York

Lüttge U, Kluge M, Bauer G (1988) Botanik. VCH, Weinheim

Mohr H, Schopfer P (1990) Lehrbuch der Pflanzenphysiologie. Springer, Berlin Heidelberg New York

Nultsch W (1996) Allgemeine Botanik. Thieme, Stuttgart

Raven PH, Evert RF, Curtis H (1987) Biologie der Pflanzen. Walter de Gruyter, Berlin New York

Ray PM (1967) Die Pflanze. BLV, München

Sitte P, Ziegler H, Ehrendorfer F, Bresinsky A (1998) Strasburger – Lehrbuch der Botanik für Hochschulen. Spektrum Akademischer Verlag, Heidelberg

Troll W (1967) Vergleichende Morphologie der höheren Pflanzen, Bd 1. Neudruck Koeltz, Königstein/Taunus

Troll W (1973) Allgemeine Botanik. Ferdinand Enke, Stuttgart

Zimmermann W (1959) Die Phylogenie der Pflanzen. Gustav Fischer, Stuttgart

Weiterführende Literatur

Bresinsky A, Körner C, Kadereit JW, Neuhaus G, Sonnewald U (2008) Strasburger – Lehrbuch der Botanik. 36. Auflage. Spektrum Akademischer Verlag, Heidelberg

Lüttge U, Kluge M (2012) Botanik – Die einführende Biologie der Pflanzen. 6. Auflage. Wiley-VCH, Weinheim

Raven PH, Evert RF, Eichhorn SE (2006). Biologie der Pflanzen. 4. Auflage. Walter de Gruyter, Berlin New York

Wanner G (2010) Mikroskopisch-botanisches Praktikum. 2. Auflage. Thieme, Stuttgart

Weiler E, Nover L (2008) Allgemeine und molekulare Botanik. Thieme, Stuttgart

Pflanzenverzeichnis

Das Verzeichnis enthält die Art-, Gattungs- und deutschen Namen der in diesem Buch behandelten Pflanzen. *Kursive Seitenzahlen* verweisen auf Abbildungen.

Sachverzeichnis

Fette Seitenzahlen verweisen auf Glossareinträge, *kursive Seitenzahlen* beziehen sich auf Abbildungen.

T

U

V

W

Printed in the United States
By Bookmasters